普通高等教育"十二五"规划教材

水 化 学

周　振　王罗春　吴春华　等编

U0342133

北　京

冶金工业出版社

2013

内 容 提 要

本书内容主要分为两部分,第1章、第2章主要介绍水及各种水体的基本特征、水化学的基本内容及意义、水溶液化学反应的基本原理等;第3章~第7章,系统讨论水溶液中各种化学反应的平衡问题,包括酸碱平衡、碳酸及碳酸盐平衡、配合平衡、氧化还原平衡及相间作用的平衡等。本书结构紧凑、逻辑性强,章前附有内容提要,章后配有适量的启发式习题,以利于学生总结、复习和思考,巩固所学内容。

本书可作为大学本科与水处理相关专业或环境保护专业的教学用书,对于水产、农业、海洋以及防腐等领域的工程技术人员或从业人员也有较高的参考价值。

图书在版编目(CIP)数据

水化学/周振,王罗春,吴春华等编. —北京:冶金工业
出版社,2013.8
　　普通高等教育"十二五"规划教材
　　ISBN 978-7-5024-6196-6

　　Ⅰ.①水…　Ⅱ.①周…　②王…　③吴…　Ⅲ.①水化学—高等
学校—教材　Ⅳ.①P342

中国版本图书馆 CIP 数据核字(2013)第 184553 号

出 版 人　谭学余
地　　址　北京北河沿大街嵩祝院北巷 39 号,邮编 100009
电　　话　(010)64027926　电子信箱　yjcbs@ cnmip. com. cn
责任编辑　程志宏　徐银河　美术编辑　吕欣童　版式设计　孙跃红
责任校对　王永欣　责任印制　李玉山
ISBN 978-7-5024-6196-6
冶金工业出版社出版发行;各地新华书店经销;三河市双峰印刷装订有限公司印刷
2013 年 8 月第 1 版,2013 年 8 月第 1 次印刷
787mm×1092mm　1/16;12.75 印张;306 千字;193 页
34.00 元
冶金工业出版社投稿电话:(010)64027932　投稿信箱:tougao@ cnmip. com. cn
冶金工业出版社发行部　电话:(010)64044283　传真:(010)64027893
冶金书店　地址:北京东四西大街 46 号(100010)　电话:(010)65289081(兼传真)
(本书如有印装质量问题,本社发行部负责退换)

前　言

水化学是研究天然水中的化学过程及其杂质组分分配规律的一门学科。本书主要讨论有关海水、河水、湖水和地下水等的水质变化和水处理原理知识，通过对本书的学习，可以为下述领域的研究、开发或进一步学习深造打下良好基础：(1) 天然水的地球化学；(2) 水污染化学；(3) 给排水工程；(4) 水处理工程；(5) 水产养殖；(6) 水资源的保护和合理利用；(7) 农业植物营养；(8) 海洋科学与工程；(9) 腐蚀与防腐科学。此外，工业用水、生活用水以及医疗化验等均涉及水化学的知识，可以说水化学影响到各个行业的方方面面，也是当前大学诸多专业的必修课程。

本书内容主要分为两部分，第1章、第2章，主要介绍水及各种水体的基本特征、水化学的基本内容及意义、水溶液化学反应的基本原理等；第3章~第7章，系统讨论水溶液中各种化学反应的平衡问题，包括酸碱平衡、碳酸及碳酸盐平衡、配合平衡、氧化还原平衡及相间作用的平衡等。本书结构紧凑、逻辑性强，每章前附有本章内容提要，章后配有适量的启发式习题，以利于学生总结、复习和思考，巩固所学内容。

本书主要由周振、王罗春（第1章~第7章）、吴春华（第6章、第7章）编写，此外下述人员也参加了本书的部分编写工作：邢灿（参与第1章编写）、李亭（参与第2章编写）、乔卫敏（参与第3章编写）、陈冠翰（参与第4章编写）、胡大龙（参与第5章编写）、陈飞（参与第6章编写）和武文燕（参与第7章编写）。本书由王罗春统稿，周振审核及定稿。

本书编写中参考了国内出版的多部著作和相关资料，编者在此向相关作者深表谢意。

由于时间和作者水平所限，书中存在疏漏和不妥之处，恳请读者批评指正。

编　者
2013 年 4 月

目　录

1 绪 论

本章内容提要：

　　水化学是研究天然水中的化学过程及其杂质组分分配规律的一门学科。本章主要阐述了水化学的意义、研究的范围和方法，介绍了天然水（大气水、地表水、地下水）、工业用水、生活用水和废水的特性。

1.1　水化学研究的范围和方法

　　水化学是研究天然水中的化学过程及其杂质组分分配规律的一门学科，它探讨海水、河水、湖水和地下水等的水质变化和某些水处理原理。水化学的主要依据是化学基础理论。由于整个地球是一个"生态体系"，在此体系中，由于水、大气、岩石、生物和人类的活动相互有影响，所以水化学必然涉及其他一些学科，如生物学、地质学、水文学等。

　　天然水发生的化学过程与实验室遇到的化学反应有很大的区别。例如，在实验室，物质的沉淀或结晶都是在过饱和度较大的溶液中经过一段较短的时间完成的，而天然水中物质的沉积大都是在过饱和度很小的溶液中发生的，经历较长的时间，有时长到需要按地质年代来计时。天然水中发生的化学过程除了有一般反应的共性外，还有其特殊性。在天然水中常含有生物及其他有机杂质，这些杂质对某些化学反应有催化作用，以致影响到反应的历程和速度。天然水中有些化学反应因受到生态循环的影响，一直没有达到平衡，如水中生物的光合作用和代谢作用。

　　天然水的量虽然非常丰富，然而大陆地区可以利用的淡水量却有限，不到淡水总量的1％。近年来随着工业的迅速发展，用水量大为增加，有许多工业发达的地区出现了水源水量不足和水体受到严重污染的问题。再者，由于一些现代工业，如电子工业对水质的要求非常高，因此还出现了需要对天然水进行深度处理的问题。随着人类物质文明的发展，水利用方面的矛盾日益突出，为了解决好这一矛盾，必须深入了解各种水，包括天然水、工业用水、生活用水和废水中发生的各种化学过程，掌握水化学原理。

　　水化学的研究途径包括：按照化学热力学判断化学反应能否发生以及反应可以达到的极限；按照化学动力学研究化学反应的历程和速度。实际上，人们对水域中化学反应动力学的基本数据掌握不多，所以水化学中对于化学过程的探讨常常侧重于化学热力学方面。

　　由于自然界中物质变化规律的复杂性，完全按照实际情况来研究是很困难的。因此对于此类问题，通常需要借助于较简单的理想化模式进行研究，同时还结合图算法，将许多复杂的关系直观地反映在简明的图表上，使问题简化且所得结果亦较正确。

1.2　水化学的意义

水化学是依据化学基础理论来研究天然水中的化学过程及其杂质组分分配规律的，因此水化学将对以下领域的了解、研究和开发具有重要意义。

（1）天然水的地球化学。例如，石灰岩溶洞形成的相关化学反应是：

$$CaCO_3(s) + CO_2(aq) + H_2O \Longrightarrow Ca^{2+} + 2HCO_3^- \tag{1-1}$$

溶解于水中的二氧化碳 $CO_2(aq)$ 很大一部分来源于微生物对有机物的分解，当水流经土层时，它可能溶解大量由土壤微生物的活动产生的 CO_2，当这样的水再流过石灰石岩层时，由于水中 CO_2 的作用，使上述反应向右进行，结果使碳酸钙固体溶解，经过长年累月的作用，形成溶洞。反之，当溶解有大量 Ca^{2+} 和 HCO_3^- 的水在环境条件改变时；如温度升高或压强突然变小，CO_2 会从水中逸出，使上述反应向左进行，结果使碳酸钙沉淀析出，经过长年累月的作用，而形成钟乳石这样美丽的景观。

（2）水污染化学。例如，1953～1960 年发生在日本的水俣病事件是典型的水污染公害事件。水俣病缘于一家氮肥企业少量硫酸汞的流失，该企业以硫酸汞为催化剂生产乙醛，有 5% 左右的硫酸汞因损耗而随废水排入水俣湾。进入水俣湾的无机汞在微生物体内的甲基钴氨酸转移酶作用下，转化为甲基汞。甲基汞通过生物积累进入海产品内，人食用海产品后引起汞中毒，从而导致水俣病的发生，主要表现为行走困难，四肢运动失调，精神狂躁，甚至痉挛而死。

（3）给排水工程。在给排水工程中，要考虑 $CaCO_3$ 的饱和情况。水中 $CaCO_3(s)$ 的溶解与沉淀平衡的化学反应是：

$$CaCO_3(s) + H^+ \Longrightarrow Ca^{2+} + HCO_3^- \tag{1-2}$$

过饱和易造成管道堵塞，不饱和则会使覆盖于管壁的 $CaCO_3$ 保护层溶解，造成管道腐蚀。为防止管道腐蚀和堵塞，需要调节水质。

（4）水处理工程。例如在进行反渗透膜（RO）水处理时，常需对原水水质进行详细的分析，以防止产生沉淀等造成膜污染。其中有一项指标为 TOC（总有机碳），在正常情况下，TOC 浓度一般小于 15mg/L，在大多数原水中，其浓度为 2～6 mg/L；在特殊情况下或废水中，TOC 浓度可达 50mg/L 或更高。TOC 过高，原水中溶解性天然有机物（NOM）可能导致膜的有机物污染。

（5）水产养殖。众多水质指标中，溶解氧是水产养殖成败的一个非常重要的因素，水中的溶解氧浓度与鱼虾的生长和生存有直接关系。一般渔业用水要求溶解氧在 5mg/L 以上，此时，鱼类能正常生长；当溶解氧低至窒息点便引起鱼虾死亡。我国主要养殖的四大家鱼和中国对虾的窒息点（O_2 含量）在 0.5～1.0 mg/L。当水中溶解氧过低时鱼虾会出现"浮头"现象。

（6）水资源的保护和合理利用。例如，在干旱地区利用化学药品如氧化亚烯二十二烷，使水面形成一层薄膜，可减少 70%～80% 的蒸发量。

（7）农业植物营养。例如，浙江大学农业生物环境工程研究所利用甲鱼的养殖废水，对水中的营养物质进行适量的调节后，灌溉或水培农作物如水果、蔬菜、鲜花等，取得良好的效果，使营养成分获得循环利用。

（8）海洋科学与工程。例如，海洋是全球碳循环的主要参与者，由于人类活动使大气二氧化碳浓度增加，引起全球变暖，海洋可减轻这一效应。有两方面的原因，一方面是海洋对 CO_2 的溶解作用；另一方面是海洋生物的固碳作用。

（9）腐蚀与防腐科学。例如，海水是电解质溶液，氯离子浓度和含盐量较高，极易对金属引起腐蚀，海轮的船体需要涂料保护，但涂料中的有机锡化合物又会引起水污染，所以开发无机环保防腐涂料是海轮船体防腐技术的发展趋势。

此外，工业上的各种用水的规格要求都涉及水化学的知识，生活中的饮水、医学上的输液和体液也都与水化学有关。

1.3 天 然 水

地球上的水量是很大的，据估计约为 $1.36 \times 10^{12} m^3$。地球上的水在地面上的分布极不均匀，其中97.3%处于浩瀚的海洋中，约2.2%形成南北极的冰山和冰川，其余不足1%处于大陆部分。在大陆水中大部分为地下水，至于江、河、湖中的水仅占总水量的0.02%。

按照天然水所处地球圈层，可将其分为三大类，即处于大气圈的大气水、处于水圈的地表水和处于岩圈的地下水。天然水是大自然中各种生态循环的重要组成部分，它在大自然的各个部位，生生不息，循环不已。因此，天然水中污染的杂质，便因其经历不同和所受环境影响的不同，而有不同的情况。

1.3.1 大气水

大气水来自地表水的蒸发，其中海洋水的蒸发量占很大比例。大气中的水分会因气候条件的变动而转变成雨、雪和雹等形态降落到地面上来。大气降水因为经地表水蒸发而形成，理应十分纯净，但实际上由于它和低空大气相接触，仍然有一定程度的污染。大气水中会夹带大气中的尘埃，且有可能与低空大气的气体建立起溶解平衡。

SO_2 和 CO_2 在大气中的含量虽然不大，但由于它们在水中的溶解度比大气的主要组成物 O_2 和 N_2 的溶解度大许多（见表1-1），所以当大气受 SO_2 或 CO_2 污染程度大时，常常可使大气降水的水质受到很大影响。例如，当大气中 SO_2 浓度较高时，大气降水的pH值可降至5~6以下，从而形成酸雨。因为雨水较干净，酸碱缓冲能力差。

大气降水中还有一些会因为地区不同而变化的组分，如近海地区的降水中含有 Cl^-、SO_4^{2-}、Na^+ 和 Mg^{2+} 的量都较内陆地区的多。

表1-1 气体在水中的溶解度（25℃）

气体名称	溶解度/$mg \cdot kg^{-1}$
N_2	17.5
O_2	39.3
CO_2	1450
SO_2	94100

1.3.2 地表水

当降水到达地面后，由于它与地面上动植物、土壤、岩石等相接触，会发生一系列物理和化学作用，从而使水中杂质含量显著增加。而且，由于各地区的地理条件、地质组分和生物活动等情况不同，水与这些环境接触后就会形成杂质组成不同的各种类型天然水。

以花岗岩为主的地质结构地区的地表水中，溶解的矿物质最少，一般不超过 30 mg/L。例如我国黑龙江、福建、湖南和广西等地的某些地表水就属于此类。

地质结构不是以花岗岩为主的地区，其地表水通常含有中等程度的硬度、碱度和含盐量。

地球上的生物生态循环对天然水水质的影响很大，特别是对地表水。有机体在水中进行光合作用时，会吸取水中无机碳（CO_2、HCO_3^- 和 CO_3^{2-}）和释放出氧，并使水的 pH 值上升。一般地表水的有机碳为 $1\sim5$ mg/L，总氮小于 1mg/L，总磷小于 0.5mg/L。水体中有机体在合成细胞时，会吸取水中 N、P、K 等营养元素。

天然水中对水质影响最大的有机物是腐殖质。水中有机物如属于可进行生物降解的，则可通过天然水的自净作用去除。腐殖质是水中不能进行生物降解的有机物，会使水带浅黄色，且改变水中重金属离子的溶解度和各种离子间的平衡关系。

总之，地球上生态循环中每个环节几乎都影响着天然水水质的变化，而天然水水质的变化又反作用于生态环境。所以掌握天然水水质变化规律，进而控制天然水水质，对维护"生态平衡"有着十分重要的意义。

水–大气–陆地–生物相互作用的结果，不仅使水中溶解性矿物质量发生变化，而且还会使水中夹带许多分散态的黏土和沙粒等杂质。这些杂质最后均会通过河流送进海洋，它们进入大海后，会进行与岩石分化作用相反的化学过程，产生新的岩石，即海洋中的溶解与沉淀处于平衡状态，使海水水质长时期稳定不变。表 1–2 为海水中主要溶解物质。海水中总离子浓度约为 1.1mol/L，pH 值为 8.0 左右，密度明显大于纯水，20℃ 时为 $1.0243kg/m^3$。

表 1–2 海水中主要溶解物质

溶解物质	浓度/mg·L^{-1}	溶解物质	浓度/mg·L^{-1}
Na^+	10500	SO_4^{2-}	2700
Mg^{2+}	1350	HCO_3^-	142
Ca^{2+}	400	Br^-	65
K^+	380	其他溶解固形物	34
Cl^-	19000	总溶解固形物	34500

1.3.3 地下水

地下水主要是由于雨水和地表水渗入地下而形成的，当它通过土壤层时，由于过滤作用而将悬浮物去除，所以地下水常常是清澈透明的。地下水的含盐量和硬度常比地表水高，因为在地表水渗入地下时，沿途溶解了许多物质。表 1–3 为典型的地表水和地下水的组成。

表 1 – 3　典型的地表水和地下水的组成　　　　　　　　mg/L

成　分	水库水	河　水	地下水
SiO_2	9.5	1.2	10
Fe（Ⅲ）	0.07	0.02	0.09
Ca^{2+}	4.0	36	92
Mg^{2+}	1.1	8.1	34
Na^+	2.6	6.5	8.2
K^+	0.6	1.2	1.4
HCO_3^-	18.3	119	339
SO_4^{2-}	1.6	22	84
Cl^-	2.0	13	9.6
NO_3^-	0.41	0.1	13
TDS	34	165	434
总硬度（以 $CaCO_3$ 计）	14.6	123	369

引自：V. L. Snoeyink, D. Jenkins. Water Chemistry。

1.4　工　业　用　水

　　工业用水中需要量最大的是冷却水，它的用量约为工业用水总量的 90%，在电力、石油、钢铁和许多化学工业部门都需要大量的冷却水。例如，在日产千吨合成氨的工厂中，冷却水的用量为 22000t/h；一台装机容量为 100MW 的机组，冷却水用量约为 9000 t/h。为了防止冷却水系统出现附着物和腐蚀等故障，常需要对如此大量的水进行处理。

　　在工业用水中，对水质要求最高的是电子工业和高参数锅炉用水。例如，在电子工业的半导体器件和集成电路生产中几乎每道工序均需"纯水"乃至"高纯水"进行清洗。它不仅要求水的含盐量为 10^{-9} 级，而且还要求水中几乎没有悬浮物和细菌。又如，对于压力为 6~17MPa 的直流锅炉，要求给水的钠含量不大于 $1/10^8$。对于如此纯净的水，必须通过精密的水处理工艺制取。

　　此外，还有许多工业，如果所用水质不良会直接影响到产品质量。例如，纺织和造纸工业要求水质清澈，铁、锰和硬度盐类的含量很低。

　　总之，不同的工业对水质有不同的要求，为了达到这些要求，必须有相应的处理，这就必然会涉及许多水化学问题。譬如，常用的混凝、加石灰、离子交换和投加稳定剂等处理都是建立在化学反应的基础上的。

1.5　生　活　用　水

　　生活用水主要是供饮用和洗涤，它除了要求在色、嗅、味等方面的物理性能必须良好外，还应对人体无毒。

对于生活用水处理，除了必须进行与工业用水相同的混凝与过滤等处理外，还常常要用氯消毒，在消毒过程中氯可以与水中的腐殖质形成可疑的致癌物质——三卤甲烷（THMs）。氯在水溶液中发生的氧化反应也是与水化学分不开的。

1.6　废　　水

在自然界中，水体的污染和净化本来就是一种生态平衡，而现在由于工业的发展，人为污染破坏了这种生态平衡。这不仅是由于污染量大的关系，而且与某些污染物不易被自然界的微生物降解有关。因此，必须借助于人工的废水处理，否则，水体的污染将危及人类本身的生存。

废水处理的方法很多，对于各种不同类型的污染都应有其相应的对策，其中，化学处理是一个重要的部分。例如用石灰中和酸性水、用离子交换回收电镀废液中的金属等。即使是采用生物或物理处理，也必须结合化学处理进行，例如 pH 值的调节等。

所以，在各种水处理问题中，如要获得最佳的效果，都离不开水化学这一基础。

习　　题

1-1　什么是水化学？水化学的研究对象和意义是什么？

1-2　试述各类天然水的特点。

1-3　试述工业用水、生活用水和废水的特点。

2　化学反应的基本原理

本章内容提要：

　　化学动力学研究反应速率和反应机理两个问题，化学热力学则研究反应方向和反应程度两个问题。本章将介绍化学热力学和化学动力学的有关基本原理，重点阐述反应温度和催化剂对化学反应速率的影响，给出判别反应方向和计算反应到达平衡时水中组分浓度的方法。

2.1　化学热力学

2.1.1　化学热力学基本定律

　　化学热力学是物理化学和热力学的一个分支学科，它主要研究物质系统在各种条件下，其物理和化学变化之中所伴随着的能量变化，从而对化学反应的方向和进行程度作出准确的判断。化学热力学原理是研究水化学的重要基础。

　　化学热力学是建立在三个基本定律基础上的。（1）热力学第一定律就是能量守恒和转化定律，它给出了热和功相互转化的数量关系。热力学第一定律告诉我们，能量有各种不同的形式，如辐射能、热能、电能、机械能或化学能，能量能够从一种形式转化为另一种形式，但总能量保持不变。（2）1850 年克劳修斯提出热力学第二定律，他认为："不可能把热从低温物体传到高温物体而不引起其他变化"，相当于热传导过程的不可逆性。热力学第二定律告诉我们，能量只沿有利的势能梯度传递，例如，水总是沿着斜坡向下流动，热能只能从热的物体传递给冷的物体，电流只会从高势能点流向低势能点。（3）1912年，能斯特提出热力学第三定律，即绝对温度的零点是不可能达到的。其他科学家还提出过几种不同表述方式，其中 1911 年普朗克的提法较为明确，即"与任何等温可逆过程相联系的熵变，随着温差的趋近于零而趋近于零"。热力学第三定律是对熵的论述，在任何过程中，熵总是增加的，当封闭体系达到稳定平衡时，熵应该为最大值。热力学第三定律为化学平衡提供了根本性原理。

　　化学热力学的基本内容和方法，就是从这三个定律出发，用数学方法加以演绎推论，得到描写物质体系平衡的热力学函数及函数间的相互关系，再结合必要的热化学数据，判断化学变化、物理变化的方向和限度，即化学热力学主要解决反应方向和反应程度两个问题。

2.1.2 吉布斯函数与化学反应方向

2.1.2.1 基本概念

A　内能

对于任何一个与外部环境只有能量交换而无物质交换的封闭体系，根据热力学第一定律可得到："如该体系不作整体运动，则在平衡态都存在一个单值的状态函数称为内能（符号为 U）。当体系从平衡态 A 经任一过程变到平衡态 B，体系内能的增量 ΔU（$= U_B - U_A$）等于在该过程中体系从环境吸收的热量 Q 与环境对体系所做之功 W 的和"。

如果体系的状态由热力学变量 x_1，x_2，$\cdots$，x_n 描述，则对于封闭体系平衡态有

$$U = U(x_1，x_2，\cdots，x_n) \qquad (2-1)$$

对于封闭体系任何过程有

$$\Delta U = Q + W \qquad (2-2)$$

对于封闭体系微变过程有

$$dU = \delta Q + \delta W \qquad (2-3)$$

B　焓

对于一个只做体积功的封闭体系，根据热力学第一定律：该体系在平衡态都存在一个单值的状态函数称为焓（符号为 H）。该体系在等压过程中的焓变 ΔH（$= \Delta U + p\Delta V$）等于该过程中吸收的热量 Q_p，即对于封闭体系的等压过程有

$$\Delta H = \Delta U + p\Delta V = Q_p \qquad (2-4)$$

C　熵

对于任何封闭体系，根据热力学第三定律：该体系在平衡态都存在一个单值的状态函数称为熵（符号为 S）。当体系从平衡态 A 经任一过程变到平衡态 B，体系熵的增量 ΔS（$= S_B - S_A$）等于从状态 A 到状态 B 的任一可逆过程中的热温商的代数和 $\sum_i \dfrac{(\delta Q_R)_i}{T_i}$，其中，$(\delta Q_R)_i$ 为可逆过程中体系在温度 T_i 时吸收的热量。同时，若该体系由平衡态 A 经绝热过程变到平衡态 B，体系的熵永不自动减少。熵在绝热可逆过程中不变，在绝热不可逆过程中增加，即对于封闭体系可逆过程有

$$\Delta S = S_A - S_B = \sum_i \frac{(\delta Q_R)_i}{T_i} \qquad (2-5)$$

对于封闭体系绝热不可逆过程有

$$\Delta S = S_B - S_A > 0 \qquad (2-6)$$

对于封闭体系绝热可逆过程有

$$\Delta S = S_B - S_A = 0 \qquad (2-7)$$

D　吉布斯函数

环境对体系所做的功 W 可分为体积功 W_V 与非体积功 W_Q，即

$$W = W_V + W_Q \qquad (2-8)$$

因而热力学第一定律即为

$$\Delta U = Q + W_V + W_Q \qquad (2-9)$$

对于等压过程，则有

$$\Delta U = Q_p - p\Delta V + W_Q \tag{2-10}$$

依据第二定律，有

$$\Delta S \geqslant \frac{Q}{T} \quad \left(\begin{array}{l} > \text{不可逆过程} \\ = \text{可逆过程} \end{array} \right) \tag{2-11}$$

对于一个进行等温等压过程的封闭体系，联立以上两个方程可得

$$\Delta U \leqslant T\Delta S - p\Delta V + W_Q \tag{2-12}$$

即

$$\Delta U - T\Delta S + p\Delta V \leqslant W_Q \tag{2-13}$$

$$\Delta(U - TS + pV)_{T,p} \leqslant W_Q \quad \left(\begin{array}{l} < \text{不可逆过程} \\ = \text{可逆过程} \end{array} \right) \tag{2-14}$$

这里引入一个状态函数，常温常压的封闭体系的 $U - TS + pV$（即 $H - TS$）称为体系的吉布斯（Gibbs）函数（符号为 G），即

$$G = U - TS + pV = H - TS \tag{2-15}$$

式中　G——吉布斯函数（自由能），kJ；

H——焓（enthalpy），kJ；

T——热力学温度，K；

S——熵（entropy），kJ/K。

$$\Delta G = \Delta H - T\Delta S$$

依据 Gibbs 函数的定义可知，等温等压封闭体系的 Gibbs 函数在可逆过程中的减少值等于体系作的非体积功，在不可逆过程中的减少值则大于体系作的非体积功。

2.1.2.2　利用吉布斯函数判别反应方向

A　利用吉布斯函数判别反应方向的原则

根据以上讨论可知，对于一个进行等温等压过程且无其他功的封闭体系有

$$\Delta G_{T,p} \leqslant 0 \tag{2-16}$$

用文字表述即为："对于无其他功的封闭体系，在等温等压的条件下，体系的 G 在可逆过程中保持不变；在不可逆过程中总是减少，减少到 G 最小时体系达平衡态。"这就是 Gibbs 函数减少原理，它是无其他功的等温等压封闭体系过程方向性及限度的判据。

判断反应方向的原则是：反应总是向体系总自由能减小的方向进行。平衡时，体系总自由能为最小。即：

当 $\Delta G < 0$ 时，反应自发进行；

当 $\Delta G > 0$ 时，反应不能自发进行；

当 $\Delta G = 0$ 时，处于平衡状态。

B　实际反应的摩尔吉布斯函数变（ΔG）的计算

a　298.15K 时反应的标准摩尔吉布斯函数变的计算

（1）利用物质的 $\Delta_f G^\circ$（298.15K）的数据而求得。

关于单质和化合物的相对吉布斯函数（见附表1），规定在标准条件下，由指定的单质生成单位物质的量的纯物质时反应的吉布斯函数变叫做该物质的标准摩尔生成吉布斯函数；而任何指定的单质的标准摩尔吉布斯函数为零。关于水合离子的相对吉布斯函数值（见附表2），规定水合 H^+ 离子的标准摩尔生成吉布斯函数为零。物质的标准摩尔生成吉布斯函数均以 $\Delta_f G_m^\circ$ 表示，简写为标准生成吉布斯函数 $\Delta_f G^\circ$。

反应的标准摩尔吉布斯函数变以 $\Delta_r G_m^\ominus$ 表示，本书简写为标准吉布斯函数 $\Delta G^\ominus$。298.15K 时反应 $aA + bB = gG + dD$ 的标准吉布斯函数变 $\Delta G^\ominus$（298.15K）等于各生成物的标准生成吉布斯函数乘以化学计量数的总和减去各反应物的标准生成吉布斯函数乘以化学计量数的总和，即

$$\Delta G^\ominus(298.15K) = \sum \{\Delta_f G^\ominus(298.15K)\}_{生成物} - \sum \{\Delta_f G^\ominus(298.15K)\}_{反应物}$$

$$= \{g\Delta_f G^\ominus(G,298.15K) + d\Delta_f G^\ominus(D,298.15K)\} -$$

$$\{a\Delta_f G^\ominus(A,298.15K) + b\Delta_f G^\ominus(B,298.15K)\} \qquad (2-17)$$

（2）利用物质的 $\Delta_f H^\ominus$（298.15K）和 $S^\ominus$（298.15K）的数据求得。

对于单质和化合物的相对焓值，通常规定在标准条件下由指定的单质生成单位物质的量的纯物质时反应的焓变叫做该物质的标准摩尔生成焓；通常选定温度为 298.15K，作为该物质在此条件下的相对焓值，以 $\Delta_f H_m^\ominus$（298.15K）表示，本书仍按习惯写为标准生成焓 $\Delta_f H^\ominus$（298.15K），ϴ 代表"标准"（可读作"标准"），下角标 f 代表"生成"。在标准条件下反应或过程的摩尔焓变叫做反应的标准摩尔焓变，以 $\Delta_r H_m^\ominus$ 表示，本书仍按习惯简写为标准焓变 $\Delta H^\ominus$。对于某一个反应 $aA + bB = gG + dD$，在 298.15K 时反应的标准焓变 $\Delta H^\ominus$（298.15K）可按下式求得：

$$\Delta H^\ominus(298.15K) = \{g\Delta_f H^\ominus(G,298.15K) + d\Delta_f H^\ominus(D,298.15K)\} -$$

$$\{a\Delta_f H^\ominus(A,298.15K) + b\Delta_f H^\ominus(B,298.15K)\} \qquad (2-18)$$

通常在近似计算中可忽略温度的影响，用 $\Delta H^\ominus$（298.15K）代替其他温度下的 $\Delta H^\ominus(T)$。单位物质量的纯物质在标准条件下的规定熵叫做该物质的标准摩尔熵，以 $S_m^\ominus$ 表示，简写为标准熵 $S^\ominus$。反应的标准摩尔熵变以 $\Delta_r S_m^\ominus$ 表示，简写为标准熵变 $\Delta S^\ominus$。在 298.15K 时反应的标准熵变 $\Delta S^\ominus$（298.15K）可按下式计算：

$$\Delta S^\ominus(298.15K) = \sum \{S^\ominus(298.15K)\}_{生成物} - \sum \{S^\ominus(298.15K)\}_{反应物} \qquad (2-19)$$

对于某一反应：$aA + bB = gG + dD$，有

$$\Delta S^\ominus(298.15K) = \{gS^\ominus(G,298.15K) + dS^\ominus(D,298.15K)\} -$$

$$\{aS^\ominus(A,298.15K) + bS^\ominus(B,298.15K)\} \qquad (2-20)$$

通常在近似计算中，可忽略温度的影响，而用 $\Delta S^\ominus$（298.15K）来代替其他温度下的 $\Delta S^\ominus(T)$。

算出 $\Delta H^\ominus$（298.15K）和 $\Delta S^\ominus$（298.15K）后，再按下式求得

$$\Delta G^\ominus = \Delta H_T^\ominus - T\Delta S_T^\ominus \qquad (2-21)$$

$$\Delta G^\ominus(298.15K) = \Delta H^\ominus(298.15K) - 298.15K \cdot \Delta S^\ominus(298.15K) \qquad (2-22)$$

b   其他温度时反应的标准摩尔吉布斯函数变的计算

由于反应的 $\Delta G^\ominus$ 值会随温度的改变而改变，有的甚至改变很大，此时，不能用式（2-17）来计算，可考虑用式（2-20）进行近似计算。ΔH 或 $\Delta H^\ominus$、ΔS 或 $\Delta S^\ominus$ 的值随温度的改变而变化较小，在近似计算中可将其他温度 T 时的 $\Delta H_T^\ominus$ 或 $\Delta S_T^\ominus$ 分别以 $\Delta H^\ominus$（298.15K）或 $\Delta S^\ominus$（298.15K）代替，则根据式（2-21）可得

$$\Delta G_T^\ominus \approx \Delta H^\ominus(298.15K) - T\Delta S^\ominus(298.15K) \qquad (2-23)$$

c   实际反应的摩尔吉布斯函数变的计算

实际反应 ΔG 和 $\Delta G^{\ominus}$ 之间的关系可由化学热力学推导得出，称为热力学等温方程式。对于水溶液中的离子反应，由于变化的是水合离子（或分子）的浓度 c，根据化学热力学的推导，此时各反应物和生成物的水合离子的相对浓度为 $c/c^{\ominus}$。于是对于反应：

$$aA(aq) + bB(aq) \Longrightarrow gG(aq) + dD(aq)$$

有 $$\Delta G = \Delta G^{\ominus} + RT \cdot \ln \frac{\{c(G)/c^{\ominus}\}^g \{c(D)/c^{\ominus}\}^d}{\{c(A)/c^{\ominus}\}^a \{c(B)/c^{\ominus}\}^b} = \Delta G^{\ominus} + RT \cdot \ln Q \qquad (2-24)$$

式中，Q 又称为反应熵。

C　通过计算 ΔG 值判别反应进行方向的举例

对于水中是否有 $CaCO_3$ 沉淀产生的水质问题是电厂化学车间和市政给排水等部门关心的问题。

【例 2-1】已知水中 $CaCO_3(s)$ 的形成和溶解有如下可逆反应

$$Ca^{2+} + HCO_3^- \Longrightarrow CaCO_3(s) + H^+$$

假定 $[Ca^{2+}] = [HCO_3^-] = 1 \times 10^{-3} \text{mol/L}$，$pH = 7$，水温为 25℃，问此时是否有 $CaCO_3$ 沉淀产生。

解： 根据公式（2-24）

$$\Delta G = \Delta G^{\ominus} + RT\ln \frac{\{H^+\}\{CaCO_3(s)\}}{\{Ca^{2+}\}\{HCO_3^-\}}$$

计算 ΔG 值。先求 $\Delta \overline{G^{\ominus}}$，根据公式（2-18）

$$\Delta G^{\ominus} = \left(\sum_i v_i \overline{G_i^{\ominus}}\right)_{\text{产物}} - \left(\sum_i v_i \overline{G_i^{\ominus}}\right)_{\text{反应物}}$$

$\Delta \overline{G_i^{\ominus}}$ 值从附表 1 和附表 2 查得，有：

$$\Delta G^{\ominus} = (-1128.84 + 0) - (-553.54 - 586.85) = 11.55 \text{kJ}$$

然后将各组分活度代入，在稀溶液中可直接将浓度代替活度，固体的活度为 1，纯溶剂的活度也为 1。

$$\Delta G = 11.55 + 2.303 \times 8.314 \times 10^{-3} \times 298 \lg \frac{10^{-7}}{10^{-3} \times 10^{-3}} = 5.84 \text{kJ}$$

所以，$\Delta G > 0$。

故正反应不能自发进行，即不会有沉淀产生。

2.1.3　化学平衡与化学反应进行的程度

2.1.3.1　化学平衡和平衡常数

A　平衡常数的表达式

一般化学反应都具有可逆性，只是可逆的程度有所不同。例如，CO 与 $H_2O(g)$ 生成 CO_2 与 H_2 的可逆程度比较显著。

$$CO(g) + H_2O(g) \Longrightarrow CO_2(g) + H_2(g)$$

如果分别在几个密闭容器中均加入 CO、$H_2O(g)$、CO_2 和 H_2，但量不同，把容器加热到某一温度（如 673K），并保持该温度，当反应进行到一定限度，容器中各物质的含量或浓度就不再改变了，也就是说达到了平衡状态。在一定温度下达到平衡时，生成物浓度的乘积与反应物浓度的乘积之比值可用一个常数来表示，称为平衡常数。

对于水溶液中的反应

$$aA(aq) + bB(aq) \rightleftharpoons gG(aq) + dD(aq)$$

则有：
$$\Delta G = \Delta G^{\ominus} + RT\ln \frac{\{c(G)/c^{\ominus}\}^g \{c(D)/c^{\ominus}\}^d}{\{c(A)/c^{\ominus}\}^a \{c(B)/c^{\ominus}\}^b}$$

对于一般反应来说，当反应的 $\Delta G = 0$ 时，反应即达平衡，则上式变为

$$0 = \Delta G^{\ominus} + RT\ln \frac{\{c^{eq}(G)/c^{\ominus}\}^g \{c^{eq}(D)/c^{\ominus}\}^d}{\{c^{eq}(A)/c^{\ominus}\}^a \{c^{eq}(B)/c^{\ominus}\}^b}$$

$$\ln \frac{\{c^{eq}(G)/c^{\ominus}\}^g \{c^{eq}(D)/c^{\ominus}\}^d}{\{c^{eq}(A)/c^{\ominus}\}^a \{c^{eq}(B)/c^{\ominus}\}^b} = -\frac{\Delta G^{\ominus}}{RT}$$

在给定条件下，反应的 T 和 $\Delta G^{\ominus}$ 均为定值，则 $-\Delta G^{\ominus}/RT$ 亦为定值，即

$$\ln \frac{\{c^{eq}(G)/c^{\ominus}\}^g \{c^{eq}(D)/c^{\ominus}\}^d}{\{c^{eq}(A)/c^{\ominus}\}^a \{c^{eq}(B)/c^{\ominus}\}^b} = 定值$$

也就是
$$\frac{\{c^{eq}(G)/c^{\ominus}\}^g \{c^{eq}(D)/c^{\ominus}\}^d}{\{c^{eq}(A)/c^{\ominus}\}^a \{c^{eq}(B)/c^{\ominus}\}^b} = 常数$$

令此常数为 $K^{\ominus}$，即得平衡常数表达式：

$$\frac{\{c^{eq}(G)/c^{\ominus}\}^g \{c^{eq}(D)/c^{\ominus}\}^d}{\{c^{eq}(A)/c^{\ominus}\}^a \{c^{eq}(B)/c^{\ominus}\}^b} = K^{\ominus} \tag{2-25}$$

$$\ln K^{\ominus} = -\frac{\Delta G^{\ominus}}{RT} \tag{2-26}$$

式中，$K^{\ominus}$ 称为标准平衡常数，对于给定反应来说，其值与温度有关，而与浓度无关，常简称平衡常数。平衡常数表达式中，各物质的浓度均为平衡时的浓度。对于反应物或生成物中的固态或液态的纯物质，其浓度值取 1。

B　平衡常数的意义和有关计算

平衡常数的大小可以表示反应能进行的程度。通常平衡常数 $K^{\ominus}$ 越大，表示达到平衡时生成物浓度越大，或反应物浓度越小，也就是正反应进行得比较彻底。

利用某一反应的平衡常数，可以根据起始时的反应物的量，计算达到平衡时各反应物和生成物的量以及反应物的转化率。其反应物的转化率是指该反应物已转化的量占其起始量的百分率，即

$$某反应物的转化率 = \frac{某反应物已转化的量}{某反应物的起始量} \times 100\%$$

当然，也可以反过来计算。

2.1.3.2　化学平衡移动和吕·查德里原理

一切平衡都只是相对和暂时的。只是在一定的条件下才能保持化学平衡，条件改变，系统的平衡就会破坏，系统内各物质的浓度就会发生变化，直到系统又达到新的平衡为止。这种因条件的改变使化学反应从原来的平衡状态转变到新的平衡状态的过程叫作化学平衡的移动。

系统内物质的浓度、压力和温度对化学平衡的影响符合吕·查德里（La Châtelier）原理，即改变平衡系统的条件之一，如浓度、压力或温度，平衡就向能减弱这个改变的方向移动。应用这个规律，可以改变条件，使所需的反应进行得更完全。

浓度或压力的改变可能使反应熵 Q 值改变而保持 $K^{\ominus}$ 值不变，温度的改变则使 $K^{\ominus}$ 值

改变而保持 Q 值不变（指平衡系统未发生移动前），从而导致平衡的移动，其结果都使系统最后达到 $Q = K^{\ominus}$。

化学平衡的移动实际上是系统条件改变后，再一次考虑化学反应的方向和程度的问题。根据等温方程式

$$\Delta G = \Delta G^{\ominus} + RT\ln Q$$

又

$$\Delta G^{\ominus} = -RT\ln K^{\ominus}$$

即

$$\Delta G = RT\ln (Q/K^{\ominus}) \tag{2-27}$$

当 $\Delta G = 0$ 时，系统处于平衡状态，则

$$\Delta G = RT\ln (Q/K^{\ominus}) = 0$$

即

$$Q = K^{\ominus}$$

当 $\Delta G < 0$ 时，化学反应能自发进行，则

$$\Delta G = RT\ln (Q/K^{\ominus}) < 0$$

即

$$Q < K^{\ominus}$$

当 $\Delta G > 0$ 时，化学反应不能自发进行，则

$$\Delta G = RT\ln (Q/K^{\ominus}) > 0$$

即

$$Q > K^{\ominus}$$

所以，从化学平衡的观点来说，也可根据下列情况来判断反应的自发性或反应的方向：

当 $Q < K^{\ominus}$ 时，自发反应，反应能向正方向进行；

当 $Q = K^{\ominus}$ 时，处于平衡状态；

当 $Q > K^{\ominus}$ 时，非自发反应，反应能向逆方向进行。

化学平衡和化学平衡的移动实际上是化学热力学在系统是否达到平衡和能达到怎样程度的平衡问题上的具体应用和说明。

2.1.3.3 温度对平衡常数的影响和范托夫公式

温度对化学平衡常数的影响可用范托夫公式（Van't Hoff equation）表达

$$\frac{d\ln K}{dT} = \frac{\Delta H^{\ominus}}{RT^2} \tag{2-28}$$

如果反应过程中没有发生物质聚集状态的改变，则反应的 $\Delta H^{\ominus}$ 可以忽略，将上式积分得

$$\ln K = -\frac{\Delta H^{\ominus}}{RT} + 常数 \tag{2-29}$$

或

$$\ln \frac{K_1}{K_2} = \frac{\Delta H^{\ominus}}{R}\left(\frac{1}{T_2} - \frac{1}{T_1}\right) \tag{2-30}$$

式中　K——平衡常数；

　　　T——热力学温度；

　　　$\Delta H^{\ominus}$——标准生成焓。

下面以 $CaCO_3$ 是否会从水中沉淀析出为例，看在不同温度时，在热水器中可能发生的情况。

【例 2-2】自来水进入居民家时是 15℃，使热水器加热到 60℃。如果这种水在 25℃

时恰好被 $CaCO_3$ 饱和，问 15℃和 60℃时分别为过饱和还是未饱和。

解： 在通常 pH 值的水中，碳酸盐系统（包括 CO_2、HCO_3^-、CO_3^{2-}）主要以 HCO_3^- 的形态存在，故水中 $CaCO_3(s)$ 的形成和溶解的化学反应式可用下式表示

$$Ca^{2+} + HCO_3^- \rightleftharpoons CaCO_3(s) + H^+$$

由例 2-1 得

$$\Delta G^\ominus = 11.55kJ$$

$$\Delta G^\ominus = -RT\ln K$$

可计算 25℃时的平衡常数 K_{25} 得

$$K_{25} = 10^{-1.99}$$

现在可以根据范托夫方程求出不同温度时的平衡常数，先求 $\Delta H^\ominus$：

$$\Delta \overline{H}_i^\ominus = \left(\sum_i v_i \Delta \overline{H}_i^\ominus \right)_{产物} - \left(\sum_i v_i \Delta \overline{H}_i^\ominus \right)_{反应物}$$

$$= (-1206.9) - (-542.83 - 691.99) = 27.90 \text{ kJ}$$

由公式

$$\ln \frac{K_1}{K_2} = \frac{\Delta H^\ominus}{R} \left(\frac{1}{T_2} - \frac{1}{T_1} \right)$$

代入相应的数值：

$$\ln 10^{-1.99} - \ln K_{15} = \frac{27.90}{8.314 \times 10^{-3}} \times \left(\frac{1}{288} - \frac{1}{298} \right)$$

解得

$$K_{15} = 10^{-2.16}$$

同样可解得

$$K_{60} = 10^{-1.49}$$

比较不同温度时 K 的大小，得 $K_{60} > K_{25} > K_{15}$。

平衡时有

$$\frac{[H^+]}{[Ca^{2+}][HCO_3^{2-}]} = K$$

在同样的 $[H^+]$ 浓度下，当 K 值较大时，表明 $[Ca^{2+}][HCO_3^{2-}]$ 值在较小时便达到平衡，容易产生沉淀，反之当 K 值较小时，表明 $[Ca^{2+}][HCO_3^{2-}]$ 值要达到较大值时，才能达到平衡，不容易产生沉淀。

已知进水的离子浓度在 25℃时，刚好达到平衡，因此 60℃时达过饱和，而 15℃时未饱和。因而加热会增加 $CaCO_3$ 沉淀的可能性，这一结论对热水器的设计、使用效率与寿命具有重要意义。在水质硬度较高的地区，开水壶中容易产生水垢的部分原因也在于此。

2.2　溶液热力学

2.2.1　溶液的基本概念

由两种或两种以上物质所组成，并在相当大的范围内可以连续改变其成分的均匀液态混合体系叫做溶液。均匀是指各物质的分散度达到分子的数量级，即各物质呈分子状态分布。溶液中所含的物质常称为组分或组元，只含两个组分的叫二元溶液，含两个以上组分的称为多元溶液。通常情况下，固体或气体物质溶解在液体中形成的溶液，不论液体物质的摩尔分数为多大，都称液体物质为溶剂，而溶解的气体或固体物质称为溶质。溶剂和溶

质分别按不同的方法进行研究。如果溶质的摩尔分数的总和比 1 小很多，则称这种溶液为稀溶液。

2.2.2　溶液的基本定律

2.2.2.1　拉乌尔定律

蒸汽压是液体与它的气态呈平衡时所具有的一种属性。纯物质液体和它的蒸汽达到平衡时，蒸汽的压力称为该液体的饱和蒸汽压，它仅是温度的函数。溶液中组分 i 的蒸汽压就是溶液与它的蒸汽达平衡时，组分 i 在蒸汽中的分压。它不仅与温度有关，而且与溶液中组分 i 的浓度有关。

在定温下，当溶质溶于溶剂中时，溶剂的蒸汽压降低，符合拉乌尔（Raoult）定律，即：定温下的二元稀溶液，其溶剂的蒸汽压 p_1 等于同温下纯溶剂的饱和蒸汽压 p_1^* 乘以溶剂在溶液中的摩尔分数 x_1。其数学式为

$$p_1 = p_1^* x_1 \qquad (x_1 \rightarrow 1 \text{ 或 } x_2 \rightarrow 0) \qquad (2-31)$$

该定律成立的浓度范围由实验确定。多组分的稀溶液对于溶剂仍服从 Raoult 定律。

Raoult 定律也可表述为：定温下的二元稀溶液，其溶剂蒸汽压的降低值 $p_1^* - p_1$ 与溶质的摩尔分数 x_2 成正比，比例系数为 p_1^*。其数学式为

$$p_1^* - p_1 = p_1^* x_2 \qquad (x_2 \rightarrow 0 \text{ 或 } x_1 \rightarrow 1) \qquad (2-32)$$

或

$$\frac{p_1^* - p_1}{p_1^*} = x_2 \qquad (x_2 \rightarrow 0 \text{ 或 } x_1 \rightarrow 1) \qquad (2-33)$$

稀溶液中溶剂蒸汽压的相对降低值 $\dfrac{p_1^* - p_1}{p_1^*}$ 只与溶质的摩尔分数 x_2 有关，而与溶质的性质和种类无关。

2.2.2.2　亨利定律

气体物质在液体中的溶解度与该气体物质在液面上平衡压力的关系符合亨利（Henry）定律，即：定温下，气体物质在液体中的溶解度 x_2 与该气体物质在液面上的平衡分压 p_2 成正比。其数学式为

$$p_2 = kx_2 \qquad (x_2 \rightarrow 0) \qquad (2-34)$$

式中，x_2 为被溶解的气体物质在溶液中的摩尔分数；比例常数 k 称为 Henry 常数，它不仅与温度、溶质的性质有关，而且也与溶剂的性质有关。

物质的 Henry 定律常数，可由下式估算

$$K'_H = \frac{c_a}{c_w} \qquad (2-35)$$

式中　c_a——物质在空气中的摩尔浓度，mol/m^3；

　　　c_w——物质在水中的平衡浓度，mol/m^3；

　　　K'_H——Henry 定律常数的替换形式，量纲为 1。

对于微溶化合物（摩尔分数 $\leqslant 0.02$），Henry 定律常数的估算公式为

$$K_H = \frac{p_s M_W}{\rho_W} \qquad (2-36)$$

式中 p_s——纯化合物的饱和蒸汽压，Pa；

　　　M_W——化合物的摩尔质量，g/mol；

　　　ρ_W——化合物在水中的质量浓度，mg/L。

也可将 K_H 转换为量纲为 1 形式，此时 Henry 定律常数则为

$$K'_H = \frac{0.12 p_s M_W}{\rho_W T} \tag{2-37}$$

例如，二氯乙烷的蒸汽压为 2.4×10^4 Pa，20℃ 时在水中的质量浓度为 5500mg/L，根据式（2-36）和式（2-37），分别可计算出 Henry 定律常数 K_H 或 K'_H：

$$K_H = \left(2.4 \times 10^4 \times \frac{99}{5500}\right) \text{Pa} \cdot \text{m}^3/\text{mol} = 432 \text{Pa} \cdot \text{m}^3/\text{mol}$$

$$K'_H = 0.12 \times 2.4 \times 10^4 \times \frac{99}{5500 \times 293} = 0.18$$

Henry 定律只适用于溶质在气相和溶液中分子形态相同的情况。溶质分子在溶液中发生聚合、离解或与溶剂形成化合物等时，该定律不能直接应用，但对未聚合、离解或化合的那部分仍适用。如 SO_2 溶于 $CHCl_3$ 中，它在气相与溶液中的分子形态相同，Henry 定律可直接应用。SO_2 溶于水中时发生电离，Henry 定律只适用于未电离的部分。

设 $p(SO_2)$ 为溶液面上气相中 SO_2 的平衡分压，m 为 SO_2 在溶液中的总质量摩尔浓度，α 为 SO_2 转变为其他分子形态的分数，由于存在下列平衡：

$$\underset{p}{SO_2(g)} \rightleftharpoons \underset{m(1-\alpha)}{SO_2(aq)} + H_2O(aq) \rightleftharpoons \underset{m(\alpha-\beta)}{H_2SO_3(aq)} \rightleftharpoons \underset{m\beta}{H^+} + \underset{m\beta}{HSO_3^-}$$

故未解离的 SO_2 浓度为 $m(1-\alpha)$。这时定律的形式为

$$p(SO_2) = k_m m(1-\alpha) \tag{2-38}$$

对于稀溶液，Henry 定律适用于溶质，Raoult 定律适用于溶剂。这两个定律在形式上相似，但其实质不同。Henry 常数 k 一般并不等于纯溶质液体在该温度下的饱和蒸汽压 p_2^*，这是因为溶质分子在溶液中所处的环境与在纯溶质液体中所处的环境不同所决定的。因此，k 既与溶质的性质有关，也与溶剂的性质有关。

2.2.3　溶液类型

根据溶质在溶液中的存在形态，可将溶液分为非电解质溶液和电解质溶液。

2.2.3.1　非电解质溶液

非电解质溶液中的溶质在溶液和气相中的分子形态相同，溶质分子在溶液中未发生聚合、离解或与溶剂形成化合物。它又分为理想溶液、理想稀溶液和实际溶液。

A　理想溶液

从宏观上说，理想溶液是溶液中任意组元在全部浓度范围内均符合拉乌尔定律的溶液。从分子模型的微观上说，理想溶液是各组分分子的大小及作用力（A-A，B-B，A-B）彼此相似，当一种组分的分子被另一种组分的分子取代时，没有热效应和体积的变化，即 $\Delta H_{\text{mix}} = 0$，$\Delta V_{\text{mix}} = 0$。

B　理想稀溶液

在一定的温度和压力下，在一定的浓度范围内，溶剂遵守 Raoult 定律，溶质遵守

Henry 定律的溶液称为稀溶液。

理想稀溶液或称为无限稀溶液，是溶液的理想化模型，指的是溶质的相对含量趋于零的溶液。在这种溶液中，溶质分子之间的距离非常远，每一个溶剂分子或溶质分子周围几乎没有溶质分子而完全是溶剂分子。

C　实际溶液

所谓实际溶液，就是溶剂不遵守拉乌尔定律，溶质不遵守亨利定律的溶液。

2.2.3.2　电解质溶液

溶质在某些溶剂中分解成带电的离子（如氯化钠溶于水，离解成 Na^+ 和 Cl^-），叫做电解质溶液。

2.2.4　活度和实际溶液的校正

1907 年路易斯（G. N. Lewis）提出了活度的概念：

$$活度 = 活度系数 \times 浓度$$

对于溶质的活度，有

$$\alpha_{x,B} = \gamma_{x,B} x_B \tag{2-39}$$

$$\lim_{x_B \to 0} \gamma_{x,B} = \lim_{x_B \to 0} \left(\frac{\alpha_{x,B}}{x_B} \right) = 1 \tag{2-40}$$

式中　$\alpha_{x,B}$——相对活度，量纲为 1；

　　　$\gamma_{x,B}$——活度因子（activity factor），表示实际溶液与理想溶液的偏差，量纲为 1。

引入活度的概念以后，凡是通过理想溶液或者稀溶液所推导的热力学公式，只要将式中的浓度项换成活度，就可以用于实际溶液。

在非理想溶液中，拉乌尔定律应修正为：

$$p_i = p_i^* \gamma_i x_i \xrightarrow{\alpha_i = \gamma_i x_i} p_i^* \alpha_i$$

亨利定律也应修正为：

$$p_B = k_x x_B \longrightarrow p_B = k_{B,x} \gamma_{B,x} x_B = k_{B,x} \alpha_{B,x} (\lim_{x_B \to 0} \gamma_{B,x} = 1)$$

2.2.5　水溶液中离子和分子的非理想行为

2.2.5.1　离子的非理想行为

当水中离子浓度较高时，由于离子间的静电作用，使离子的行为受到束缚，即离子的活度要小于离子浓度，小于的程度可以用活度系数（activity coefficient）来表达。

$$\alpha_i = \gamma_i x_i \tag{2-41}$$

式中　α_i——i 离子的活度；

　　　x_i——i 离子的浓度；

　　　γ_i——i 离子的活度系数。

在稀溶液中活度系数 γ 等于 1，或近似等于 1，在化学平衡式中可用浓度代替活度。

活度系数的大小与离子强度有关，离子强度的概念由 G. N. Lewis 和 M. Randall 于 1921 年提出，定义如下：

$$I = \frac{1}{2} \sum (c_i Z_i^2) \qquad (2-42)$$

式中　I——离子强度；

　　c_i——i 离子的浓度；

　　Z_i——i 离子所带电荷数。

清洁水的离子强度可以根据经验公式由电导率（S）或总溶解固体（TDS）或全硬度（H）及碱度（Alk）求得。

由于水中的离子强度与电导率有关，通过研究它们之间的相关性可以得到，C. J. Lind（1970）经过对 13 种组成不同的水的研究，提出

$$I = 1.6 \times 10^{-5} \times S \qquad (2-43)$$

式中　S——电导率，μS/cm。

水中的离子主要来自于溶解于水的无机盐，因此总溶解固体的含量可大致反映水中的离子浓度，与离子强度有一定的相关性。W. F. Langelier（1936）经过对若干种水的研究，提出

$$I = 2.5 \times 10^{-5} \times TDS \qquad (2-44)$$

式中　TDS——总溶解固体，mg/L。

该式适用于 TDS < 1000mg/L 的水样。

清洁水的离子强度还可以根据全硬度（H）和碱度（Alk）由下式求得

$$I \approx 4H + \frac{1}{2} Alk$$

式中，H 和 Alk 的单位皆为 mol/L。

对于稀溶液（离子浓度 < 0.1mol/L），离子强度与活度系数的关系满足德拜 – 休格尔公式（Debye – Hückel equation）：

当 $I < 0.1$ 时，有

$$-\lg\gamma_i = \frac{AZ_i^2 I^{\frac{1}{2}}}{1 + Ba_i I^{\frac{1}{2}}} \qquad (2-45)$$

式中，A、B 为与溶剂介电常数 ε 有关的常数；a_i 为水合离子平均直径（nm）。水溶液中不同温度下的 A、B 取值以及不同离子的平均直径分别见表 2 – 1 和表 2 – 2。

当 $I < 5 \times 10^{-3}$ 时，公式可简化为

$$-\lg\gamma_i = 0.5 Z_i^2 I^{\frac{1}{2}} \qquad (2-46)$$

对于海水，其离子强度远远超出了德拜 – 休格尔公式的适用范围，活度系数应采用实测值（见表 2 – 3）。

表 2 – 1　不同温度时的 A、B 值

温度/℃	A	B
0	0.488	3.24
15	0.500	3.26
25	0.509	3.28

表 2 – 2　水中常见离子的平均直径

离　子	a/nm	离　子	a/nm
H^+	0.9	Na^+、HCO_3^-、$H_2PO_4^-$、CH_3COO^-	0.4
Al^{3+}、Fe^{3+}、La^{3+}、Ce^{3+}	0.9	SO_4^{2-}、HPO_4^{2-}	0.4
Mg^{2+}、Be^{2+}	0.8	PO_4^{3-}	0.4
Ca^{2+}、Zn^{2+}、Cu^{2+}、Sn^{2+}、Mn^{2+}、Fe^{2+}	0.6	K^+、Ag^+、NH_4^+、OH^-、Cl^-	0.3
Ba^{2+}、Sr^{2+}、Pb^{2+}、CO_3^{2-}	0.5	ClO_4^-、NO_3^-、I^-、HS^-	0.3

表 2 – 3　海水中主要离子的活度系数（$\mu = 0.7$）

离子	γ_i	离子	γ_i	离子	γ_i
H^+	0.75	Ca^{2+}	0.21	SO_4^{2-}	0.11
Na^+	0.68	K^+	0.64	HCO_3^-	0.55
Mg^{2+}	0.23	Cl^-	0.68	CO_3^{2-}	0.02

2.2.5.2　分子的非理想行为

水中分子的非理想行为可用经验公式表示

$$\lg\gamma = k_s I \tag{2-47}$$

式中　γ——活度系数；

　　　I——离子强度；

　　　k_s——常数，称为盐析系数。

盐析系数 k_s 必须由实验测得，一般 k_s 约在 $0.01 \sim 0.15$ 之间，当离子强度 $I < 0.1$ 时，$\gamma \approx 1$。

淡水的离子强度一般均小于 0.1，故可不考虑离子强度对分子行为的影响，即淡水中分子的活度与浓度基本没有差别。

【例 2 – 3】 已知 25℃时，氧的亨利定律常数 $K_H = 1.29 \times 10^{-3} \text{mol}/(L \cdot atm)$，氧在干燥空气中的体积分数为 0.21，25℃时水蒸气分压为 23.8mmHg（$1\text{mmHg} = 133.322\text{Pa}$），氧的盐析系数 $k_s = 0.132$，计算 25℃，1atm 时淡水与海水中溶解氧的活度和浓度。

解：根据亨利定律，氧在水中的溶解氧活度 $\{O_2(aq)\}$ 与氧在空气中氧的分压 p_{O_2} 成正比，比例系数 K_H 即亨利定律常数，如下式

$$\{O_2(aq)\} = K_H p_{O_2}$$

$$p_{O_2} = \frac{760 - 23.8}{760} \times 0.21 \text{atm} = 0.203 \text{atm}$$

$$\{O_2(aq)\} = 1.29 \times 10^{-3} \text{mol}/(L \cdot atm) \times 0.203 \text{atm} = 2.62 \times 10^{-4} \text{mol/L}$$

$$= 2.62 \times 10^{-4} \text{mol/L} \times 32 \times 10^3 \text{mg/mol} = 8.4 \text{mg/L}$$

淡水：$I < 0.1$，$\gamma = 1$，$[O_2(aq)] = \{O_2(aq)\} = 8.4 \text{mg/L}$；

海水：$I = 0.7$，$\lg\gamma = k_s I = 0.132 \times 0.7 = 0.0924$，$\gamma = 1.24$，$\{O_2(aq)\} = \gamma[O_2(aq)]$，

$[O_2(aq)] = \dfrac{8.4}{1.24} = 6.75 \text{mg/L}$。

在同样温度气压条件下，海水中的溶解氧浓度要较淡水中的溶解氧浓度低。这种分子

态物质的溶解度随着盐浓度增高而降低的现象称为"盐析效应"。这是因为盐溶液中，有相当一部分水与盐形成水合离子，分子态物质由于电子运动状态的差异较难溶解于这部分水中，因此从总体上讲溶解度下降。

2.3　化学反应动力学

在研究天然水行为和设计水处理方案时，起决定作用的因素常常是反应速率，而不是平衡常数，特别在涉及氧化 - 还原、沉淀 - 溶解平衡的反应中，处于非平衡状态的情况是非常普遍的。所以，化学动力学理论对于水化学是很重要的。

例如，硫化物与氧的反应，按照平衡计算原则，硫化物不可能存在于含有溶解氧的水中，但实测中发现在 $3mg/L$ 溶解氧的水中仍可检出硫化物，这是因为在稀溶液中，氧和硫化物之间的反应速率并不快。再如，羟基磷灰石 $[Ca_5(PO_4)_3OH]$ 是热力学状态稳定的固体磷酸钙，它的溶度积非常小：

$$K_{sp} = [Ca^{2+}]^5 [PO_4^{3-}]^3 [OH^-] = 1 \times 10^{-55.9}$$

pH 值和 $[Ca^{2+}]$ 分别取天然水中的正常值 7.0 和 $1mmol/L$（含 $CaCO_3$ 为 $100mg/L$）

则有　　　　　　$(1 \times 10^{-3})^5 \times (1 \times 10^{-7}) \times [PO_4^{3-}]^3 = 1 \times 10^{-55.9}$

即　　　　　　　$[PO_4^{3-}] = 1 \times 10^{-11} mol/L$（P 含量为 $3 \times 10^{-7} mg/L$）

根据平衡计算，一般天然水中磷的浓度应较目前我国地表 I 类水水质磷的标准值 $0.01mg/L$ 还低近 5 个数量级，因此不必担心由于磷引起的水体富营养化了。但实际水体中磷的含量远远超过该计算值，我国大部分湖泊和近海都存在严重的富营养化问题，这是因为形成羟基磷灰石固体的速率非常缓慢。

化学反应速率差别悬殊，反应快的可在 $10^{-12}s$ 内完成，反应慢的则以亿万年计。

催化剂可促使反应速率加快。有些氧化还原反应在没有微生物存在时进行得很慢，而在微生物存在时则很快。例如，根据热力学或平衡的预测会得出这样的结论，即氨会在有溶解氧的水中被氧化成硝酸盐。但是一个无菌的充氧氯化铵溶液却是永远稳定的。然而，假如引进亚硝化单细胞菌（Nitrosomonos）和硝化杆菌（Nitrobacter）类微生物的话，铵离子就会很快地先转变为亚硝酸盐，然后再转变为硝酸盐。反过来，在水中没有溶解氧时，硝酸盐应转化为氮气，但这一过程也要在合适的细菌催化下才会发生，否则硝酸盐是很稳定的，如实验室中的硝酸钠溶液是长期稳定的。

化学动力学通过研究反应速率和反应机理来揭示这些现象的规律和原因，从而为水处理等实际应用服务。

2.3.1　化学反应速率

化学反应速率 r 的快慢，通常以单位时间内某一反应物浓度的减少或某一生成物浓度的增大来表示。对于反应

$$aA + bB \longrightarrow pP + qQ$$

其反应速率可具体写为

$$r = -\frac{1}{a}\frac{d[A]}{dt} = -\frac{1}{b}\frac{d[B]}{dt} = \frac{1}{p}\frac{d[P]}{dt} = \frac{1}{q}\frac{d[Q]}{dt}$$

式中 $\dfrac{d[A]}{dt}$, $\dfrac{d[B]}{dt}$, $\dfrac{d[P]}{dt}$, $\dfrac{d[Q]}{dt}$ ——分别为物种 A、B、P、Q 的浓度随时间的变化速率;

$[A]$, $[B]$, $[P]$, $[Q]$ ——分别为 A、B、P、Q 的浓度。

原则上用参加反应的任何一种物质的浓度随时间的变化率都可以表示反应速率,通常是选用比较容易测定浓度变化的那一种物质。

2.3.2 速率方程

描述反应速率与反应物浓度关系的式子称为反应速率方程或反应动力学方程。对于反应

$$aA + bB \longrightarrow pP + qQ$$

有 $$r = f(c) = k[A]^{\alpha_A}[B]^{\alpha_B}[P]^{\alpha_P}[Q]^{\alpha_Q} \qquad (2-48)$$

式中,k 为速率常数;α_A、α_B、α_P 及 α_Q 分别为各浓度 $[A]$、$[B]$、$[P]$ 及 $[Q]$ 的相应指数;α_A、α_B、α_P 及 α_Q 一般并不和计量系数 a、b、p 及 q 相同,它们分别被称为反应对于 A、B、P 及 Q 的级数,$\alpha_A + \alpha_B + \alpha_P + \alpha_Q = \sum \alpha_i = n$ 被称为反应的(总)级数。

速率常数 k 是一个与浓度无关的比例系数,但 k 并不是一个绝对的常数,它与反应温度、反应介质、催化剂的存在与否,甚至有时与反应容器的器壁性质也有关系。速率常数 k 的单位与反应级数有关,因此,从 k 的单位也可知反应的级数,见表 2-4。

表 2-4 不同反应级数的速率方程和反应速率常数的单位

级 数	速率方程	k 的单位
0	$r = k$	$mol \cdot dm^{-3} \cdot s^{-1}$
1	$r = kc$	s^{-1}
2	$r = kc^2$	$mol^{-1} \cdot dm^3 \cdot s^{-1}$
3	$r = kc^3$	$mol^{-1} \cdot dm^6 \cdot s^{-1}$

反应总级数可以为零级、一级、二级和三级,还可以为分数级。如三氯甲烷(气)与氯气的反应:

$$CHCl_3(g) + Cl_2(g) \longrightarrow CCl_4(g) + HCl(g)$$

反应速率方程为 $$r = k[CHCl_3] \cdot [Cl_2]^{\frac{1}{2}}$$

反应总级数为 $\dfrac{3}{2}$。表 2-5 归纳了反应级数自零级至三级的有关反应式、速率方程、积分形式的速率方程、半衰期和线性关系特征等。

表 2-5 不同反应级数的反应速率方程、半衰期和线性关系特征

反应级数	反 应 式	起始浓度	速率方程	积 分 式	半衰期 $(t_{1/2})$	线性关系特征
零级	A→产物	$[A]_0$	$-\dfrac{d[A]}{dt} = k$	$[A] = [A]_0 - kt$	$\dfrac{[A]_0}{2k}$	$[A] \sim t$
一级	A→产物	$[A]_0$	$-\dfrac{d[A]}{dt} = k[A]$	$\ln[A] = \ln[A]_0 - kt$	$\dfrac{\ln 2}{k}$	$\ln[A] \sim t$

反应级数	反 应 式	起始浓度	速率方程	积 分 式	半衰期 $(t_{1/2})$	线性关系特征
二级	$2A \rightarrow$产物	$[A]_0$	$-\dfrac{d[A]}{dt} = k[A]^2$	$\dfrac{1}{[A]} = \dfrac{1}{[A]_0} + kt$	$\dfrac{1}{k[A]_0}$	$\dfrac{1}{[A]} \sim t$
	$A + B \rightarrow$产物	$[A]_0 = [B]_0$				
	$A + B \rightarrow$产物	$[A]_0 \neq [B]_0$	$-\dfrac{d[A]}{dt} = k[A][B]$	$\ln\dfrac{[B]}{[A]} = \ln\dfrac{[B]_0}{[A]_0} +$ $([B]_0 - [A]_0)kt$	—	$\ln\dfrac{[B]}{[A]} \sim t$
三级	$3A \rightarrow$产物	$[A]_0$	$-\dfrac{d[A]}{dt} = k[A]^3$	$\dfrac{1}{[A]^2} = \dfrac{1}{[A]_0^2} + 2kt$	$\dfrac{3}{2k[A]_0^2}$	$\dfrac{1}{[A]^2} \sim t$
	$A + B + C \rightarrow$产物	$[A]_0 = [B]_0 = [C]_0$				
	$A + 2B \rightarrow$产物	$2[A]_0 = [B]_0$				

2.3.3　温度对化学反应速率的影响和阿伦尼乌斯公式

温度对化学反应速率的影响特别显著。1889 年阿伦尼乌斯（S. Arrhenius）根据实验，提出在给定的温度变化范围内反应速率与温度之间有下列关系（阿伦尼乌斯公式）

$$k = Ae^{-\frac{E_a}{RT}} \tag{2-49}$$

若以对数关系表示，则为

$$\ln(k/A) = -\frac{E_a}{RT} \tag{2-50}$$

或

$$\ln k = (-E_a/RT) + \ln A = \alpha/T + \beta \tag{2-51}$$

式中　k——反应速率常数；

　　　A——前因子（pre - exponential factor），对特定反应为常数，因与分子间碰撞频率有关，故又称频率因子（frequency factor）；

　　　E_a——活化能（activation energy），对特定反应是常数，J；

　　　R——理想气体常数，8.314J/(mol·K)；

　　　T——热力学温度，K。

从式（2-51）可以看出：k 不仅与温度 T 有关，且与活化能 E_a 有关。利用阿伦尼乌斯公式，可求得温度变化对反应速率的影响。

若以 $k(T_1)$、$k(T_2)$ 分别表示在温度 T_1、T_2 时的 k 值，则

$$\ln\frac{v(T_2)}{v(T_1)} = \ln\frac{k(T_2)}{k(T_1)} = -\frac{E_a}{R}\left(\frac{1}{T_2} - \frac{1}{T_1}\right) = \frac{E_a(T_2 - T_1)}{RT_1T_2} \tag{2-52}$$

【例 2-4】 在 301K（即 28℃）时，鲜牛奶约 4h 变酸，但在 278K（即 5℃）的冰箱内，鲜牛奶可保持 48h 才变酸。设在该条件下牛奶变酸的反应速率与变酸时间成反比，试估算在该条件下牛奶变酸反应的活化能。若室温从 288K（即 15℃）升高到 298K（即 25℃），则牛奶变酸反应速率将发生怎么样的变化？

解：（1）反应活化能的估算。根据式（2-49），

$$\ln\frac{v(T_2)}{v(T_1)} = \ln\frac{k(T_2)}{k(T_1)} = \frac{E_a(T_2 - T_1)}{RT_1T_2}$$

式中，$T_2 = 301K$；$T_1 = 278K$。

由于变酸反应速率与变酸时间成反比，已知在278K时变酸时间 $t_1 = 48h$，301K时变酸时间 $t_2 \approx 4h$，所以

$$\frac{v(T_2)}{v(T_1)} = \frac{t_2}{t_1} \approx \frac{48h}{4h}$$

$$\ln \frac{v(T_2)}{v(T_1)} = \frac{E_a(301K - 278K)}{8.314J/(mol \cdot K) \times 278K \times 301K} = \ln \frac{48}{4} = 2.485$$

$$E_a \approx \frac{8.314 \times 278 \times 301 \times 2.485}{23} J/mol = 75000J/mol = 75kJ/mol$$

（2）反应随温度升高而发生的变化。若温度从288K升高到298K，按式（2-49）可得：

$$\ln \frac{v(298K)}{v(288K)} \approx \frac{E_a(T_2 - T_1)}{RT_1T_2} = \frac{75000J/mol \times (298 - 288)K}{8.314J/(mol \cdot K) \times 288K \times 298K} = 1.051$$

所以

$$\frac{v(298K)}{v(288K)} \approx 2.9$$

反应速率增大到原来速率的2.9倍。

值得注意的是，并不是所有的反应都符合上述规律。例如，对于爆炸类型的反应当温度升高到某一点时，速率会突然增加。某些反应的速率还会随温度的升高而降低。这主要是因为许多反应的过程较复杂，不是一步完成的反应。

2.3.4 反应的活化能和催化剂

2.3.4.1 活化能

对于一个化学反应，不是所有反应物的分子都能参与反应，只有那些平均能量较一般分子平均能量高一定值的分子才能参与反应，高出的这部分能量即活化能 E_a。即活化能为活化分子的能量与反应物分子的平均能量之差（见图2-1，图中 ΔH 为反应热）。

根据麦克斯韦-玻耳兹曼（Maxwell-Boltzmann）分布理论可知，参与反应的活化分子可表示为：

$$N = N_0 D e^{-\frac{E_a}{RT}} \tag{2-53}$$

式中　N——具有能量 E_a 或 E_a 以上的活化分子数；

N_0——总分子数；

D——常数；

E_a——活化能，J；

R——理想气体常数，$8.314J/(mol \cdot K)$；

T——热力学温度，K。

当温度一定时，活化分子数随活化能 E_a 的分布情况如图2-2所示，随着 E_a 值的增加，具有活化能 E_a 或 E_a 以上的活化分子数 N（阴影部分面积）将不断减少。

因此，活化能 E_a 值越大，参加反应的活化分子数越少，反应速率也就越慢。

活化能 E_a 可通过实验求得。根据对数形式的阿伦尼乌斯公式，

$$\ln k = \ln A - \frac{E_a}{RT}$$

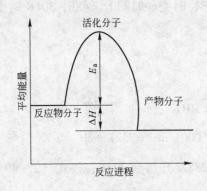

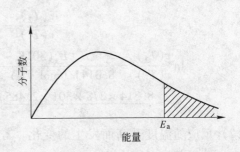

图2-1　活化能示意图　　　　　　图2-2　麦克斯韦-玻耳兹曼分布理论示意图

$\ln k$ 与 $\frac{1}{T}$ 有线性关系，直线斜率为 $-\frac{E_a}{R}$。因此，只要求得一组不同温度下的反应速率常数 k，便可由直线斜率求得 E_a。

如果我们能降低反应活化能 E_a，便可使更多反应物分子成为参与反应的活化分子，从而提高反应速率。催化剂可以使活化能降低。

2.3.4.2　催化剂

催化剂是能改变化学反应速率，而本身的组成、质量和化学性质在反应前后保持不变的物质。虽然在反应前后原则上催化剂的组成、化学性质不会发生变化，但实际上它是参与了化学反应，改变了反应的过程（或历程），降低了反应的活化能（图2-3），只是在后来又被"复原"了。

从图2-3可以看到，不管有无催化剂反应热 ΔH 不变。说明催化剂只是影响反应的速率，而不影响反应的程度。催化剂可以参与反应，形成活性配合物，但它的浓度在整个反应前后不变，即

A + B + 催化剂 = 生成物 + 催化剂

催化剂通常可以分为均相（homogeneous）和多相（heterogeneous）。当催化剂以分子级大小均匀地分布在反应介质内时（也就是溶解在反应介质中），这就是均相催化剂。当催化剂是明显地作为一种分散相存在时，那就是多相的催化剂。

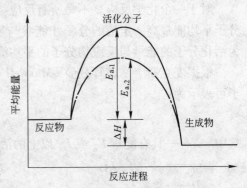

图2-3　催化剂对活化能的影响

用作均相催化剂的有酸、碱和可溶性过渡金属化合物等；用作多相催化剂的大多为固体催化剂，有金属氧化物、沸石、硫化物等。化学催化剂和专门的生物催化剂（如酶），在水化学中都是重要的。

2.3.5　反应机理

化学动力学主要研究反应速率和反应机理两个问题。

有的反应是一步完成的，能够一步完成的反应称为基元反应。基元反应的反应级数与反应中反应物的系数一致。如对于基元反应：

$$Br + H_2 \longrightarrow HBr + H$$

其速率方程为 $\dfrac{d[HBr]}{dt} = k[Br][H_2]$，反应级数为2。

大部分反应并不是经过简单的一步就能完成的，而是要经过生成中间产物的许多步骤完成的。这些中间步骤就是反应机理或称为反应历程。由两个以上基元反应构成的化学反应则称为复杂反应。

污染物质在环境中的生物转化，绝大多数都是酶促反应。酶促反应机理一般认为是底物（S）与酶（E）形成复合物（ES），再分离出产物（P），即：

$$E + S \underset{k_2}{\overset{k_1}{\rightleftharpoons}} ES \overset{k_3}{\longrightarrow} E + P$$

式中　k_1，k_2，k_3——相应基元反应速率常数。

令 $[E]_0$ 为酶的总浓度；$[S]$ 为底物浓度；$[ES]$ 为底物－酶复合物浓度。则 ES 形成与分解的速率微分方程依次为

$$\frac{d[ES]}{dt} = k_1\{[E]_0 - [ES]\} \cdot [S] \tag{2-54}$$

$$-\frac{d[ES]}{dt} = k_2[ES] + k_3[ES] \tag{2-55}$$

假定酶促反应体系处于动态平衡，即 ES 的形成速率等于 ES 的分解速率，则

$$k_1\{[E]_0 - [ES]\} \cdot [S] = k_2[ES] + k_3[ES]$$

令，$K_M = (k_2 + k_3)/k_1$，将上式整理成

$$[ES] = \frac{[E]_0[S]}{K_M + [S]} \tag{2-56}$$

产物 P 的生成速率，即酶促反应的速率为

$$v = k_3[ES] \tag{2-57}$$

将式（2-56）代入式（2-57），得

$$v = k_3 \frac{[E]_0[S]}{K_M + [S]} \tag{2-58}$$

当底物浓度很高时所有的酶转变成 ES 复合物，就是说，在 $[ES] = [E]_0$ 时酶促反应达到最大速率（v_{max}），即

$$v_{max} = k_3[ES] = k_3[E]_0$$

所以式（2-58）可改写成

$$v = \frac{v_{max}[S]}{K_M + [S]} \tag{2-59}$$

式（2-58）或式（2-59）就是底物酶促反应速率方程，常称为米氏方程。方程中 K_M 称为米氏常数。米氏方程表示，在已知 K_M 和 v_{max} 时，酶促反应速率与底物浓度之间的定量关系。

从米氏方程可知，当 $[S] \ll K_M$ 时，方程右端分母中 $[S]$ 值与 K_M 值相比可以忽略不计，于是 $v \approx v_{max}[S]/K_M$，酶促反应速率与底物浓度呈线性比例关系，显示动力学一级反应特征。这是米氏方程曲线（图2-4）的第一阶段情形。当 $[S] \gg K_M$ 时，则 $v \approx v_{max}$，酶促反应速率接近最大速率，并与底物浓度无关，相对于底物 S 来说，呈现动力学零级反

应特征。这是该曲线的第三阶段情形。而在［S］与 K_M 数值相差不多时，v 由米氏方程原形式表达，酶促反应速率随底物浓度而变动于零级和一级反应之间，反映出该曲线的第二阶段情形。

从米氏方程可知，K_M 值是在酶促反应速率达到最大反应速率一半时的底物浓度。

K_M 值是酶反应的一个特征常数，是酶与底物之间结合强度的指标，K_M 值越小，亲和力越强。对于某一种底物，不同的酶，K_M 值不同。如果一个酶有几种底物，则对于每一种底物各有相应的 K_M 值。另外，K_M 值还随着 pH 值、温度和离子强度等反应条

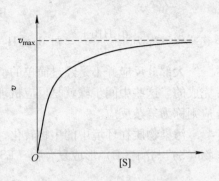

图 2-4　酶浓度一定时酶促反应速率与底物浓度关系

件而变化。大多数酶的 K_M 在 $10^{-1} \sim 10^{-6}$ mol/L 区间。由此可知，米氏方程正是通过 K_M 部分地描述了酶促反应性质、反应条件对酶促反应速率的影响。

2.3.6　经验速率方程

化学动力学可以对一些复杂反应提供数学模式。对于有些复杂反应，并不明确其化学反应的机理及其化学关系，但它们的行为可以用化学动力学公式描述，完全是经验性质的。

2.3.6.1　有机物生物氧化降解反应的经验速率方程

在水质指标中，生化需氧量是反映有机物污染的重要指标。生化需氧量是指在有溶解氧的条件下，好氧微生物分解水中的可氧化物质，特别是有机物的生物化学过程中所消耗溶解氧的量，用 BOD 表示。水中存在的硫化物、亚铁等还原性物质也会消耗部分溶解氧，但通常它们的含量都比较低，因此 BOD 可以间接表示水中有机物质的含量。在有氧条件下，水中有机物的分解过程，主要分为碳化和硝化两个阶段进行，如图 2-5 所示。

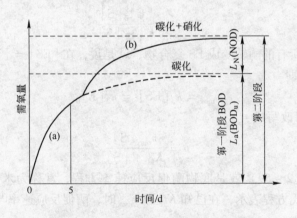

图 2-5　水中有机物质分解的两个阶段

图 2-5 中曲线（a）为第一阶段，又称碳氧化阶段，该阶段包括了不含氮有机物的全部氧化，也包括含氮有机物的氨化及其所生成的不含氮有机物的进一步氧化，也就是有机物被转化为无机的二氧化碳、氨和水的过程，又称有机物的无机化过程。碳氧化阶段所

消耗的氧称为碳化生化需氧量，总的碳化生化需氧量又称为完全生化需氧量，常以 L_a 或 BOD_u 表示。含氮有机物氨化后，在硝化菌的作用下，将氨氧化为亚硝酸盐，并最终氧化为硝酸盐氮。这个过程称为硝化过程，也要消耗水中的溶解氧，是有机物生物分解的第二阶段，该阶段所消耗的氧称为硝化生化需氧量，以 L_N 或 NOD 表示。图 2-5 中曲线（b）表示的是碳化与硝化两个阶段所消耗溶解氧的总量。

碳化阶段的生物氧化反应式可表示为

$$C_nH_aO_bN_c + \left(n + \frac{a}{4} - \frac{b}{2} - \frac{3}{4}c\right)O_2 \xrightarrow{\text{酶}} nCO_2 + \left(\frac{a}{2} - \frac{3}{2}c\right)H_2O + cNH_3$$

硝化阶段的生物氧化反应式则为

$$NH_3 \xrightarrow{O_2，\text{亚硝化细菌}} NO_2^- \xrightarrow{O_2，\text{硝化细菌}} NO_3^-$$

国内外普遍规定在 20℃温度条件下培养 5d 所消耗的溶解氧作为生化需氧量的数值，称为五日生化需氧量，用 BOD_5 表示。BOD_5 只是指碳化生化需氧量，即第一阶段生化需氧量，不包括第二阶段硝化过程所消耗的氧量。第一阶段生化需氧量的变化接近于一级反应，其反应动力学公式可以表示为

$$Y = L_a(1 - 10^{kt}) \tag{2-60}$$

式中　Y——任一天的 BOD 值，mg/L；

　　　L_a——碳化阶段完全生化需氧量；

　　　k——好氧速率常数，d^{-1}；

　　　t——时间，d。

反应速率常数 k 值受水质及其实验温度的影响较大，变化范围一般为 $0.04 \sim 0.30d^{-1}$，表 2-6 列出了 20℃时几种不同水样的 k 值。

表 2-6　20℃时不同水样的 k 值

水　样	k/d^{-1}	水　样	k/d^{-1}
自来水	<0.04	生化处理厂出水	0.06~0.10
轻度污染的河水	0.04~0.08	未经处理的污水	0.15~0.28

对于生活污水，当温度为 20℃时，k 值约为 $0.17d^{-1}$，因此，其 BOD_5 约为 L_a 的 86%。

2.3.6.2　细菌增殖的经验速率方程

经验的动力学方程的另一个例子是细菌增殖速率与底物浓度之间的关系：

$$M = \frac{M_{max}[S]}{K_s + [S]} \tag{2-61}$$

式中　M——细菌比增殖速率，$M = \frac{1}{X}\frac{dX}{dt}$；

　　　X——细菌量；

　　　$[S]$——底物浓度；

　　　K_s——当 $M = \frac{1}{2}M_{max}$ 时的底物浓度。

该公式由法国微生物学家 Monod 提出，故称 Monod 公式。Monod 公式是用来描述当化合物作为唯一碳源时化合物的降解速率。该式与米氏方程极其相像，这可能是由于细菌

与细菌中的酶有着某种内在联系的缘故。

从该式中可看到底物浓度限制了细菌的增殖速率，这里底物被称为"生长限制底物"。

Monod 公式在废水生化处理中有广泛的应用。在活性污泥法处理废水时，因为没有明确的底物，也不知道确切的细菌，常以 BOD 或 COD 这样的综合性参数作为生长限制底物浓度，而以活性污泥悬浮固体的重量作为细菌量度的参数，以此建立起活性污泥增长速率与 BOD 去除率或 COD 去除率等的数学关系，对活性污泥厂的设计与运行参数的确定，对预先估计出从处理系统中排出的剩余污泥量、控制曝气池内污泥和决定污泥处理设备能力都有重要意义。

习　题

2-1　写出下列术语的基本内容及其在水化学中的意义：

(1) 德拜－休格尔理论（Debye－Hückel theory）；

(2) 范托夫公式（Van't Hoff equation）；

(3) 亨利定律（Henry's Law）。

2-2　利用热力学数据计算 CaF_2 在 25℃时的溶度积。

2-3　将下列数量的盐类加入一定体积的水中，配制成 1L 溶液：1×10^{-2} mol/L 的 NaCl；2×10^{-2} mol/L 的 $CaCl_2$；2×10^{-2} mol/L 的 $BaCl_2$。

(1) 此溶液的离子强度是多少？

(2) 如果在该溶液中有一个非电解质，其活度为 10^{-3} mol/L，浓度为 9.5×10^{-4} mol/L，试计算盐析系数 K_s。

2-4　下列反应

$$O_2(g) \longrightarrow O_2(aq)$$

在 25℃时的平衡常数 K（即亨利定律常数 K_H）为 1.29×10^{-3} mol/(L·atm)，$\Delta H^e = -3.9$ kcal。

(1) 试计算反应物和生成物的生成自由能和生成焓，并与表 2-8 所列数值进行比较。

(2) 计算 50℃时的平衡常数。

(3) 已知水的蒸汽压如表 2-7 所示，并已知干空气 O_2 占 21%（按体积计），试计算 1 大气压（atm）下，在 25℃水中 O_2 的平衡浓度。

表 2-7　水的蒸汽压

温度/℃	25	50	100
蒸汽压/mmHg	25.8	92.5	760

(4) 假定 25℃时溶液中发现有 9.5mol/L 的 O_2，试问该反应是否处于平衡态，为什么？

2-5　在与大气平衡的高锰酸盐（MnO_4^-）溶液中，按下列反应分解：

$$4MnO_4^- + 4H^+ \longrightarrow 4MnO_2 \downarrow + 2H_2O + 3O_2 \uparrow$$

此反应的平衡常数为 10^{68}。

(1) 如果 $[MnO_4^-] = 10^{-10}$ mol/L，pH = 7，问反应是处于平衡状态还是朝右或朝左进行？

(2) 如果在条件（1）下反应并不平衡，试计算反应平衡时的 pH 值（$[MnO_4^-] = 10^{-10}$ mol/L）。

2-6　写出下列术语的基本内容及其在水化学中的意义：

(1) 阿伦尼乌斯公式；

(2) BOD 经验速率定律；

(3) 米氏方程。

2-7　某个一级反应到 50min 时完成了 40%。问其速率常数（以 s^{-1} 计）是多少？若反应完成 80% 需多长时间？

2-8　某一不可逆反应

$$2A \longrightarrow 3P$$

对 A 来说是一级反应。如果 A 的半衰期（反应 50% 的时间）为 $t_1(s)$，

(1) 写出以 t_1 表示的反应速率常数表达式；

(2) 用（1）的反应速率常数表达式推导 A 反应 90% 所需时间的表达式。

2-9　已经测得 BOD 的数据如表 2-8 所示，假设是一级反应，求 L_0 和 k（分别以 e 为底和以 10 为底）。

表 2-8　BOD 数据

t/d	BOD/mg · L^{-1}	t/d	BOD/mg · L^{-1}
1	122	5	203
2	117	6	205
3	184	7	207
4	193		

2-10　反应速率与温度的相互关系通常用非 E_a 的参数定量地表示。例如，在 BOD 测定中，常会用到下面的反应速率常数表达式：

$$k_{T_2} = k_{20}\theta^{(T_2-293)}$$

式中，T_2 是温度，K；k_{T_2} 是 T_2 温度下的速率常数；k_{20} 是 293K 下的速率常数。

(1) 试证明：

$$\theta = \exp\left(\frac{E_a}{RT_1T_2}\right)$$

并说明 θ 是 T_1 和 T_2 的函数；

(2) 如果 $\theta = 1.047$ 和 $T_2 = 293K$，求 E_a；

(3) 如果 $T_2 = 283K$，θ 照旧，问 E_a 值是多少？

2-11　在生物学中，经常用到符号 Q_{10}：

$$Q_{10} = \frac{k_{(T+10)}}{k_T}$$

虽然 Q_{10} 确实随 E_a 和温度而变，但对于一定类型的反应，若 E_a 可近似为一常数，这样 Q_{10} 值用起来就很方便。现假定温度为 25℃，$Q_{10} = 1.8$，问 E_a 是多少？

3 酸 碱 平 衡

本章内容提要：

在水溶液中，酸碱反应的速度是很快的，所以对酸碱反应的研究，通常不注重反应的动力学，而主要是寻求反应到达平衡时各种组成物的浓度。本章将在明确酸碱化学的一些基本概念的基础上讨论两种常用的酸碱系统的化学平衡计算方法，一种是根据平衡常数、物料衡算和电中性等基本关系，列出一系列方程式，然后用解联立方程的办法求取，但此方法常常涉及复杂的运算；另一种是双对数图算法，即利用不同 pH 值各组分浓度分布的 pc－pH 图，将复杂的计算变成简单的图标，应用十分方便。此外，本章还讨论了酸碱滴定方程与酸碱缓冲强度，这些问题在实际工作中经常会遇到。

天然水中所发生的化学过程，有一大部分可归之为酸碱反应，例如含有 CO_2 的酸性水对碳酸盐类岩石的侵蚀，陆地上流失的酸性火山灰，温泉水中的 HCl 和 SO_2 被江河水中碱性物质所中和。天然水中发生的其他类型的反应，如沉淀溶解、氧化还原和配合解离等，也大都受酸碱平衡的影响。而且，在人类的活动中，经常利用酸碱反应解决某些生产问题，例如用石灰中和工业废水中的游离酸、冷却水的加酸处理等。所以，酸碱反应在水化学中是一个非常重要的组成部分。

3.1 酸碱的意义

根据布朗斯特（Brönsted）的质子酸碱理论，凡能给出质子的物质是酸，能接受质子的物质是碱，既能接受又可以给出质子的物质则为两性物质。酸碱反应则为它们相互间的质子授受过程。反应后酸给出质子，变成它的共轭碱，碱得到质子变成相应的共轭酸，它们分别组成共轭酸碱对。

对于酸碱反应

$$HA + B^- \Longrightarrow HB + A^-$$

正反应过程中，HA 给出质子，B^- 接受质子，生成 HB 和 A^-；逆反应过程中，HB 给出质子，A^- 接受质子，生成 HA 和 B^-。故该系统中 HA、HB 均为酸，B^-、A^- 均为碱，$HA－A^-$ 或 $HB－B^-$ 为共轭酸碱对。

3.2 酸 碱 电 离

从酸碱的质子理论来看，酸或碱溶于水的电离反应实质上是一种酸碱反应，也有反应平衡和平衡常数。

3.2.1 水的电离与离子积

水是一种弱电解质，它会发生如下自偶电离

$$H_2O + H_2O \Longrightarrow H_3O^+ + OH^- \tag{3-1}$$

此反应可看作酸碱反应，其中一个 H_2O 为酸，另一个 H_2O 为碱。式（3-1）的平衡常数为

$$K = \frac{\{H_3O^+\}\{OH^-\}}{\{H_2O\}^2} \tag{3-2}$$

式中，$\{\ \}$ 是表示活度的符号（以下均采用此方式表示活度）。

在水中，H^+ 与水分子有很强的结合能力，它们除了能形成 H_3O^+ 外，还可构成 $H_5O_2^+$、$H_7O_3^+$ 和 $H_9O_4^+$ 等。通常用符号 H_3O^+、H^+（aq）或 H^+ 代表上述许多水合氢离子的总和。

在稀的水溶液中，水的活度大致与纯水本身的活度相等，若以纯水作为标准状态，则在稀溶液中 $\{H_2O\} = 1$。于是，式（3-2）可写成

$$K_w = K\{H_2O\}^2 = \{H_3O^+\}\{OH^-\} \tag{3-3}$$

或

$$K_w = \{H^+\}\{OH^-\} \tag{3-4}$$

式中，K_w 称为水的离子积，它的值可以通过标准状态下反应式（3-1）中的自由能变量 $\Delta G^\ominus$ 求得，相关各种物质的标准生成自由能 $\Delta G_f^\ominus$ 可查附表 1 和附表 2。

25℃有

$$\Delta G^\ominus = \Delta G_f^\ominus(H_3O^+) + \Delta G_f^\ominus(OH^-) - 2\Delta G_f^\ominus(H_2O)$$
$$= -237.18 + (-157.29) - 2 \times (-237.18) = 79.89 \text{kJ/mol}$$

因

$$\Delta G^\ominus = -2.3RT\lg K$$

故

$$79.89 \times 1000 = -2.3 \times 8.314 \times 298 \lg K$$

$$K_w = 1 \times 10^{-14} \quad (25℃)$$

K_w 是随温度而变的，当温度不是 25℃时可用 Van't Hoff 关系式换算。

【例 3-1】求 50℃时水的离子积 K_w。

解：首先由各物质的标准生成焓 $\Delta H_f^\ominus$（查附表 1 和附表 2），求得在标准状态下水电离反应的焓变量 $\Delta H^\ominus$。

$$\Delta H^\ominus = \Delta H_f^\ominus(H^+) + \Delta H_f^\ominus(OH^-) - \Delta H_f^\ominus(H_2O)$$
$$= 0 + (-229.99) - (-285.83)$$
$$= 55.84 \text{kJ}$$

再用 Van't Hoff 关系求 $K_w(50℃)$：

$$\ln K_w(50℃) = \ln K_w(25℃) + \frac{\Delta H^\ominus}{R}\left(\frac{1}{T(25℃)} - \frac{1}{T(50℃)}\right)$$
$$= \ln(1 \times 10^{-14}) + \frac{55.84 \times 10^3}{8.314} \times \left(\frac{1}{298} - \frac{1}{323}\right)$$

故

$$K_w(50℃) = 5.79 \times 10^{-14}$$

$$pK_w(50℃) = 13.24$$

3.2.2　酸和碱的电离常数

3.2.2.1　酸和碱的电离常数

酸和碱在水中的电离反应为

$$HA + H_2O \rightleftharpoons H_3O^+ + A^- \tag{3-5}$$

$$B^- + H_2O \rightleftharpoons HB + OH^- \tag{3-6}$$

它们的电离平衡常数分别为

$$K_a = \frac{\{H_3O^+\}\{A^-\}}{\{HA\}} \tag{3-7}$$

$$K_b = \frac{\{HB\}\{OH^-\}}{\{B^-\}} \tag{3-8}$$

在反应（3-5）和反应（3-6）中，水分子充当了另一种反应物，即当与酸反应时它为碱，与碱反应时它为酸。由式（3-7）和式（3-8）中的常数 K_a 或 K_b 的值可判断 HA 或 B^- 酸碱性的强弱，物质酸碱性的强弱是相对的，没有明确的分界，通常将 pK_a 小于 0.8 的酸作为强酸，pK_b 小于 1.4 的碱作为强碱。附表 3 列出了水化学中常用的酸碱电离常数。

对于任何共轭酸碱对（如 HA—A^-），它们的酸和碱的电离常数有如下关系

$$K_a K_b = \{H^+\}\{OH^-\} = K_w \tag{3-9}$$

即共轭酸碱的两个电离常数的乘积必等于水的离子积。

因反应的平衡常数决定于该反应的标准自由能变量 $\Delta G^\ominus$，所以此变量也可用来判别酸碱性的强弱。

【例 3-2】试求 HNO_3 溶于水的 $\Delta G^\ominus$ 和 K_a。

解：
$$HNO_3 + H_2O \rightleftharpoons H_3O^+ + NO_3^-$$

$$\Delta G^\ominus = \Delta G^\ominus_{fNO_3^-} + \Delta G^\ominus_{fH_3O^+} - \Delta G^\ominus_{fHNO_3} - \Delta G^\ominus_{fH_2O}$$

$$= -111.34 - 237.18 - (-111.26) - (-237.18) = -0.08kJ$$

按
$$\Delta G^\ominus = -2.3RT\lg K_a$$

得
$$-0.08 \times 1000 = -2.3 \times 8.314 \times 298 \lg K_a$$

$$pK_a = 0.01404 \quad K_a = 1.03$$

此结果表明，在标准状况下从 HNO_3 转移 1mol 质子至 H_2O 的过程，会释放 0.08kJ 自由能。$pK_a < 0.8$，说明 HNO_3 的电离反应较易进行，故为强酸。

【例 3-3】试求 HS^- 溶于水的 $\Delta G^\ominus$ 和 K_a。

解： HS^- 的电离反应为
$$HS^- + H_2O \rightleftharpoons H_3O^+ + S^{2-}$$

用与上题相同的方法可算得 $\Delta G^\ominus$ 为 79.90kJ，$pK_a = 14$。这些数据说明电离反应较难进行，故为弱酸。

3.2.2.2　酸的复合电离常数

酸的真实电离常数有时很难测定，例如 H_2CO_3，因为通常的分析方法很难区分水溶液中的溶解 $CO_2(aq)$ 和碳酸 H_2CO_3，测得的数据常常是两者的总浓度，用 $\{H_2CO_3^*\}$

表示。

在 CO_2 的水溶液中主要有以下两种平衡

$$H_2CO_3 \Longrightarrow CO_2(aq) + H_2O$$

$$K = \frac{\{CO_2(aq)\}}{\{H_2CO_3\}} \tag{3-10}$$

$$H_2CO_3 \Longrightarrow H^+ + HCO_3^-$$

$$K_{H_2CO_3} = \frac{\{H^+\}\{HCO_3^-\}}{\{H_2CO_3\}} \tag{3-11}$$

所以
$$
\begin{aligned}
\{H_2CO_3^*\} &= \{H_2CO_3\} + \{CO_2(aq)\} \\
&= (1+K)\{H_2CO_3\} \\
&= \frac{1+K}{K_{H_2CO_3}}\{H^+\}\{HCO_3^-\}
\end{aligned}
$$

即
$$K_{H_2CO_3^*} = \frac{\{H^+\}\{HCO_3^-\}}{\{H_2CO_3^*\}} = \frac{K_{H_2CO_3}}{1+K}$$

实际上，25℃ 时 H_2CO_3 的 $pK_{H_2CO_3} = 3.5$，故它的酸性比 $pK_{H_2CO_3^*} = 6.3$ 的复合酸 $H_2CO_3^*$ 强得多。

3.2.3 酸碱的离子分率

在一个含有共轭酸碱的溶液中，它的各种酸、碱浓度占其总浓度的分率称为离子分率，常用符号 α 表示。α 是一个很有用的参数，它与此共轭酸碱的总浓度无关，而决定于表征酸碱性强弱的电离平衡常数和水的 pH 值。

3.2.3.1 一元酸的离子分率

一元酸仅有一级解离，其分布较简单。如醋酸，它在溶液以 HAc 和 Ac^- 两种形式存在。设 c 为醋酸的总浓度，α_0 和 α_1 分别为 HAc 和 Ac^- 的离子分率，则

$$\alpha_0 = \frac{[HAc]}{c} = \frac{[HAc]}{[HAc] + [Ac^-]} = \frac{[H^+]}{K_a + [H^+]}$$

$$\alpha_1 = \frac{[Ac^-]}{c} = \frac{[Ac^-]}{[HAc] + [Ac^-]} = \frac{K_a}{K_a + [H^+]}$$

$$\alpha_0 + \alpha_1 = 1$$

若将不同 pH 时的 α_0 和 α_1 计算出来，并对 pH 作图，可得图 3-1 所示的曲线。由图可见，α_1 随 pH 升高而增大，α_0 则随 pH 升高而减小。当 $pH = pK_a$（即 4.74）时，$\alpha_1 = \alpha_0 = 0.5$；$pH < pK_a$ 时，主要存在形式是 HAc；$pH > pK_a$ 时，主要存在形式是 Ac^-。这种情况可以推广到其他一元酸。

3.2.3.2 二元酸的离子分率

二元酸存在二级解离，其分布要复杂一些。例如草酸，它在溶液中以 $H_2C_2O_4$、$HC_2O_4^-$ 和 $C_2O_4^{2-}$ 三种形式存在。设草酸的总浓度为 c，α_0、α_1 和 α_2 分别表示 $H_2C_2O_4$、$HC_2O_4^-$ 和 $C_2O_4^{2-}$ 的离子分率，则

$$\alpha_0 = \frac{[H_2C_2O_4]}{c} = \frac{[H_2C_2O_4]}{[HC_2O_4^-] + [C_2O_4^{2-}]} = \frac{[H^+]^2}{[H^+]^2 + K_{a_1}[H^+] + K_{a_1}K_{a_2}}$$

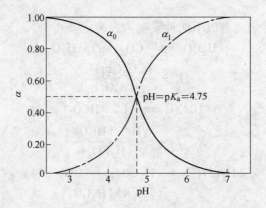

图 3 – 1　HAc 与 Ac⁻ 的离子分率与溶液 pH 的关系

同理可得

$$\alpha_1 = \frac{K_{a_1}[H^+]}{[H^+]^2 + K_{a_1}[H^+] + K_{a_1}K_{a_2}}$$

$$\alpha_2 = \frac{K_{a_1}K_{a_2}}{[H^+]^2 + K_{a_1}[H^+] + K_{a_1}K_{a_2}}$$

若以 α 对 pH 作图，则得到图 3 – 2 所示曲线。可见，当溶液 pH 变化时，有时仅两种组分受影响，有时则三者同时变化。

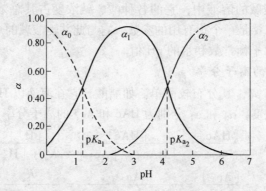

图 3 – 2　草酸的三种形态的离子分率与 pH 的关系

3.2.3.3　离子分率 α 的特性

（1）多元（n）酸碱体系中 α 值可由以下各式推导：

$$\alpha_0 = \frac{[H^+]^n}{[H^+]^n + K_{a_1}[H^+]^{n-1} + \cdots + K_{a_1}K_{a_2}\cdots K_{a_n}} \tag{3 – 12}$$

$$\alpha_1 = \frac{K_{a_1}[H^+]^{n-1}}{[H^+]^n + K_{a_1}[H^+]^{n-1} + \cdots + K_{a_1}K_{a_2}\cdots K_{a_n}} \tag{3 – 13}$$

$$\alpha_2 = \frac{K_{a_1}K_{a_2}[H^+]^{n-2}}{[H^+]^n + K_{a_1}[H^+]^{n-1} + \cdots + K_{a_1}K_{a_2}\cdots K_{a_n}} \tag{3 – 14}$$

$$\alpha_n = \frac{K_{a_1}K_{a_2}\cdots K_{a_n}}{[H^+]^n + K_{a_1}[H^+]^{n-1} + \cdots + K_{a_1}K_{a_2}\cdots K_{a_n}} \tag{3 – 15}$$

（2）在一个共轭酸碱体系中，各 α 值之间有以下的关系：

$$\alpha_0 + \alpha_1 + \cdots + \alpha_n = 1 \qquad (3-16)$$

例如，对于一元酸碱 $\alpha_0 + \alpha_1 = 1$，对于二元酸碱 $\alpha_0 + \alpha_1 + \alpha_2 = 1$。

（3）相邻的 α 有以下的关系：

$$\alpha_{i+1} = \frac{[H^+]}{K_{i+1}} \alpha_i \qquad (3-17)$$

例如，$\alpha_2 = \dfrac{[H^+]}{K_2} \alpha_1$。

3.3　酸碱平衡的计算

3.3.1　酸碱平衡计算方法

在任何一个酸碱平衡体系中，各有关组分的浓度均可用一组基本方程进行计算，这些方程为酸碱的平衡常数式、物料衡算式和电中性条件或质子条件的方程。

3.3.1.1　酸碱平衡常数

若将酸 HA 或其盐 MA（这里，M 表示强碱 MOH 的阳离子）加入水中，则对于此溶液中的各组分可以建立以下两个平衡常数式

$$K_w = \{H^+\}\{OH^-\} = 10^{-14} \quad (25℃) \qquad (3-18)$$

$$K_a = \frac{\{H^+\}\{A^-\}}{\{HA\}} \qquad (3-19)$$

式（3-19）的酸电离常数式可以被它的共轭碱电离常数式如 $K_b = \dfrac{\{OH^-\}\{HA\}}{\{A^-\}}$ 代替。但是他们不是相互独立的，所以在方程组中只能采用其中一个（即 K_a、K_b 只能选用一个）。

3.3.1.2　物料衡算式

物料衡算式指在一个化学平衡体系中，某一给定物质的总浓度与各有关形式平衡浓度之和相等，其数学表达式称作物料衡算式。如浓度为 c 的 H_3PO_4 溶液的物料衡算式为

$$[H_3PO_4] + [H_2PO_4^-] + [HPO_4^{2-}] + [PO_4^{3-}] = c$$

又如浓度为 c 的 Na_2SO_3 溶液，根据需要可列出与 Na^+ 和 SO_3^{2-} 有关的两个物料衡算式

$$[Na^+] = 2c, \quad [SO_3^{2-}] + [HSO_3^-] + [H_2SO_3] = c$$

3.3.1.3　电中性条件

任何电解质溶液都是电中性的，所以溶液中阳离子的总电荷量必等于阴离子的总电荷量，即

$$\sum 阳离子电荷量 = \sum 阴离子电荷量$$

当将盐 MA 加入水中时，其电离反应为

$$MA \Longrightarrow M^+ + A^-$$

水的电离反应为

$$H_2O \Longrightarrow H^+ + OH^-$$

故溶液中的阳离子有 H^+ 和 M^+，阴离子有 OH^- 和 A^-，电中性条件的关系式为

$$[M^+] + [H^+] = [A^-] + [OH^-] \tag{3-20}$$

若将 Na_2HPO_4 溶于水时，则溶液中有下列组分：Na^+、H^+、OH^-、H_3PO_4、$H_2PO_4^-$、HPO_4^{2-} 和 PO_4^{3-}。

$$[Na^+] + [H^+] = [OH^-] + [H_2PO_4^-] + 2[HPO_4^{2-}] + 3[PO_4^{3-}] \tag{3-21}$$

这里，系数 2 和 3 是因为每一个离子带有 2 和 3 个电荷的关系。

3.3.1.4　质子条件

质子条件是电中性条件的一种特例。它基于以下的原则：在一个质子传递的反应中，某些物质得质子的总量必等于另一些物质失质子的总量。

为了能判别哪些组分得质子、哪些组分失质子，必须先辨明用以判断得失质子的标准组分，这称为质子参比水平，它应为此溶液中能参与质子传递过程的那一部分组分。下面举例说明。

【例 3-4】求纯水自偶电离反应的质子条件方程。在本例中，配制此体系的物质为 H_2O，参与质子传递的组分也是它，所以 H_2O 应为质子参比水平。于是，按得失质子量应相等的原则，可得质子条件方程

$$[H_3O^+] = [OH^-] \tag{3-22}$$

【例 3-5】求弱酸强碱盐 MA 加入水中的质子条件方程。在本例中，应将 A^- 和 H_2O 定为质子参比水平，因为 MA 的电离生成物中 M^+ 不参与质子传递过程，而 A^- 可接受 H^+。质子条件方程为

$$[H_3O^+] + [HA] = [OH^-] \tag{3-23}$$

【例 3-6】将二元酸 H_2A 加入水中，则溶液中 H_2A 和 H_2O 应作为质子参比水平的组分。质子条件方程为

$$[H_3O^+] = [OH^-] + [HA^-] + 2[A^{2-}] \tag{3-24}$$

式中，系数 2 是因 H_2A 转化为 A^{2-} 时，每一个分子失去两个质子。

质子条件和电中性条件的两个方程不是相互独立的，所以在方程组中只能采用其中一个。

3.3.2　溶液中 H^+ 浓度的计算

3.3.2.1　强酸或强碱溶液

强酸强碱在溶液中全部解离，故在一般情况下，酸度的计算比较简单。如 0.1mol/L 的 HCl 溶液，其 H^+ 浓度也是 0.1mol/L。但当它们的浓度很稀时（浓度小于 1×10^{-6} mol/L 且大于 1×10^{-8} mol/L），计算溶液的 H^+ 浓度除需考虑酸或碱本身解离出来的 H^+ 或 OH^- 之外，还应考虑水解出来的 H^+ 和 OH^-。

对于浓度 c 为 1×10^{-8} mol/L $< c < 1 \times 10^{-6}$ mol/L 的强酸溶液，其质子条件式为 $[H^+] = [OH^-] + c$，根据平衡关系得

$$[H^+] = \frac{K_w}{[H^+]} + c$$

$$[H^+]^2 - c[H^+] - K_w = 0$$

$$[H^+] = \frac{c + \sqrt{c^2 + 4K_w}}{2}$$

若强酸或强碱的浓度小于 $1 \times 10^{-8} \text{mol/L}$，此时它们解离出的 H^+ 或 OH^- 则可忽略。

【例 3-7】 计算浓度为 $2.0 \times 10^{-7} \text{mol/L}$ 的 HCl 溶液的 pH 值。

解：由于 $c = 2.0 \times 10^{-7} \text{mol/L}$，符合浓度为 $1 \times 10^{-8} \text{mol/L} < c < 1 \times 10^{-6} \text{mol/L}$ 条件，所以

$$[H^+] = \frac{c + \sqrt{c^2 + 4K_w}}{2} = 2.4 \times 10^{-7} \text{mol/L}$$

$$pH = 6.62$$

3.3.2.2 弱酸或弱碱溶液

A 一元弱酸或弱碱溶液

设一元弱酸 HA 的解离常数为 K_a，溶液的浓度为 c，溶液中存在的酸碱组分有 H^+、OH^-、H_2O、A^- 和 HA，以 HA 和 H_2O 为参考水准，其质子条件式为

$$[H^+] = [A^-] + [OH^-]$$

根据解离平衡 $HA \rightleftharpoons H^+ + A^-$ 可知，$[A^-] = \dfrac{K_a[HA]}{[H^+]}$，将其代入质子条件式得

$$[A^-] = \frac{K_a[HA]}{[H^+]} + \frac{K_w}{[H^+]}$$

即

$$[H^+] = \sqrt{K_a[HA] + K_w} \qquad (3-25)$$

而

$$[HA] = c\alpha_{HA} = c \times \frac{[H^+]}{[H^+] + K_a}$$

将上式代入式 (3-25) 中，整理后得

$$[H^+]^3 + K_a[H^+]^2 - (K_a c + K_w)[H^+] - K_a K_w = 0 \qquad (3-26)$$

这是计算一元弱酸溶液 H^+ 浓度的精确式，若直接用代数法求解，数学处理十分麻烦，在实际工作中也没有必要。通常根据计算 H^+ 浓度时的允许误差，视弱酸的 K_a 和 c 值的大小，采用近似方法进行计算。式 (3-25) 中，当 $K_a[HA] \geqslant 10K_w$ 时，K_w 可忽略，此时计算结果的相对误差不大于 $\pm 5\%$。由于弱酸的解离度一般不大，通常可以认为 $[HA] \approx c$，这样，当 $K_a c \geqslant 10K_w$ 时，可忽略 K_w，式 (3-25) 简化为

$$[H^+] \approx \sqrt{K_a[HA]} \qquad (3-27)$$

根据物料平衡和解离平衡计量关系，对于浓度为 c 的弱酸 HA 溶液

$$[HA] = c - [A^-] = c - [H^+] + [OH^-] \approx c - [H^+]$$

将此代入式 (3-25)，得

$$[H^+] = \sqrt{K_a(c - [H^+])}$$

即

$$[H^+]^2 + K_a[H^+] - K_a c = 0$$

$$[H^+] = \frac{-K_a + \sqrt{K_a^2 + 4K_a c}}{2} \qquad (3-28)$$

式 (3-28) 是计算一元弱酸溶液中浓度 H^+ 的近似式。若平衡时溶液中 H^+ 的浓度远小

于弱酸的原始浓度，则式（3-27）中的 $c-[H^+] \approx c$，故

$$[H^+] = \sqrt{K_a c} \qquad\qquad (3-29)$$

式（3-29）是计算一元弱酸溶液中 H^+ 浓度的最简式。一般说来，当 $K_a c \geqslant 10 K_w$，且 $c/K_a \geqslant 100$ 时，即可采用最简式进行计算。对于极稀或极弱酸的溶液，由于溶液中的 H^+ 浓度非常小，这时 $K_a c < 10 K_w$，即水本身解离出来的 H^+ 不能忽略，甚至它可能就是 H^+ 的主要来源。但只要其浓度不是太小，即满足 $c/K_a \geqslant 100$，则弱酸的平衡浓度就近似等于它的原始浓度 c。由式（3-25）得

$$[H^+] = \sqrt{K_a c + K_w} \qquad\qquad (3-30)$$

【例3-8】 计算浓度为 0.10 mol/L 乳酸（即 2-羟基丙酸）溶液的 pH 值。

解： 已知 $c = 0.10$ mol/L，查表得乳酸 $K_a = 1.4 \times 10^{-4}$，可见，$K_a c > 10 K_w$，又因为 $c/K_a > 100$，故可采用最简式（3-29）计算。

$$[H^+] = \sqrt{K_a c} = \sqrt{1.4 \times 10^{-4} \times 0.10} = 3.7 \times 10^{-3} \text{mol/L}$$
$$pH = 2.43$$

【例3-9】 计算浓度为 0.020 mol/L 的一氯乙酸（$CH_2ClCOOH$）溶液的 pH 值。

解： 已知 $c = 0.020$ mol/L，查表可知 $K_a = 1.4 \times 10^{-3}$，可见，$K_a c > 10 K_w$，但此时 $c/K_a < 100$，故应采用近似式（3-28）计算，即

$$[H^+] = \frac{-K_a + \sqrt{K_a^2 + 4 K_a c}}{2}$$

$$= -\frac{1.4 \times 10^{-3}}{2} + \sqrt{\frac{(1.4 \times 10^{-3})^2}{4} + 1.4 \times 10^{-3} \times 0.02} = 4.64 \times 10^{-3} \text{mol/L}$$

$$pH = 2.33$$

【例3-10】 计算浓度为 1.0×10^{-4} mol/L 的 H_3BO_3 溶液的 pH 值。

解： 查表可知，H_3BO_3 的 $K_a = 5.8 \times 10^{-10}$，因此 $cK_a < 10 K_w$，$c/K_a > 100$，采用式（3-30）计算，得

$$[H^+] = \sqrt{5.8 \times 10^{-10} \times 1.0 \times 10^{-4} + 1.0 \times 10^{-14}} = 2.6 \times 10^{-7} \text{mol/L}$$
$$pH = 6.58$$

对于一元弱碱 B，它在水溶液中存在下列酸碱平衡

$$B + H_2O \Longrightarrow BH^+ + OH^-$$

这与一元弱酸相似，所不同的是解离出来的是 OH^-。其质子条件式为

$$[HB^+] + [H^+] = [OH^-]$$

按类似方法处理，可得相应的计算式。实际上，以上有关计算一元弱酸溶液中 H^+ 浓度的计算式，只要将 K_a 换成 K_b，H^+ 换成 OH^-，均可用于计算一元弱碱溶液中的 OH^- 浓度。后面有关酸的一些计算式同样也适应于碱的计算，因此，在进行讨论时，未将碱的情况单独列出。

【例3-11】 计算浓度为 1.0×10^{-4} mol/L 的 NaCN 溶液的 pH 值。

解： CN^- 的水解反应为

$$CN^- + H_2O \Longrightarrow HCN + OH^-$$

已知，HCN 的 $K_a = 6.2 \times 10^{-10}$，故 CN$^-$ 的 $K_b' = \dfrac{K_w}{K_a} = 1.6 \times 10^{-5}$，可见，$cK_b' > 10K_w$，$c/K_a < 100$，应采用近似式计算，即

$$[OH^-] = -\frac{K_b}{2} + \sqrt{\frac{K_b^2}{4} + K_b c}$$

$$= -\frac{1.6 \times 10^{-5}}{2} + \sqrt{\frac{(1.6 \times 10^{-5})^2}{4} + 1.6 \times 10^{-5} \times 1.0 \times 10^{-4}} = 3.3 \times 10^{-5} \text{mol/L}$$

$$pOH = 4.48; \quad pH = 14 - 4.48 = 9.52$$

B 多元酸碱溶液

多元酸碱溶液中 H$^+$ 浓度计算方法与一元弱酸弱碱相似，但由于多元酸碱在溶液中逐级解离，因此情况要复杂一些。如二元弱酸 H$_2$B，设其浓度为 c，解离常数为 K_{a_1} 和 K_{a_2}。以 H$_2$O 和 H$_2$B 为参考水准，其质子条件式为 $[H^+] = [HB^-] + 2[B^{2-}] + [OH^-]$。根据解离平衡关系，并将式中的酸碱组分浓度用原始组分的浓度表示，得

$$[H^+] = \frac{[H_2B]K_{a_1}}{[H^+]} + 2\frac{[H_2B]K_{a_1}K_{a_2}}{[H^+]^2} + \frac{K_w}{[H^+]}$$

即

$$[H^+] = \sqrt{[H_2B]K_{a_1}\left(1 + \frac{2K_{a_2}}{[H^+]}\right) + K_w} \tag{3-31}$$

而

$$[H_2B] = \alpha_{H_2B}c = \frac{[H^+]^2}{[H^+]^2 + K_{a_1}[H^+] + K_{a_1}K_{a_2}}c$$

代入式（3-31）整理后得：

$$[H^+]^4 + K_{a_1}[H^+]^3 + (K_{a_1}K_{a_2} - K_{a_1}c - K_w)[H^+]^2 -$$
$$(K_{a_1}K_w + 2K_{a_1}K_{a_2}c)[H^+] - K_{a_1}K_{a_2}K_w = 0 \tag{3-32}$$

式（3-31）和式（3-32）是计算二元弱酸溶液 H$^+$ 浓度的精确公式。采用此公式计算时，数学处理比较复杂。通常根据具体情况，对其进行近似、简化处理。式（3-31）中，当 $K_{a_1}[H_2B] \geqslant 10K_w$ 时，K_w 可忽略，计算结果的相对误差不大于 $\pm 5\%$。在一般情况下，二元弱酸的解离度不是很大，通常可以认为 $[H_2B] \approx c$，这样，当 $K_{a_1}c \geqslant 10K_w$ 时，忽略 K_w。又若 $\dfrac{2K_{a_2}}{[H^+]} \approx \dfrac{2K_{a_2}}{\sqrt{cK_{a_1}}} < 0.05$，则第二级解离也可忽略。此时二元弱酸可按一元弱酸处理，H$^+$ 浓度为

$$[H^+] = \sqrt{K_{a_1}[H_2B]} \approx \sqrt{K_{a_1}(c - [H^+])} \tag{3-33}$$

或

$$[H^+]^2 + K_{a_1}[H^+] - cK_{a_1} = 0$$

式（3-33）是计算二元弱酸溶液中 H$^+$ 浓度的近似式。与一元弱酸相似，如果二元弱酸除满足上述条件外，其 $c/K_{a_1} > 100$，说明二元弱酸的一级解离度也较小。在这种情况下，二元弱酸的平衡浓度可视为等于其原始浓度 c，即

$$[H_2B] = c - [H^+] \approx c$$

因此，式（3-33）可简化为

$$[H^+] = \sqrt{cK_{a_1}} \tag{3-34}$$

式（3-34）是计算二元弱酸溶液 H^+ 浓度的最简公式。

【例3-12】室温时，饱和 H_2CO_3 溶液的浓度约为 0.040mol/L，计算溶液的 pH 值。

解：碳酸溶液中，存在如下平衡

$$H_2CO_3 \rightleftharpoons CO_2 + H_2O; \quad K = \frac{[CO_2]}{[H_2CO_3]} = 3.8 \times 10^2 \ (25℃)$$

已知，$K_{a_1} = 4.2 \times 10^{-7}$，$K_{a_2} = 5.6 \times 10^{-11}$，因此 $[H_2CO_3] K_{a_1} \approx cK_{a_1} \gg 10K_w$，$K_w$ 可忽略。

而 $\dfrac{K_{a_2}}{\sqrt{cK_{a_1}}} = \dfrac{5.6 \times 10^{-11}}{\sqrt{0.04 \times 4.2 \times 10^{-7}}} < 0.05$，$\dfrac{c}{K_{a_1}} = \dfrac{0.04}{4.2 \times 10^{-7}} \gg 100$，故采用式（3-33）计算

得
$$[H^+] = \sqrt{cK_{a_1}} = \sqrt{0.040 \times 4.2 \times 10^{-7}} = 1.3 \times 10^{-4} \text{mol/L}$$
$$pH = 3.89$$

某些有机酸，如酒石酸等，其 K_{a_1} 和 K_{a_2} 分别为 9.1×10^{-4} 和 4.3×10^{-5}，K_{a_1} 和 K_{a_2} 之间的差别不是很大，当浓度较小时，通常还需考虑它们的二级解离。因此，其代数计算式较复杂，不便求解。在这种情况下，欲定量计算这些有机酸溶液中的 H^+ 浓度，可采用迭代法，即先以分析浓度代替平衡浓度，通过最简式或近似式计算 H^+ 的近似浓度再根据所得 H^+ 的浓度计算酸的平衡浓度，并将其代入 H^+ 的计算式中求 H^+ 的二级近似值，如此反复计算，直至所得 H^+ 浓度基本不再变化，此即该溶液的 H^+ 浓度。

3.3.2.3　混合溶液

A　弱酸或弱碱混合溶液

设有一元弱酸 HA 和 HB 的混合溶液，其浓度分别为 c_{HA} 和 c_{HB}，解离常数为 K_{HA} 和 K_{HB}。此溶液的质子条件式为

$$[H^+] = [A^-] + [B^-] + [OH^-]$$

因为溶液呈弱酸性，$[OH^-]$ 可忽略，故 $[H^+] = [A^-] + [B^-]$

根据平衡关系，得到

$$[H^+] = \frac{K_{HA}[HA]}{[H^+]} + \frac{K_{HB}[HB]}{[H^+]} \tag{3-35}$$

即
$$[H^+] = \sqrt{K_{HA}[HA] + K_{HB}[HB]} \tag{3-36}$$

由于两者解离出来的 H^+ 彼此抑制，所以，当两种弱酸都比较弱时，可近似认为，$[HA] \approx c_{HA}$，$[HB] \approx c_{HB}$。这样，上式可简化为

$$[H^+] = \sqrt{K_{HA}c_{HA} + K_{HB}c_{HB}} \tag{3-37}$$

若 $K_{HA}c_{HA} \gg K_{HB}c_{HB}$，则

$$[H^+] = \sqrt{K_{HA}c_{HA}} \tag{3-38}$$

这是计算一元混合溶液 H^+ 浓度的最简式。

【例3-13】计算浓度为 0.10mol/L 的 HF 和浓度为 0.20mol/L 的 HAc 混合溶液的 pH 值。

解：查表得 HF 的 $K_a = 6.6 \times 10^{-4}$；HAc 的 $K_a = 1.8 \times 10^{-5}$，代入式（3-37），得

$$[H^+] = \sqrt{6.6 \times 10^{-4} \times 0.10 + 1.8 \times 10^{-5} \times 0.20} = 8.4 \times 10^{-3} \text{mol/L}$$
$$pH = 2.08$$

B 弱酸和强酸混合溶液

在水化学中，常遇到弱酸和强酸（或弱碱和强碱）混合溶液中 $[H^+]$ 浓度的计算问题。对于这类酸碱平衡的处理，同样应根据质子条件，忽略其中的次要组分后，再采用近似方法进行计算。

例如，浓度为 c 弱酸 HA 和浓度为 c_a 强酸 HB 混合溶液，此溶液的质子条件式为

$$[H^+] = [OH^-] + [A^-] + c_a \tag{3-39}$$

因为溶液为酸性，$[OH^-]$ 可忽略，式（3-39）简化为

$$[H^+] \approx [A^-] + c_a \tag{3-40}$$

$$[H^+] \approx c\frac{K_a}{[H^+] + K_a} + c_a \tag{3-41}$$

整理后，得到

$$[H^+] = \frac{(c_a - K_a) + \sqrt{(c_a - K_a)^2 + 4K_a(c_a + c)}}{2} \tag{3-42}$$

这是计算弱酸和强酸的混合溶液中 $[H^+]$ 浓度的近似公式。若 $c_a > 20[A^-]$，由式（3-40）可得到其最简式

$$[H^+] \approx c_a \tag{3-43}$$

$[A^-]$ 能否忽略，可先采用式（3-43）计算出 $[H^+]$ 的近似浓度，再根据此 $[H^+]$ 浓度，计算出 $[A^-]$，然后比较它们的大小，若 $[H^+] > 20[A^-]$，则可采用式（3-43）计算；反之，如 $[A^-]$ 与 $[H^+]$ 比较接近，则 $[A^-]$ 不能忽略，而应采用式（3-42）计算。

【例 3-14】计算浓度为 0.10mol/L 的 HAc 和浓度为 1.0×10^{-3} mol/L 的 HCl 混合溶液的 pH 值。

解：首先采用式（3-43）计算，求得

$$[H^+] \approx 1.0 \times 10^{-3} \text{mol/L}$$

$$[Ac^-] = \frac{cK_a}{[H^+] + K_a} = \frac{1.0 \times 10^{-1} \times 1.8 \times 10^{-5}}{1.0 \times 10^{-3} + 1.8 \times 10^{-5}} = 1.76 \times 10^{-3} \text{mol/L}$$

通过比较，$[Ac^-]$ 只稍大于 $[H^+]$，说明 HAc 离解出来的 $[H^+]$ 浓度不能忽略，故此时应采用式（3-42）计算。

$$[H^+] = \frac{(c_a - K_a) + \sqrt{(c_a - K_a)^2 + 4K_a(c_a + c)}}{2}$$

$$= \frac{(1.0 \times 10^{-3} - 1.8 \times 10^{-5}) + \sqrt{(1.0 \times 10^{-3} - 1.8 \times 10^{-5})^2 + 4 \times 1.8 \times 10^{-5} \times (1.0 \times 10^{-3} + 0.10)}}{2}$$

$$= 1.9 \times 10^{-3} \text{mol/L}$$

$$pH = 2.72$$

对于弱碱和强碱混合溶液中 $[OH^-]$ 浓度的计算，可按上述方法同样处理。

C 弱酸与弱碱混合溶液

设弱酸-弱碱混合溶液中弱酸 HA 的浓度为 c_{HA}，弱碱 B 的浓度为 c_B。以 HA、B 和 H_2O 为参考水准，其质子条件式为

$$[H^+] + [HB^+] = [OH^-] + [A^-]$$

若两者的原始浓度都较大，且酸碱性都较弱，相互间的酸碱反应可忽略，则质子条件式可简化为

$$[HB^+] \approx [A^-]$$

根据平衡关系可得

$$\frac{[H^+][B]}{K_{HB}} = \frac{K_{HA}[HA]}{[H^+]} \tag{3-44}$$

平衡时，$[HA] \approx c_{HA}$，$[B] \approx c_B$，将此代入式（3-44），得

$$\frac{[H^+]c_B}{K_{HB}} = \frac{K_{HA}c_{HA}}{[H^+]}$$

$$[H^+] = \sqrt{\frac{c_{HA}}{c_B}K_{HA}K_{HB}} \tag{3-45}$$

【例 3-15】计算浓度为 0.10mol/L 的 HAc 和浓度为 0.20mol/L 的 KF 混合溶液的 pH 值。

解：溶液中的酸碱解离平衡为

$$HAc \Longrightarrow H^+ + Ac^- \quad K_a = 1.8 \times 10^{-5}$$

$$F^- + H_2O \Longrightarrow HF + OH^-$$

$$K_b = \frac{K_w}{K_a} = 1.5 \times 10^{-11}$$

两者的原始浓度都较大，且酸碱性都较弱，相互间的酸碱反应可忽略，因此可用式（3-45）计算。即

$$[H^+] = \sqrt{\frac{c_{HAc}}{c_{F^-}}K_{HAc}K_{HF}} = \sqrt{\frac{0.10}{0.20} \times 1.8 \times 10^{-5} \times 6.6 \times 10^{-4}} = 7.7 \times 10^{-5} \text{mol/L}$$

$$pH = 4.11$$

值得注意的是，在这类混合溶液中，酸碱组分之间不应发生显著的酸碱反应，否则，据此计算出的 H^+ 浓度会与实际情况有较大的出入。对于发生反应的混合溶液，应根据反应产物或反应后溶液的组成来进行计算，如 HAc 与 NH_3 的混合溶液，应当做 NH_4Ac 或其与 HAc（或 NH_3）的混合溶液处理。

3.3.2.4　两性物质溶液

A　酸式盐

设二元弱酸的酸式盐为 NaHA，其浓度为 c。在此溶液中，若选择 HA^- 和 H_2O 为质子参考水准，则质子条件式为

$$[H^+] = [A^{2-}] + [OH^-] - [H_2A]$$

结合二元弱酸 H_2A 的解离平衡关系，可得

$$[H^+] = \frac{K_{a_2}[HA^-]}{[H^+]} + \frac{K_w}{[H^+]} - \frac{[H^+][HA^-]}{K_{a_1}}$$

即

$$[H^+] = \sqrt{\frac{K_{a_1}(K_{a_2}[HA^-] + K_w)}{K_{a_1} + [HA^-]}} \tag{3-46}$$

一般情况下，HA^- 的酸式解离和碱式解离的倾向都较小，可以认为 $[HA^-] \approx c$。

$$[H^+] = \sqrt{\frac{K_{a_1}(K_{a_2}c + K_w)}{K_{a_1} + c}} \qquad (3-47)$$

当 $c > 10K_w$ 时，式（3-47）中的 K_w 可忽略，因此

$$[H^+] = \sqrt{\frac{K_{a_1}K_{a_2}c}{K_{a_1} + c}} \qquad (3-48)$$

若 $c > 10K_{a_1}$，则式（3-48）中的 $K_{a_1} + c \approx c$，这样

$$[H^+] = \sqrt{K_{a_1}K_{a_2}} \qquad (3-49)$$

式（3-47）和式（3-48）是计算酸式盐溶液中 H^+ 浓度的近似式，式（3-49）则是最简公式。应该注意，最简式只有在两性物质的浓度不是很小，且水的解离可以忽略的情况下才能应用。对于其他多元酸的酸式盐，其 H^+ 浓度计算式可依此类推。

【例 3-16】计算浓度为 1.0×10^{-2} mol/L 的 Na_2HPO_4 溶液的 pH 值。

解：已知 $c = 1.0 \times 10^{-2}$ mol/L，$K_{a_2} = 6.3 \times 10^{-8}$，$K_{a_3} = 4.4 \times 10^{-13}$，由于 K_{a_3} 很小，$cK_{a_3} < 10K_w$，K_w 不可忽略，但 $K_{a_2} + c \approx c$，故可用近似式（3-47）计算，求得

$$[H^+] = \sqrt{\frac{K_{a_2}(K_{a_3}c + K_w)}{K_{a_2} + c}}$$

$$= \sqrt{\frac{6.3 \times 10^{-8} \times (4.4 \times 10^{-13} \times 1.0 \times 10^{-2} + 1.0 \times 10^{-14})}{1.0 \times 10^{-2}}}$$

$$= 3.0 \times 10^{-10} \text{mol/L}$$

$$pH = 9.52$$

B 弱酸弱碱盐

弱酸弱碱盐溶液中 H^+ 浓度的计算方法与同浓度弱酸弱碱混合溶液及酸式盐溶液相似。如浓度为 c 的 $CH_2ClCOONH_4$ 溶液，其中 NH_4^+ 起酸的作用，CH_2ClCOO^- 起碱的作用，其质子条件式为

$$[H^+] = [NH_3] + [OH^-] - [CH_2ClCOOH]$$

设 $CH_2ClCOOH$ 的解离常数为 K_{a_1}（常写作 K_a），NH_4^+ 的解离常数为 K_{a_2}（常写作 K_a'），则上述讨论酸式盐溶液 H^+ 浓度的计算式均适用于它的计算。

【例 3-17】计算浓度为 0.10mol/L 氨基乙酸溶液的 H^+ 浓度。

解：氨基乙酸（NH_2CH_2COOH）在溶液中以双极离子 $^+H_3NCH_2COO^-$ 形式存在，它既能起酸的作用：

$$^+H_3NCH_2COO^- \Longrightarrow H_2NCH_2COO^- + H^+ \qquad K_{a_2} = 2.5 \times 10^{-10}$$

又能起碱的作用：

$$^+H_3NCH_2COO^- + H_2O \Longrightarrow {}^+H_3NCH_2COOH + OH^- \qquad K_{b_2} = \frac{K_w}{K_{a_1}} = 2.2 \times 10^{-12}$$

由于 c 较大，可采用最简式（3-49）计算

$$[H^+] = \sqrt{K_{a_1}K_{a_2}} = \sqrt{4.5 \times 10^{-3} \times 2.5 \times 10^{-10}} = 1.1 \times 10^{-6} \text{mol/L}$$

以上讨论的弱酸弱碱盐溶液中，酸碱组成比均为 1:1。对于酸碱组成比不为 1:1 的弱酸弱碱盐溶液，其溶液 pH 值的计算比较复杂，应根据具体情况，进行近似处理。如浓度

为 c 的 $(NH_4)_2CO_3$ 溶液，选 NH_4^+，CO_3^{2-}，H_2O 为质子参考水准，则质子条件式为

$$[H^+] + [HCO_3^-] + 2[H_2CO_3] = [NH_3] + [OH^-]$$

因为溶液呈弱碱性，$[H^+]$ 和 H_2CO_3 均可忽略；另一方面，只要 c 不是太小，水的解离就可以忽略。因此，上述质子条件式可简化为

$$[HCO_3^-] \approx [NH_3] \tag{3-50}$$

故

$$\alpha_{HCO_3^-} \times c = \alpha_{NH_3} \times 2c$$

$$\frac{[H^+]K_{a_1}}{[H^+]^2 + [H^+]K_{a_1} + K_{a_1}K_{a_2}} \times c = \frac{K_{NH_4^+}}{[H^+] + K_{NH_4^+}} \times 2c$$

上式仍过于复杂，还应进行适当简化。在 $(NH_4)_2CO_3$ 溶液中，可只考虑 CO_3^{2-} 的第一级解离，即 $[HCO_3^-] = \dfrac{[H^+]}{[H^+] + K_{a_2}} \times c$。

将此关系式代入式（3-50）中，得到

$$\frac{[H^+]}{[H^+] + K_{a_2}} = \frac{K_{NH_4^+}}{[H^+] + K_{NH_4^+}} \times 2$$

整理后得

$$[H^+] = \frac{K_{NH_4^+} + \sqrt{K_{NH_4^+}^2 + 8K_{NH_4^+}K_{a_2}}}{2} \tag{3-51}$$

【例 3-18】计算浓度为 0.10mol/L 的 $(NH_4)_2CO_3$ 溶液的 pH 值。

解： 其离解反应为

$$(NH_4)_2CO_3 \Longrightarrow 2NH_4^+ + CO_3^{2-}$$

因此，$c_{NH_4^+} = 2 \times 0.10 = 0.20$ mol/L，$c_{CO_3^{2-}} = 0.10$ mol/L，由于 c 较大，故可采用式（3-51）计算：

$$[H^+] = \frac{K_{NH_4^+} + \sqrt{K_{NH_4^+}^2 + 8K_{NH_4^+}K_{a_2}}}{2}$$

$$= \frac{5.6 \times 10^{-10} + \sqrt{(5.6 \times 10^{-10})^2 + 8 \times 5.6 \times 10^{-10} \times 5.6 \times 10^{-11}}}{2}$$

$$= 6.6 \times 10^{-10} \text{mol/L}$$

$$pH = 9.18$$

3.3.2.5 酸碱缓冲溶液

酸碱缓冲溶液是一类对溶液的酸度有稳定作用的溶液。当向这类溶液中引入少量的酸或碱，或对其稍加稀释时，溶液的酸度基本保持不变。

天然水中因存在碳酸盐等共轭酸碱系统而具有缓冲能力，一般天然水的 pH 值都在 6~9 范围内。在水处理中常需保持一定的 pH 值，以不使处理效率降低，因此需要使水具有一定的缓冲能力。

假设缓冲溶液是由弱酸 HB 及其共轭碱 NaB 组成，它们的浓度分别为 c_{HB} 和 c_{B^-}。该溶液的物料平衡式为 $[Na^+] = c_{B^-}$，$[HB] + [B^-] = c_{HB} + c_{B^-}$。

电荷平衡式为 $[Na^+] + [H^+] = [B^-] + [OH^-]$，即 $[B^-] = c_{B^-} + [H^+] - [OH^-]$，将此式代入物料平衡式，得 $[HB] = c_{HB} - [H^+] + [OH^-]$。

再根据 HB 的解离平衡关系式，则

$$[H^+] = K_a \frac{[HB]}{[B^-]} = K_a \frac{c_{HB} - [H^+] + [OH^-]}{c_{B^-} + [H^+] - [OH^-]} \tag{3-52}$$

这是计算由弱酸及其共轭碱组成的缓冲溶液的 H^+ 浓度的精确式。用精确式进行计算时，数学处理较复杂，故通常根据具体情况，对其进行简化处理。

当溶液的 pH 值小于 6 时，一般可忽略 $[OH^-]$，这样式（3-52）变为

$$[H^+] = K_a \frac{c_{HB} - [H^+]}{c_{B^-} + [H^+]} \tag{3-53}$$

当溶液的 pH 值大于 8 时，可忽略 $[H^+]$，故

$$[H^+] = K_a \frac{c_{HB} + [OH^-]}{c_{B^-} - [OH^-]} \tag{3-54}$$

式（3-53）、式（3-54）是计算缓冲溶液中 H^+ 浓度的近似式。若 $c_{HB} \gg [OH^-] - [H^+]$，$c_{B^-} \gg [H^+] - [OH^-]$，则式（3-52）简化为

$$[H^+] = K_a \frac{c_{HB}}{c_{B^-}}$$

即

$$pH = pK_a + \lg \frac{c_{B^-}}{c_{HB}} \tag{3-55}$$

这是计算缓冲溶液 H^+ 浓度的最简公式。

【例 3-19】 考虑离子强度的影响，计算 $0.025 mol/L\ KH_2PO_4 - 0.025 mol/L\ Na_2HPO_4$ 缓冲溶液的 pH 值，并与标准值（pH = 6.86）相比较。

解： 若不考虑离子强度的影响，按通常方法计算，则

$$pH = pK_{a_2} + \lg \frac{c_{HPO_4^{2-}}}{c_{H_2PO_4^-}} = -\lg(6.3 \times 10^{-8}) + \lg \frac{0.025}{0.025} = 7.20$$

计算结果与标准值相差颇大，产生偏差的原因是由于实测的为 H^+ 的活度而不是浓度。因此，计算时应考虑离子强度的影响。该溶液的离子强度为

$$I = \frac{1}{2}\sum c_i z_i^2 = \frac{1}{2}(c_{K^+} \times 1^2 + c_{Na^+} \times 1^2 + c_{H_2PO_4^-} \times 1^2 + c_{HPO_4^{2-}} \times 2^2)$$

$$= \frac{1}{2} \times (0.025 + 2 \times 0.025 + 0.025 + 0.025 \times 4) = 0.10$$

由表 2-1 和表 2-2 中数据，根据公式（2-45）求得 $\gamma_{H_2PO_4^-} = 0.77$，$\gamma_{HPO_4^{2-}} = 0.355$，故

$$\alpha_{H^+} = K_{a_2} \frac{\alpha_{H_2PO_4^-}}{\alpha_{HPO_4^{2-}}} = K_{a_2} \frac{\gamma_{H_2PO_4^-}}{\gamma_{HPO_4^{2-}}} \frac{[H_2PO_4^-]}{[HPO_4^{2-}]}$$

$$= 6.3 \times 10^{-8} \times \frac{0.77 \times 0.025}{0.355 \times 0.025} = 1.4 \times 10^{-7} mol/L$$

$$pH = -\lg\alpha_{H^+} = 6.86$$

计算结果与标准值一致。

实际中，缓冲溶液的 pH 值一般以测定结果为准，缓冲溶液可参考有关手册和参考书上的配方配制。表 3-1 列出的为几种最常用的标准缓冲溶液，它们已被国际上规定为测定溶液 pH 值时的标准参照溶液，它们的 pH 值是经过准确的实验测得的。

表 3-1　标准 pH 缓冲溶液

pH 标准溶液	pH 标准值（25℃）
饱和酒石酸氢钾（0.034mol/L）	3.56
0.050mol/L 邻苯二甲酸氢钾	4.01
0.025mol/L KH$_2$PO$_4$ - 0.025mol/L Na$_2$HPO$_4$	6.86
0.010mol/L 硼砂	9.18

综上所述，计算溶液中的 H$^+$ 浓度一般遵循如下几步：（1）写出相应的质子条件式；（2）根据溶液的酸碱性，判断其中哪些为明显的次要组分，并将其忽略掉；（3）根据解离平衡关系，将质子条件式中的酸碱组分浓度用溶液中大量存在的原始组分和 H$^+$ 的平衡浓度表示；（4）在此基础上，通过采用分析浓度代替平衡浓度、忽略次要项等，进行简化处理和计算。表 3-2 列出了几种酸溶液计算 [H$^+$] 的公式及适用条件。

表 3-2　几种酸溶液计算 [H$^+$] 的公式及使用条件

酸溶液	计算公式	使用条件（允许误差 5%）
一元弱酸	$[H^+] = \sqrt{K_a[HA] + K_w}$	
	$[H^+] = \sqrt{cK_a + K_w}$	$\dfrac{c}{K_a} \geq 105$
	$[H^+] = \dfrac{1}{2}\left(-K_a + \sqrt{K_a^2 + 4cK_a}\right)\sqrt{cK_a + K_w}$	$cK_a \geq 10K_w$
	$[H^+] = \sqrt{cK_a}$	$\dfrac{c}{K_a} \geq 105,\ cK_a \geq 10K_w$
两性物质	$[H^+] = \sqrt{\dfrac{K_{a_1}(K_{a_2}[HA^-] + K_w)}{K_{a_1} + [HA^-]}}$	
	$[H^+] = \sqrt{\dfrac{cK_{a_1}K_{a_2}}{K_{a_1} + c}}$	$cK_{a_2} \geq 10K_w$
	$[H^+] = \sqrt{K_{a_1}K_{a_2}}$	$cK_{a_2} \geq 10K_w,\ \dfrac{c}{K_{a_1}} \geq 10$
强　酸	$[H^+] = \dfrac{1}{2}\left(c + \sqrt{c^2 + 4K_w}\right)$	
	$[H^+] = c$	$c \geq 4.7 \times 10^{-7} mol/L$
	$[H^+] = \sqrt{K_w}$	$c \leq 1.0 \times 10^{-8} mol/L$
二元弱酸	$[H^+] = \sqrt{K_{a_1}[H_2A]}$	$cK_{a_1} \geq 10K_w,\ \dfrac{2K_{a_2}}{[H^+]} \ll 1$
	$[H^+] = \sqrt{cK_{a_1}}$	$cK_{a_1} \geq 10K_w,\ \dfrac{c}{K_{a_1}} \geq 105,\ \dfrac{2K_{a_2}}{[H^+]} \ll 1$
缓冲溶液	$[H^+] = \sqrt{cK_{a_1}\dfrac{c_a - [H^+] + [OH^-]}{c_b + [H^+] - [OH^-]}K_a^*}$	
	$[H^+] = \dfrac{K_a(c_a - [H^+])}{c_b + [H^+]}$	$[H^+] \gg [OH^-]$
	$[H^+] = \dfrac{K_a c_a}{c_b}$	$c_a \gg [OH^-] - [H^+],\ c_b \gg [H^+] - [OH^-]$

注：c_a 及 c_b 分别为 HA 及其共轭碱 A$^-$ 的总浓度。

3.4　酸碱平衡的双对数图算

3.4.1　酸碱平衡双对数图算方法

在水化学中，对数图解法是处理酸碱平衡计算某些基本问题的一种有效方法，它具有简便、直观等优点，其准确度也能满足一般工作的要求。在处理酸碱平衡时，如用代数法求解，有时需解高次方程，数学处理十分复杂，若此时配合使用对数图解法，则很容易从对数图中判断出主要和次要的酸碱组分，从而可根据允许误差的大小，忽略次要酸碱组分，然后用代数法或直接用图解法求解。

3.4.1.1　一元弱酸

例如绘制弱酸 HA（$K_a = 10^{-6}$，$c = 10^{-3}\,\mathrm{mol/L}$）溶液中各组分的浓度对数图，在该溶液中存在的酸碱组分有 HA、A^-、H^+、OH^-，其中〔H^+〕和〔OH^-〕的对数与 pH 的关系很简单。

$$\lg[H^+] = -pH;\ \lg[OH^-] = \lg K_w - \lg[H^+] = pH - 14$$

可见 $\lg[H^+]$–pH 是一条斜率为 -1，截距为 0 的直线。$\lg[OH^-]$–pH 是一条斜率为 $+1$，截距为 -14 的直线。在图 3–3 中，〔H^+〕线和〔OH^-〕线分别表示这两条直线。

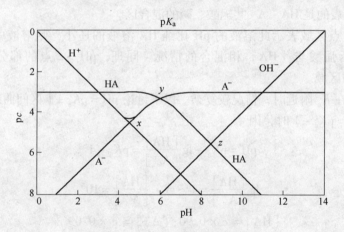

图 3–3　一元酸的对数图解

根据 HA 的分布分数关系式

$$[HA] = c_T \alpha_{HA} = \frac{c_T\,[H^+]}{[H^+] + K_a}$$

可知，$\lg[HA]$ 与 pH 的关系为

$$\lg[HA] = \lg c - pH - \lg([H^+] + K_a)$$

当〔H^+〕$\gg K_a$（即〔H^+〕$\gg 10K_a$；pH$\leqslant$p$K_a - 1$）时，〔HA〕$\approx c$，$\lg[HA] = \lg c = -2$，$\lg[HA]$–pH 线的斜率为 0，截距为 $\lg c$。它是一条与 pH 轴平行的直线。

当〔H^+〕$\ll K_a$（即 $10[H^+] \ll K_a$；pH$\geqslant$p$K_a + 1$）时，〔A^-〕$\approx c$，$\lg[HA] = \lg c + pK_a - pH$，$\lg[HA]$–pH 线的斜率为 -1，截距为 $\lg c + pK_a$。它是一条与 $\lg[H^+]$ 线平行的

斜线。

图 3 - 3 中 x、y、z 三个交点和各区间含义如下：

（1）x 点：$[H^+] = [A^-]$。此点表示纯 HA 溶于水的情况，因为根据电中性或质子条件，有如下关系：

$$[H^+] = [A^-] + [OH^-]$$

因 $[A^-] \gg [OH^-]$，故得 $[H^+] = [A^-]$。由图 3 - 3 可知，在本例题中，此点的 pH = 4.5，$p[A^-] = 4.5$，$p[HA] = 3.0$。

（2）y 点：$[HA] = [A^-]$。此点表示 $[HA]$ 和 $[A^-]$ 均等于 $\dfrac{c}{2}$，故

$$p[HA] = pc + lg2$$

此点在 pc 线下 0.3 对数单位处，此点的 pH = pK_a。在本例题中，这一点的 pH = 6。

（3）z 点：$[HA] = [OH^-]$。此点表示纯 NaA 溶于水的情况，因为根据质子条件有如下关系：

$$[HA] + [H^+] = [OH^-]$$

因 $[H^+] \ll [HA]$，故 $[HA] = [OH^-]$。在本例中，此点的 pH = 8.5；$p[HA] = 5.5$；$p[A^-] = 3.0$。

（4）当溶液的 pH 值在 x 和 z 之间时，表示此溶液的组成介于纯 HA 和纯 NaA 溶液之间，所以这里代表的是 $HA - A^-$ 共轭酸、碱的混合区。

（5）pH < x 点区域表示此溶液的 pH 比纯 HA 溶液的还小，则溶液中必有强酸。所以，此区域表示强酸与 $[HA]$ 相混合的情况。同理，pH > z 点的部分，表示强碱与 $[A^-]$ 相混合的区域。

当 $[H^+]$ 在 K_a 附近时，情况较复杂。以下讨论 pH = $pK_a \pm 1$ 区间曲线的绘制方法。

（1）当 pH = $pK_a - 1$ 时，因

$$pH = pK_a - lg\frac{[HA]}{[A^-]} = pK_a - 1 \tag{3-56}$$

故　　　　　　　　　$lg\dfrac{[HA]}{[A^-]} = 1$　或　$\dfrac{[HA]}{[A^-]} = 10$

于是　　　　　　　　　$[HA] = c \times 0.90$；$[A^-] = c \times 0.09$

将此两等式取对数得　　　$p[HA] = pc - lg0.9 = 3 + 0.04 = 3.04$

（2）当 pH = $pK_a - 0.5$ 时，因

$$lg\frac{[HA]}{[A^-]} = 0.5；\frac{[HA]}{[A^-]} \approx 3 = \frac{0.75c}{0.25c}$$

将等式中 $[HA]$，$[A^-]$ 各取对数得

$$p[HA] = pc - lg0.75 = 3.12$$

（3）用同样的方法可推算：

当 pH = pK_a 时，$p[HA] = pc + 0.3 = 3.3$

当 pH = $pK_a + 0.5$ 时，$p[HA] = pc - lg0.25 = 3.61$

当 pH = $pK_a + 1$ 时，$p[HA] = pc - lg0.09 = 4.05$

把这些点标在 $pc - pH$ 坐标系中，并连接起来，即得图 3 - 4 的曲线。按同样的方法可得

图 3-4 中的 [A⁻] 线。

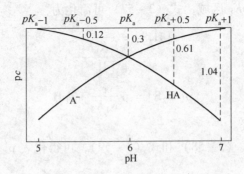

图 3-4   pH = pK_a ± 1 区间的 pc - pH 曲线

3.4.1.2   二元酸

含有二元酸的水溶液体系要比一元酸的复杂一些，如果采用列出方程和解联立方程式的办法来求解溶液中各组分浓度，往往计算非常复杂，因而图解的优越性愈发明显。现以总浓度 $c = 10^{-3.5}$ mol/L 的二元酸 H_2S 水溶液为例（pK_1 = 7.0；pK_2 = 13.0），说明其图解方法。

在 H_2S 溶液中，含有的组分为：[H^+]、[OH^-]、[H_2S]、[HS^-] 和 [S^{2-}]。

由离子分率公式得：

$$[H_2S] = \frac{c}{1 + \dfrac{K_1}{[H^+]} + \dfrac{K_1 K_2}{[H^+]^2}} \qquad (3-57)$$

$$[HS^-] = \frac{c}{\dfrac{[H^+]}{K_1} + 1 + \dfrac{K_2}{[H^+]}} \qquad (3-58)$$

$$[S^{2-}] = \frac{c}{\dfrac{[H^+]^2}{K_1 K_2} + \dfrac{[H^+]}{K_2} + 1} \qquad (3-59)$$

在这种算图上应该有代表上述五种组分的五条曲线。其中 p[H^+] = pH、p[OH^-] = pK_w - pH 的两条直线与一元酸图解的完全相同。其他三条曲线可按式（3-57）~ 式（3-59）三个公式绘制。这三条曲线的绘制方法是相似的，现以 p[H_2S] - pH 为例，加以说明。按照式（3-57）可知，该曲线分为三个区域，可得三条（对数关系）近似直线。

（1）在 pH < pK_1 < pK_2 区域，式（3-57）可简化为

$$[H_2S] = c, \quad p[H_2S] = pc \qquad (3-60)$$

作图即得斜率为 0 的直线。

（2）在 pK_1 < pH < pK_2 区域，式（3-57）可简化为

$$[H_2S] = \frac{c}{\dfrac{K_1}{[H^+]}}$$

$$p[H_2S] = p\frac{c}{K_1} + pH \qquad (3-61)$$

作图即得斜率为 1 的直线。

（3）在 $pH > pK_2 > pK_1$ 区域，式（3-57）可简化为

$$[H_2S] = \frac{c}{\dfrac{K_1K_2}{[H^+]^2}}$$

$$p[H_2S] = p\frac{c}{K_1K_2} + 2pH \tag{3-62}$$

作图即得斜率为 2 的直线。

用同样的方法处理式（3-58）和式（3-59），可得代表 $p[HS^-]$ 和 $p[S^{2-}]$ 的两组近似直线。

本例所得的图解如图 3-5 所示。

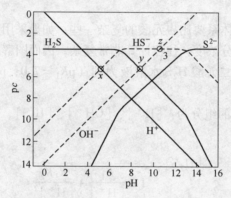

图 3-5　二元酸 H_2S 的双对数图解（$c_T = 10^{-3.5}$ mol/L）

与图 3-4 相似，由图 3-5 可以找得在 $c_T = 10^{-3.5}$ 时三种纯溶液的组成：

（1）x 点代表 H_2S 溶液，$pH = p[HS^-] = 5.3$，$p[H_2S] = 3.5$，$p[S^{2-}] = 12.3$；

（2）y 点代表 $NaHS$ 溶液，$pH = 8.7$，$p[H_2S] = 5.3$，$p[S^{2-}] = 7.5$，$p[HS^-] = 3.5$；

（3）z 点代表 Na_2S 溶液，$pH = 10.0$，$p[S^{2-}] = 5.8$，$p[H_2S] = 7$，$p[HS^-] = 3.5$。

至于二元以上的酸，图算法均可据此类推。为了能更好地掌握此种图算法，现将其作图步骤总结如下：

（1）以 pH 为横坐标，pc 为纵坐标（pc 值是向下增大），并且两种坐标的尺度相等；

（2）按 $p[H^+] = pH$ 和 $p[OH^-] = pK_w - pH$ 面出两条相交的直线，如 $pK_w = 14$，则 $p[OH^-]$ 线在 pc 轴上的截距为 14；

（3）按 $pc = pc_T$ 值画一条平行 pH 轴的直线，至此可作得图 3-6（a）；

（4）如果是一元酸 HA，则在 c 线上找得 $pH = pK$ 的一点，通过此点作两条与 c 线成 45°角的直线，这样它们就组成了 HA 利 A^- 的渐近折线，如图 3-6（b）所示；

（5）在 pK 和 c 交点以下 0.3 对数单位处是 HA 和 A^- 的交点，故应通过此点将 HA 和 A^- 线的转折处画成光滑曲线，如图 3-6（c）；如有必要，在 $pH = pK \pm 1$ 的区间，应用 $pH = pK - \lg\dfrac{[HA]}{[A^-]}$ 的关系进行较仔细的计算，并作图；

（6）如果是二元酸 H_2A，图的做法与一元酸大致相似，只是，H_2A 和 HA^- 交于 pK_1

处，HA^- 和 A^{2-} 交于 pK_2 处。H_2A 线在 pK_1 处折成 45°（斜率为 1），在 pK_2 处折成斜率为 2 的直线；HA^- 线经 pK_1 和 pK_2 处分别折成正负 45°（斜率分别为 -1，$+1$），如图 3 - 6（d）所示。

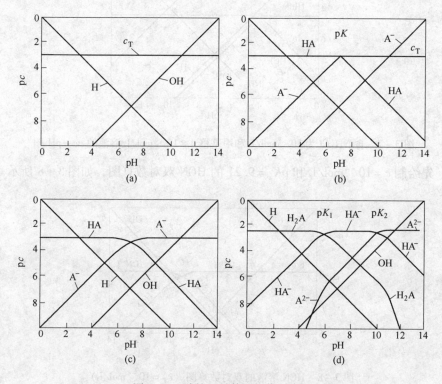

图 3 - 6 酸的双对数图解作图步骤

3.4.2 酸碱平衡双对数图算法的应用

3.4.2.1 两种酸的混合溶液

【例 3 - 20】溶液中 NH_4Cl 浓度为 10^{-3} mol/L，酸式甲基橙指示剂（HIn）浓度为 4×10^{-5} mol/L，试求其 pH。若此溶液中不加指示剂，则其 pH 为多少，试比较之。已知 $pK_{NH_4^+} = 9.2$；$pK_{HIn} = 4.0$。

解：可将此溶液当做两个溶液，在同一张图上画出两组曲线，如图 3 - 7 所示。

此水溶液中含有 NH_4^+ 和 HIn，所以它的质子条件为 $[H^+] = [NH_3] + [In^-] + [OH^-]$。由图可以看出，在 NH_3、In^- 和 OH^- 三根曲线中，H^+ 线首先与 In^- 线相交，且在此交点的 pH 值下，$[NH_3]$ 和 $[OH^-]$ 的量与 $[In^-]$ 相比可以略去，所以可断定其 pH = 4.5。

如溶液中没有指示剂，则质子条件为 $[H^+] = [NH_3] + [OH^-]$。此时，H^+ 线首先与 NH_3 线相交，此点的 pH = 6.1。

从上述计算结果可知，在缓冲性小的溶液中，加酸式指示剂可能使溶液的 pH 受到明显的影响。

3.4.2.2 弱酸溶液

【例 3 - 21】求浓度为 10^{-4} mol/L 的 HCN 溶液（$pK_a = 9.21$）中各组分的浓度。

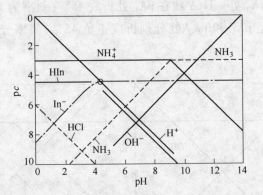

图 3-7　含 NH_4Cl 为 10^{-3} mol/L 和甲基橙 4×10^{-5} mol/L 溶液的 $pc-pH$ 图

解：先绘制 $c = 10^{-4}$ mol/L 和 $pK_a = 9.21$ 的 HCN 双对数算图，如图 3-8 所示。

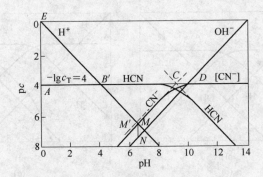

图 3-8　HCN 溶液的双对数算图（$c_T = 10^{-4}$ mol/L）

A　省略 [OH^-] 的近似算法

HCN 溶液的质子条件方程为

$$[H^+] = [CN^-] + [OH^-]$$

因 [OH^-] ≪ [CN^-]，略去上式中 [OH^-]，则

$$[H^+] = [CN^-]$$

图 3-8 中 M 点符合此条件。M 点的 pH 值可以由此图上找得，也可结合图 3-8 用下面的方法估算。

因 △EAB 和 △BMC 均为等腰直角三角形，M 点 pH 与 BC 的中点处相同，故

$$pH = AB + \frac{1}{2}BC = pc_T + \frac{1}{2}(pK_a - pc_T) = \frac{1}{2}(pK_a + pc)$$

$$= \frac{1}{2}(9.21 + 4) = 6.61$$

即，[CN^-] $= 10^{-6.61}$ mol/L，[OH^-] $= 10^{7.4}$ mol/L，[HCN] $= 10^{-4}$ mol/L。

B　较精确的算法

因为 HCN 是一种较弱的酸，所以在质子条件方程 [H^+] = [CN^-] + [OH^-] 中略去 [OH^-] 会造成一定的误差。

由于 [OH^-] 项不能忽略，故应在图 3-8 上作出代表 p([CN^-] + [OH^-]) 的组分

线，才能按质子条件方程解此题。

图 3 - 8 中 $CDNM$ 为等腰梯形，$NM = CD$，

令
$$NM = p[OH^-] - p[CN^-]$$
$$CD = 14 - pc - pK_a = 14 - 4 - 9.21 = 0.79$$

故得
$$\frac{[OH^-]}{[CN^-]} = 10^{-0.79} \quad 或 \quad [OH^-] = 10^{-0.79}[CN^-]$$

因
$$[CN^-] + [OH^-] = [CN^-] + 10^{-0.79}[CN^-]$$
$$= [CN^-](1 + 10^{-0.79}) = [CN^-] \times 10^{0.07}$$

故
$$p([CN^-] + [OH^-]) = p[CN^-] - 0.07$$

为了精确起见，可依此关系而作出图 3 - 8 中的 M 点附近的放大图如图 3 - 9 所示。由图 3 - 9 中代表 $p([CN^-]+[OH]^-)$ 的虚线 RM' 和 pH 线交点 M'，便可找得此溶液的 pH 值为 6.57。

C   结合图 3 - 9 进行估算的方法

图 3 - 9 中的 $\triangle M'MR$ 是等腰直角三角形，$M'Q$ 为其斜边的垂直平分线，故
$$M'Q = MQ = QR = \frac{1}{2}MR = 0.035 \approx 0.04$$

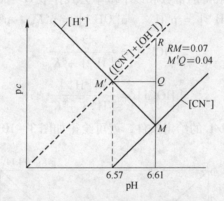

图 3 - 9   图 3 - 8 中 M 点附近的放大

即 M' 点的横坐标较 M 点左移 0.04，所以 M' 点
$$pH = 6.61 - 0.04 = 6.57$$

当 $\Delta p = p[OH^-] - p[CN^-] > 1.3$ 时，
$$\frac{[CN^-] + [OH^-]}{[CN^-]} < 1 + 10^{-1.3} = 10^{0.02}$$

即 $p([CN^-] + [OH^-])$ 线较 $p[CN^-]$ 线上移不到 0.02，pH 校正值小于 0.01，所以此时无需进行此种较精确的计算。

3.4.3   图算法的温度和离子强度校正

3.4.1 和 3.4.2 介绍的是在 25℃ 和活度系数等于 1 的条件下采用的图算法。若实际情况与此相差较大，则必须经校正计算后才能采用此种图算法。

温度的变化影响到 K_w 和 K_a（或 K_b）的值，这可另行测定或应用 Van't Hoff 关系式，

将25℃时的平衡常数换算成相应温度下的平衡常数。

当离子强度较大时，$\gamma \neq 1$，应求取各有关离子的活度系数，从而计算以浓度表示水的电离平衡常数$^c K_w$和以浓度表示 HOCl 的电离平衡常数$^c K_a$值。

【例3－22】试绘制 10^{-3} mol/L HOCl 溶液的双对数图，已知温度为 15℃，$K_a = 10^{-7.6}$，溶液的离子强度为 0.1mol/L。

解：(1) 求15℃时的K_w。

可用 Van't Hoff 关系式，由 25℃时的 K_w 进行换算：

$$K_w = 10^{-14.35} \quad (\text{或} \ 0.45 \times 10^{-14})$$

(2) 求15℃和 $I = 0.1$ 时的$^c K_w$。

由表2－1、表2－2和式（2－45）可求得当 $I = 0.1$mol/L 时，$\gamma_{H^+} = 0.83$，$\gamma_{OH^-} = 0.75$，$\gamma_{OCl^-} = 0.76$，$\gamma_{HOCl} = 1$。

故

$$^c K_w = [H^+][OH^-] = \frac{K_w}{\gamma_{H^+}\gamma_{OH^-}} = \frac{10^{-14.35}}{0.83 \times 0.75} = 10^{-14.14}$$

$$^c K_a = \frac{[H^+][OCl^-]}{[HOCl]} = \frac{K_a \gamma_{HOCl}}{\gamma_{H^+}\gamma_{OCl^-}} = \frac{10^{-7.6}}{0.83 \times 0.76} = 10^{-7.4}$$

(3) 作图。利用以上求得的常数和以下基本公式作 $p^c H - pc$ 的双对数图。

$$p[H^+] = p^c H \qquad p[OH^-] = p^c K_w - p^c H$$

$$[OCl^-] = \frac{c_T\, ^c K_a}{[H^+] + ^c K_a}$$

$$[HOCl] = \frac{c_T[H^+]}{[H^+] + ^c K_a}$$

这样，按 $c_T = 10^{-3}$mol/L 的给定条件，就可绘得如图 3－10 的四条曲线。

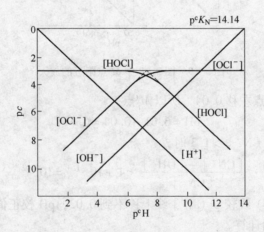

图3－10　15℃，$I = 0.1$mol/L 时 HOCl－OCl$^-$ 的 $p^c H - pc$ 图

3.5　酸碱滴定方程

酸碱滴定方程为酸碱滴定过程中溶液 pH 值变化的方程。

3.5.1 用强碱滴定酸

假设酸 HA 溶液的初始浓度（mol/L）为 c，滴入的强碱（NaOH）量为 c_B，则可按照以下的方法计算此滴定溶液在平衡条件下各组分的浓度。

根据电中性原则，有

$$[Na^+] + [H^+] = [A^-] + [OH^-]$$

因溶液中 $[Na^+]$ 即滴入的 c_B，所以

$$c_B = [A^-] + [OH^-] - [H^+] \tag{3-63}$$

即

$$c_B = \frac{c}{\dfrac{K}{[H^+]} + 1} + \frac{K_w}{[H^+]} - [H^+] = c\alpha_1 + \frac{K_w}{[H^+]} - [H^+] \tag{3-64}$$

为了应用上的方便，定义滴定分率：

$$f = \frac{c_B}{c} \tag{3-65}$$

由式（3-64）可得

$$f = \frac{c_B}{c} = \alpha_1 + \frac{\dfrac{{}^c K_w}{[H^+]} - [H^+]}{c} = \alpha_1 + \frac{[OH^-] - [H^+]}{c} \tag{3-66}$$

根据式（3-66），在已知的 pK_a 和 c 值条件下便可作 $f-pH$ 图，绘得的曲线称为滴定曲线。图 3-11 为 $pK_a = 6$，$c = 10^{-2} mol/L$ 时的 $pc-pH$ 图和滴定曲线。

$$pK_a = 6, \quad c = 10^{-2} mol/L$$

如果将式（3-66）写成

$$f = \left(1 + \frac{[H^+]}{{}^c K_a}\right)^{-1} + \frac{[OH^-] - [H^+]}{c} \tag{3-67}$$

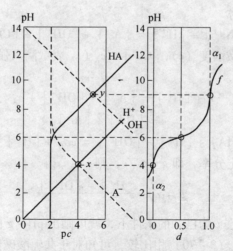

图 3-11　用强碱滴定酸的例图

则可以明显地看出，当 c 值一定时，滴定曲线的形状决定于 K_a 值。图 3-12 为不同 K_a 值酸的滴定曲线，从图 3-12 可看出，在等当点（$f=1$）附近，pK_a 越小，pH 突跃越大。

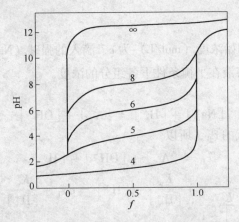

图 3-12 $c = 0.1\mathrm{mol/L}$，不同^cK_a值酸滴定曲线

在以上计算中忽略了滴定时溶液的稀释影响，如果必须考虑这种影响时，可用下式将其浓度加以校正。

$$c = c_0 \frac{V_0}{V + V_0} \qquad (3-68)$$

式中 c——稀释后浓度；

   c_0——原溶液浓度；

   V——滴定时加入的溶液体积；

   V_0——原溶液的体积。

3.5.2 用强酸滴定共轭碱

设有一弱酸（HA）的共轭碱（NaA）溶液，其浓度为c，用强酸 HCl 滴定，求其滴定方程（浓度单位：mol/L）。

根据电中性条件，得

$$[\mathrm{Na^+}] + [\mathrm{H^+}] = [\mathrm{A^-}] + [\mathrm{OH^-}] + [\mathrm{Cl^-}]$$

因 $[\mathrm{Na^+}]$ 即共轭碱浓度（c），$[\mathrm{Cl^-}] = c_A$（c_A 表示滴入强酸 HCl 的量，mol/L），所以

$$c + [\mathrm{H^+}] = [\mathrm{A^-}] + [\mathrm{OH^-}] + c_A$$

又因 $c = [\mathrm{HA}] + [\mathrm{A^-}]$

故 $c_A = [\mathrm{HA}] + [\mathrm{H^+}] - [\mathrm{OH^-}] = c\alpha_0 + [\mathrm{H^+}] - [\mathrm{OH^-}] \qquad (3-69)$

如用 g 表示酸的滴定分率，即 $g = c_A/c$，则

$$g = \alpha_0 + \frac{[\mathrm{H^+}] - [\mathrm{OH^-}]}{c} \qquad (3-70)$$

根据式（3-70），在 c 为已知的条件下，就可画出 pH-g 的曲线。

将式（3-66）和式（3-70）相比较，可知对于共轭酸碱体系，$g = 1-f$。

3.5.3 滴定方程通式

如果原溶液中除了有要滴定的共轭酸以外，还有强酸，则根据式（3-66），用强碱

滴定的方程为

$$c_B - c_A = c\alpha_1 + [OH^-] - [H^+] \tag{3-71}$$

式中 c_A——溶液中原有强酸的浓度，mol/L。

同样，用强酸滴定含有强碱的共轭碱时，根据式（3-70），滴定方程为

$$c_A - c_B = c\alpha_0 + [H^+] - [OH^-] \tag{3-72}$$

式中 c_B——溶液中原有强碱的浓度，mol/L。

3.5.4 多元酸的滴定

以二元酸 H_2A 为例，求用 NaOH 滴定时的滴定曲线。已知 $c = 10^{-3} mol/L$，$pK_1 = 5.4$，$pK_2 = 8.5$。

根据电中性条件

$$[Na^+] + [H^+] = [HA^-] + 2[A^{2-}] + [OH^-]$$

或

$$c_B = [HA^-] + 2[A^{2-}] + [OH^-] - [H^+]$$

即

$$f = \frac{c_B}{c} = \alpha_1 + 2\alpha_2 + \frac{[OH^-] - [H^+]}{c} \tag{3-73}$$

根据式（3-73）可作得图 3-13，图上有 x、y、z 三个理论终点，它们各相当于 $f = 0$、$f = 1$、$f = 2$。用同样的原理，可推导用强酸（HCl）滴定 Na_2S 水溶液的滴定方程。

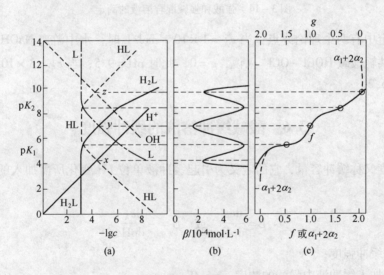

图 3-13 二元酸碱体系的图解

$$g = \frac{c_A}{c} = 2\alpha_0 + \alpha_1 + \frac{[H^+] - [OH^-]}{c} \tag{3-74}$$

比较式（3-73）和式（3-74）可知，对于二元酸的体系 g 与 f 关系为 $g + f = 2$。

用上述同样的方法，可以推导得用碱滴定混合多元酸体系的滴定通式为

$$c_B - c_A = {}^{I}c({}^{I}\alpha_1 + 2{}^{I}\alpha_2 + \cdots) + {}^{II}c({}^{II}\alpha_1 + 2{}^{II}\alpha_2 + \cdots) + [OH^-] - [H^+] \tag{3-75}$$

式中，Ⅰ、Ⅱ分别表示第一种酸和第二种酸。

3.5.5 酸碱滴定例题

【例3-23】 若溶液的组成为 $[Na^+] = 3.0 \times 10^{-3} mol/L$，$[HOCl] + [OCl^-] = 2 \times 10^{-3}$ mol/L，$[OH^-] = 1 \times 10^{-3} mol/L$，今用强酸滴定，求其各理论终点 pH 值，已知 HOCl 的 $pK_a = 7.6$。

解：这是一个加有强碱的共轭酸碱体系，$c = [HOCl] + [OCl^-] = 2 \times 10^{-3} mol/L$，$c_B = [Na^+] = 3.0 \times 10^{-3} mol/L$，故用式（3-68）就可将此关系绘得图 3-14。

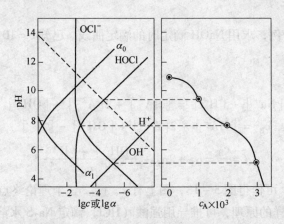

图 3-14 强酸和强碱混合溶液的滴定

在此滴定中有两个理论终点：当 $c_A = 1 \times 10^{-3} mol/L$ 时，水中游离 NaOH 全部中和成 NaCl，对于共轭酸碱 HOCl - OCl^- 来说，$g = 0$，此时 pH = 9.5；当 $c_A = 3 \times 10^{-3} mol/L$ 时，$g = 1$，pH = 5.2。

3.6 酸碱缓冲溶液的缓冲强度

缓冲强度又称缓冲容量，它的定义为引起缓冲液单位 pH 变化所需加入的强酸或强碱的浓度。

即

$$\beta = \frac{dc_B}{dpH} \quad \text{或} \quad \beta = -\frac{dc_A}{dpH} \tag{3-76}$$

式中　β——缓冲强度；

c_A——加入缓冲液中强酸的浓度，mol/L；

c_B——加入缓冲液中强碱的浓度，mol/L。

假定有 HA - NaA 缓冲体系，加入强酸 HCl，由定义

$$\beta = -\frac{dc_A}{dpH}$$

$$c_A = [Cl^-]$$

根据电荷平衡式　　$[Na^+] + [H^+] = [A^-] + [OH^-] + [Cl^-]$

故　　　　　　　$c_A = [Na^+] + [H^+] - [A^-] - [OH^-]$

因为
$$dpH = d(-\lg[H^+]) = d\left(\frac{-\ln[H^+]}{2.3}\right) = -\frac{d[H^+]}{2.3[H^+]}$$

因此
$$\beta = \frac{2.3[H^+]d([Na^+] + [H^+] - [A^-] - [OH^-])}{d[H^+]}$$

$$= 2.3[H^+]\left(\frac{d[Na^+]}{d[H^+]} + \frac{d[H^+]}{d[H^+]} - \frac{d[A^-]}{d[H^+]} - \frac{d[OH^-]}{d[H^+]}\right)$$

根据化学平衡
$$K_a = \frac{[H^+][A^-]}{[HA]}$$

$$[A^-] = \frac{K_a[HA]}{[H^+]}$$

根据质量平衡
$$c_{T,A} = [HA] + [A^-]$$

$$[A^-] = \frac{K_a(c_{T,A} - [A^-])}{[H^+]}$$

$$[A^-] = \frac{K_a c_{T,A}}{[H^+] + K_a}$$

$$-\frac{d[A^-]}{d[H^+]} = \frac{d}{d[H^+]}\left(\frac{-K_a c_{T,A}}{[H^+] + K_a}\right) = \frac{K_a c_{T,A}}{([H^+] + K_a)^2} = \frac{[A^-]}{[H^+] + K_a}$$

而
$$-\frac{d[OH^-]}{d[H^+]} = \frac{d\left(\frac{-K_w}{[H^+]}\right)}{d[H^+]} = \frac{K_w}{[H^+]^2}$$

$$d[Na^+] = 0$$

因此
$$\beta = 2.3[H^+]\left(1 + \frac{K_w}{[H^+]^2} + \frac{[A^-]}{[H^+] + K_a}\right)$$

$$= 2.3\left([H^+] + [OH^-] + \frac{[H^+][A^-]}{[H^+] + K_a}\right)$$

由于
$$\frac{[H^+][A^-]}{[H^+] + K_a} = \frac{[H^+][A^-]}{[H^+] + \frac{[A^-][H^+]}{[HA]}} = \frac{[HA][A^-]}{[HA] + [A^-]} = \alpha_0 \alpha_1 c_{T,A}$$

故
$$\beta = 2.3([H^+] + [OH^-] + \alpha_0 \alpha_1 c_{T,A})$$

即
$$\beta = 2.3([H^+] + [OH^-]) + 2.3\alpha_0 \alpha_1 c_{T,A} \qquad (3-77)$$

或
$$\beta = \beta_{H_2O} + \beta_{A^-}^{HA} \qquad (3-78)$$

由式（3 - 77）可证明当 $pH = pK_a$，这时 $\alpha_0 = \alpha_1 = 0.5$ 有最大的 β 值。因此在配制 pH 缓冲液时，选择盐与酸的浓度之比为 1 时，在同样的 $c_{T,A}$ 条件下有最大的缓冲强度。

根据式（3 - 78），我们可把 HA - A$^-$ 缓冲体系的缓冲强度看作是水本身的缓冲强度与一元酸 - 共轭碱的缓冲强度之和。

例如，对 $c_{T,Ac} = 10^{-3} mol/L$ 的 HAc - Ac$^-$ 体系，可根据式（3 - 77）计算不同 pH 值时的 β 值。

图 3 - 15 是根据计算结果画得的 β - pH 图，从图中可看出 β_{H_2O} 在 pH 很低或很高时占优势，但 pH 值在 5～9 时几乎没有贡献。$\beta_{Ac^-}^{HAc}$ 在 pH = pK_a 时最大。

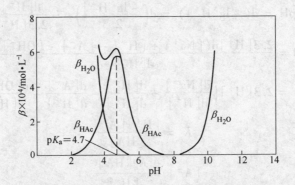

图 3 – 15 10^{-3} mol/L HAc – Ac$^-$ 的 pH 和缓冲强度

对于二元酸 – 共轭碱体系，可推导得

$$\beta = 2.3([H^+] + [OH^-] + \alpha_0\alpha_1 c_{T,A} + \alpha_1\alpha_2 c_{T,A})$$
$$= \beta_{H_2O} + \beta_{\frac{H_2A}{HA^-}} + \beta_{\frac{HA^-}{A^{2-}}} \tag{3 – 79}$$

更高的多元酸 – 共轭碱体系可类推。

对于有两个共轭酸碱对的体系可推导得

$$\beta = 2.3([H^+] + [OH^-] + \alpha_{0,A}\alpha_{1,A}c_{T,A} + \alpha_{0,B}\alpha_{1,B}c_{T,B})$$
$$= \beta_{H_2O} + \beta_{\frac{HA}{A^-}} + \beta_{\frac{HB}{B^-}} \tag{3 – 80}$$

更多个共轭酸碱对体系也可类推。

【例 3 – 24】 一家制药厂产生的 $[H^+] = 10^{-1.8}$ mol/L 强酸性废水，在排放前要求中和到 pH = 6，但由于缓冲强度低（几乎没有），使 pH 值在 4～11 大幅度变动，为了使 pH 值稳定在 6，需增加缓冲强度，β 必须达到 0.75 mmol/L。加 NaOH 中和，加 NaHCO$_3$ 增加缓冲强度，问：需加多少 NaOH 和 NaHCO$_3$ 可达到上述要求？忽略离子强度影响。

解： 先要求达到 $\beta = 0.75$ mmol/L 时的 c_{T,CO_3}，然后再求除了 NaHCO$_3$ 中和的 H$^+$ 外还需多少 NaOH 中和 H$^+$ 使 pH = 6。

$$\beta = 2.3([H^+] + [OH^-] + \alpha_0\alpha_1 c_{T,CO_3} + \alpha_1\alpha_2 c_{T,CO_3})$$

查表 4 – 1，当 pH = 6.0 时，

$$\alpha_0 = \frac{[H_2CO_3^*]}{c_{T,CO_3}} = 0.666; \quad \alpha_1 = \frac{[HCO_3^-]}{c_{T,CO_3}} = 0.334; \quad \alpha_2 = \frac{[CO_3^{2-}]}{c_{T,CO_3}} = 0$$

将上述数据和 $\beta = 0.75$ mmol/L，$[H^+] = 10^{-6}$ mol/L，$[OH^-] = 10^{-8}$ mol/L 代入式（3 – 79），得

$$c_{T,CO_3} = 1.42 \times 10^{-3} \text{ mol/L}$$

而中和 $[H^+] = 10^{-1.8}$ 至 $[H^+] = 10^{-6}$，需中和掉的 $[H^+] = 10^{-1.8} - 10^{-6} = 10^{-1.8}$ mol/L = 1.58×10^{-2} mol/L 所加入的 NaHCO$_3$ 中和掉的 $[H^+]$ 与生成的 $[H_2CO_3^*]$ 相等。

$$[H_2CO_3^*] = \alpha_0 c_{T,CO_3} = 0.666 \times 1.42 \times 10^{-3} = 9.46 \times 10^{-4} \text{ mol/L}$$

所以，需加入 NaOH 中和的 H$^+$ 为

$$[H^+] = 1.58 \times 10^{-2} - 9.46 \times 10^{-4} = 1.48 \times 10^{-2} \text{ mol/L}$$

亦即需加入的 NaOH 为 1.48×10^{-2} mol/L。

习　　题

3-1　计算下列各溶液的 pH。

(1) 0.10mol/L H_3BO_3；　　　　　　　　(2) 0.10mol/L H_2SO_4；

(3) 0.10mol/L 三乙醇胺；　　　　　　　(4) 5.0×10^{-8} mol/L HCl；

(5) 0.20mol/L H_3PO_4。

[(1) 5.12; (2) 0.96; (3) 10.38; (4) 6.89; (5) 1.45]

3-2　计算下列各溶液的 pH。

(1) 0.050mol/L NaAc；　　　　　　　　(2) 0.050mol/L NH_4NO_3；

(3) 0.10mol/L NH_4CN；　　　　　　　(4) 0.050mol/L K_2HPO_4；

(5) 0.050mol/L 氨基乙酸；　　　　　　(6) 0.10mol/L Na_2S；

(7) 0.010mol/L H_2O_2；

(8) 0.050mol/L $CH_3CH_2NH_3^+$ 和 0.050mol/L NH_4Cl 的混合溶液；

(9) 0.060mol/L HCl 和 0.050mol/L 氯乙酸钠（$ClCH_2COONa$）混合溶液。

[(1) 8.72; (2) 5.28; (3) 9.23; (4) 9.70; (5) 5.97;

(6) 12.97; (7) 6.74; (8) 5.27; (9) 1.84]

3-3　某混合溶液含 HCl 为 0.10mol/L、$NaHSO_4$ 为 2.0×10^{-4} mol/L 和 HAc 为 2.0×10^{-6} mol/L。

(1) 计算此混合溶液的 pH 值；

(2) 加入等体积 NaOH 为 0.10mol/L 溶液后的 pH 值。

[(1) 1.00; (2) 4.00]

3-4　欲使 100mL 浓度为 0.10mol/L 的 HCl 溶液的 pH 值从 1.00 增加至 4.44，需加入固体 NaAc 多少克（忽略溶液体积的变化）？

3-5　用某弱酸 HB 及其盐配置缓冲溶液，其中 HB 的浓度为 0.25mol/L。于 100mL 该缓冲溶液中加入 200mg NaOH（忽略溶液体积变化），所得溶液的 pH 值为 5.60。问原来所配置的缓冲溶液的 pH 值为多少（已知 HB 的 $K_a = 5.0 \times 10^{-6}$）？

(5.44)

3-6　计算下列标准缓冲溶液的 pH 值（考虑离子强度的影响），并与标准值相比较。

(1) 饱和酒石酸氢钾（0.0340mol/L）；

(2) 0.0500mol/L 邻苯二甲酸氢钾；

(3) 0.0100mol/L 硼砂。

3-7　试列出浓度为 10^{-2} mol/L 的 Na_2HPO_4 溶液 (1) 物料衡算方程（按 c_T）；(2) 质子条件方程；(3) 电荷平衡方程。

3-8　用数学计算法和图算法估算 $10^{-4.5}$ mol/L 的 NaAc 溶液中各组分的平衡浓度。已知 $K_a = 10^{-4.7}$，溶液中各离子的活度系数均近似等于 1。

3-9　试绘出 H_2SO_4 水溶液的 pH-pc 图，并指出 pH=2 时，各组分的平衡浓度。已知 $c_T = 10^{-2}$ mol/L，p$K_1 = -3$，p$K_2 = 2$。

3-10　试写出 Na_3PO_4 溶液 $f=0$，$f=1$ 和 $f=2$ 的 [ANC] 方程及 H_3PO_4 溶液 $f=1$，$f=2$ 的 [BNC] 方程。

3-11　已知 1.01325×10^5 Pa 和 25℃ 条件下大气中二氧化碳的含量为 330cm^3/m^3（全球在 1974 年的平均浓度），求酸雨的定义限值。

3 – 12 在 10mL 浓度为 0.30mol/L 的 NaHCO₃ 溶液中，需要加入浓度为 0.20mol/L 的 Na₂HCO₃ 多少毫升才能使溶液 pH = 10.0？

3 – 13 计算浓度为 0.50mol/L 乳酸和 0.40mol/L 乳酸钠缓冲液的缓冲容量（提示：自己推出一种不用 K_a 值的公式进行计算）。

3 – 14 配置氨基乙酸总浓度为 0.10mol/L 的缓冲溶液（pH = 2.0）100mL，需氨基乙酸多少克？还需加多少毫升 1mol/L 酸或碱，所得溶液的缓冲容量为多大？

(0.75g，7.9mL)

4 碳酸和碳酸盐平衡

本章内容提要：

水溶液中游离 CO_2、HCO_3^- 和 CO_3^{2-} 之间的化学平衡常被统称为碳酸盐平衡。碳酸盐系统是天然水中优良的缓冲系统，与水的酸度和碱度密切相关，本章在第 3 章讲述酸碱平衡的基础上，专门讨论水溶液中的碳酸盐平衡以及酸碱和大气中 CO_2 对它的影响，并介绍有关碳酸盐平衡的计算和图算方法。

4.1 概 述

CO_2 是自然界中最重要的化合物之一，它参与了有机界和无机界的许多化学过程。天然水中酸性物质的主要来源是 CO_2 的溶解。当天然水中溶解 CO_2 的量较多时会促使岩石溶解，量较少时又会使某些已溶于水的盐类沉积，这便是自然界中沉积岩形成的原因。

碳酸盐系统是天然水中优良的缓冲系统，它对避免天然水 pH 值急剧变化起缓冲作用；碳酸盐系统与水的酸度和碱度密切相关；碳酸盐系统与生物活动有关，如光合作用和呼吸作用；碳酸盐系统也与水处理有关，如水质软化等。本章将碳酸和碳酸盐系统单独列出来介绍。

4.2 天然水中的碱度和酸度

4.2.1 碱度和酸度的意义

水的碱度是水接受质子（H^+）能力的量度，或者说，是中和强酸能力的量度；水的酸度是水接受羟基（OH^-）离子能力的量度，或者说是中和强碱能力的量度。

水的碱度对于水化学、水处理和生物学作用具有重要意义。通常，在水处理中常要知道水的碱度。例如常用铝盐作为絮凝剂除去水中悬浮物：

$$Al^{3+} + 3OH^- \longrightarrow Al(OH)_3\downarrow$$

胶状的 $Al(OH)_3\downarrow$ 沉淀在去除悬浮物的同时，也降低了水中的碱度，为了不使处理效率下降，需保持水中具有一定的碱度。

一般来说，高碱度的水具有较高的 pH 值和较多溶解固体。

碱度与生物生产量之间也有关系。通过光合作用生成生物物质的反应可用下面的简式表示：

$$CO_2 + H_2O + hv \longrightarrow \{CH_2O\} + O_2$$

$$HCO_3^- + H_2O + hv \longrightarrow \{CH_2O\} + OH^- + O_2$$

式中，$\{CH_2O\}$ 表示生物物质的简单形式。

当藻类迅速生长，特别在形成"水华"的情况下，由于 CO_2 消耗得很快，以至于不能保持与大气 CO_2 平衡，pH 值常会升高至 10，甚至更高。在此过程中，水中的 HCO_3^- 参与光合作用转化为生物物质。如果水的起始碱度高，随着 pH 值升高而没有外界 CO_2 源时，可产生相当多的生物物质。基于此，生物学家也把碱度作为估量水的营养量的指标。

水的碱度对于水处理也具有重要意义。对于酸性废水，常需测定水中的酸度以确定需加入水中的石灰或其他化学试剂的用量。

4.2.2　天然水的碱度和酸度

4.2.2.1　天然水的碱度

组成天然水中碱度的物质可以归纳为三类：（1）强碱，如 $NaOH$、$Ca(OH)_2$ 等，在溶液中全部电离生成 OH^- 离子；（2）弱碱，如 NH_3、$C_6H_5NH_2$ 等，在水中有一部分发生反应生成 OH^- 离子；（3）强碱弱酸盐，如各种碳酸盐、重碳酸盐、硅酸盐、磷酸盐、硫化物和腐殖酸盐等，它们水解时生成 OH^- 或者直接接受质子 H^+。后两种物质在中和过程中不断产生 OH^- 离子，直到全部中和完毕。

对于碳酸盐系统，对碱度有贡献的物种为 OH^-、CO_3^{2-} 和 HCO_3^-，有反应

$$H^+ + OH^- \Longrightarrow H_2O$$

$$H^+ + CO_3^{2-} \Longrightarrow HCO_3^-$$

$$H^+ + HCO_3^- \Longrightarrow H_2CO_3^*$$

碱度的测定一般采用强酸标准溶液滴定至选定的 pH 值，根据所消耗的酸量来确定，常用所需 H^+ 的物质的量浓度表示碱度，在工程上也常用相应量的 $CaCO_3$（mol/L）来表示碱度。根据滴定终点的不同，碱度有苛性碱度、碳酸盐碱度（酚酞碱度）和总碱度（甲基橙碱度）之分。

A　苛性碱度

当滴定到 $c_{T,CO_3} = [CO_3^{2-}]$ 时，这时所有的 OH^- 被 H^+ 中和，所消耗的酸量称为苛性碱度。滴定终点为 $pH_{CO_3^{2-}}$。pH 根据 c_T 的不同在 $10 \sim 11$ 之间。由于受到水的缓冲作用，滴定时不容易找到滴定终点，准确的 pH 值可通过计算求得。

根据质子平衡条件，苛性碱度的表达式为

$$苛性碱度 = [OH^-] - [HCO_3^-] - 2[H_2CO_3^*] - [H^+]$$

B　碳酸盐碱度

当继续滴定到 $c_{T,CO_3} = [HCO_3^-]$，这时所有的 CO_3^{2-} 也都被 H^+ 中和，所消耗的酸量称为碳酸盐碱度。滴定终点为 $pH_{HCO_3^-}$，其 pH = 8.3 左右，可用酚酞作指示剂，因此又称酚酞碱度。

酚酞碱度的表达式为

$$酚酞碱度 = [CO_3^{2-}] + [OH^-] - [H_2CO_3^*] - [H^+]$$

C 总碱度

当继续滴定到 $c_{T,CO_3^-} = [H_2CO_3^*]$，这时所有的 HCO_3^- 也都被 H^+ 中和，所有对碱度有贡献的物种都被 H^+ 中和，此称为总碱度。滴定终点为 pH_{CO_2}，其 pH =4.5 左右，可用甲基橙作指示剂，因此又称甲基橙碱度。

总碱度的表达式为

总碱度 = $[HCO_3^-] + 2[CO_3^{2-}] + [OH^-] - [H^+]$

图 4-1 是碳酸盐系统的 pc-pH 图与酸碱度滴定曲线，从图中可以清楚了解各种酸度和碱度的含义和滴定终点。

4.2.2.2 天然水的酸度

酸度正好与碱度相反，它是用强碱标准溶液进行滴定来测定的，组成水中酸度的物质也可归纳为三类：(1) 强酸，如 HCl、H_2SO_4、HNO_3 等；(2) 弱酸，如 $H_2CO_3^*$、H_2S。蛋白质以及各种有机酸类；(3) 强酸弱碱盐，如 $FeCl_3$、$Al_2(SO_4)_3$ 等。

碳酸盐系统中对酸度有贡献的物种有 H^+、$H_2CO_3^*$ 和 HCO_3^-，有反应

$$OH^- + H^+ \rightleftharpoons H_2O$$
$$OH^- + H_2CO_3^* \rightleftharpoons HCO_3^- + H_2O$$
$$OH^- + HCO_3^- \rightleftharpoons CO_3^{2-} + H_2O$$

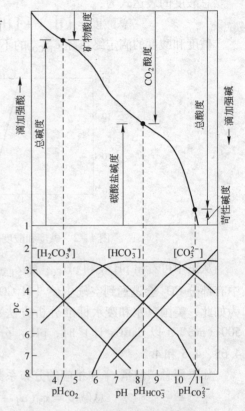

图 4-1 碳酸盐系统的 pc-pH 图与碱度滴定曲线图

根据滴定终点的不同，酸度有无机酸度、CO_2 酸度和总酸度之分。

A 无机酸度

滴定至 $c_{T,CO_3} = [H_2CO_3^*]$，这时所有 H^+ 被 OH^- 中和，所消耗的碱量为无机酸度。滴定终点 pH_{CO_2} 为 pH =4.5 左右，可以用甲基橙作指示剂，故又称甲基橙酸度。

根据质子平衡条件，无机酸度的表达式为

$$无机酸度 = [H^+] - [HCO_3^-] - 2[CO_3^{2-}] - [OH^-]$$

B CO_2 酸度

继续滴定至 $c_{T,CO_3} = [HCO_3^-]$，这时所有的 $H_2CO_3^*$ 也都被 OH^- 中和，所消耗的酸量称 CO_2 酸度。滴定终点为 $pH_{HCO_3^-}$，其 pH =8.3 左右，可以酚酞作指示剂，故又称酚酞酸度。

CO_2 酸度的表达式为

$$CO_2 酸度 = [H^+] + [H_2CO_3^*] - [CO_3^{2-}] - [OH^-]$$

C 总酸度

继续滴定至 $c_{T,CO_3} = [CO_3^{2-}]$，这时所有的 HCO_3^- 也都被 OH^- 中和，至此所有对酸度有贡献的物种均被 OH^- 中和，故称总酸度，滴定终点为 $pH_{CO_3^{2-}}$，其 pH =10~11。

总酸度的表达式为：

$$总酸度 = [H^+] + [HCO_3^-] + 2[H_2CO_3^*] - [OH^-]$$

碱度和酸度的滴定终点随 c_{T,CO_3} 的不同有所不同，如图 4-2 所示。

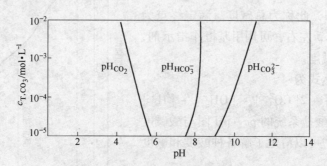

图 4-2   碱度和酸度的滴定终点随 c_{T,CO_3} 的变化曲线

从图中可看出 pH_{CO_2} 和 $pH_{CO_3^{2-}}$ 随 c_{T,CO_3} 变化较大，而 $pH_{HCO_3^-}$ 变化较小。实际滴定过程中有部分 CO_2 会逃逸到空气中使 $[H_2CO_3^*]$ 下降，所以实际终点的 pH 值要高些。正因为如此，美国《水和废水标准分析方法》（第 14 版）建议：当总碱度分别为 50、150、500（mg/L，以 $CaCO_3$ 计）时，pH_{CO_2} 分别为 5.1、4.8 和 4.5。这明显高于理论计算值 4.65、4.5 和 4.2。

如果用总碳酸量 c_T 和相应的分布系数 α 来表示，则各种碱度和酸度可表示为

$$总碱度 = c_T(\alpha_1 + 2\alpha_2) + K_w/[H^+] - [H^+]$$

$$酚酞碱度 = c_T(\alpha_2 - \alpha_0) + K_w/[H^+] - [H^+]$$

$$苛性碱度 = -c_T(\alpha_1 + 2\alpha_2) + K_w/[H^+] - [H^+]$$

$$总酸度 = c_T(\alpha_1 + 2\alpha_2) + [H^+] - K_w/[H^+]$$

$$CO_2 酸度 = c_T(\alpha_0 - \alpha_2) + [H^+] - K_w/[H^+]$$

$$无机酸度 = -c_T(\alpha_1 + 2\alpha_2) + [H^+] - K_w/[H^+]$$

4.3   天然水中的碳酸平衡

CO_2 在水中形成酸，可同岩石中的碱性物质发生反应，并可通过沉淀反应变为沉积物而从水中除去。在水和生物体之间的生物化学交换中，CO_2 占有独特地位，溶解的化合态碳酸盐与岩石圈、大气圈进行均相、多相的酸碱反应和交换反应，对于调节天然水的 pH 和组成起着重要的作用。

在水体中存在着 $CO_2(aq)$、H_2CO_3、HCO_3^- 和 CO_3^{2-} 等四种化合态，其中 $CO_2(aq)$ 与 H_2CO_3 之间存在以下反应：

$$CO_2(aq) + H_2O \Longrightarrow H_2CO_3$$

$$K_m = \frac{[H_2CO_3]}{[CO_2(aq)]} = 10^{-2.8} \tag{4-1}$$

从式（4-1）可以看出，$\dfrac{[H_2CO_3]}{[CO_2(aq)]}$ 接近于 10^{-3}，也就是说 CO_2 进入水中后生成的

H_2CO_3 是很少的,绝大部分以水溶性 CO_2 存在,所以常将 $CO_2(aq)$ 和 H_2CO_3 合并为 $H_2CO_3^*$。水中 $H_2CO_3^* - H_2CO_3^- - CO_3^{2-}$ 体系可用下面的反应和平衡常数表示:

$$CO_2(aq) + H_2O \rightleftharpoons H_2CO_3, \qquad pK_m = 2.8$$

$$H_2CO_3 \rightleftharpoons H^+ + HCO_3^-, \qquad pK_1' = 3.5$$

$$H_2CO_3^* \rightleftharpoons HCO_3^- + H^+, \qquad pK_1 = 6.35$$

$$H_2CO_3^- \rightleftharpoons CO_3^{2-} + H^+, \qquad pK_2 = 10.33$$

根据 K_1 和 K_2 值,就可以制作以 pH 值为主要变量的 $H_2CO_3^* - H_2CO_3^- - CO_3^{2-}$ 体系形态分布图(见图 4-3)。

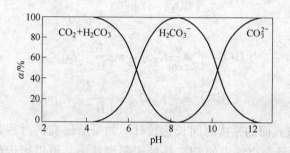

图 4-3 碳酸化合态分布图

4.3.1 封闭水溶液体系的碳酸平衡

封闭的水溶液体系,不考虑溶解性 CO_2 与大气交换过程,即将各种碳酸化合态的总量 c_T 视为不变,所以水中各种碳酸化合态的浓度可以根据以下关系式求出。

$$[H_2CO_3^*] = c_T \alpha_0$$

$$[HCO_3^-] = c_T \alpha_1$$

$$[CO_3^{2-}] = c_T \alpha_2$$

假定 $c_T = 10^{-5} mol/L$,即可绘出封闭水溶液体系的 pc - pH 图,如图 4-4 所示。

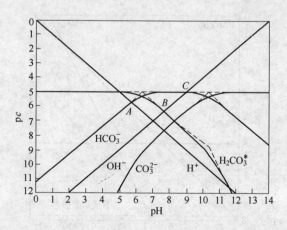

图 4-4 碳酸盐水溶液的 pc - pH 图(封闭系统,$c_{T,CO_3} = 10^{-5} mol/L$,25℃)

根据气体交换动力学,CO_2 在气液界面的平衡时间需数日,若所考虑的溶液反应在数小时之内完成，则水溶液可以视为封闭体系，可用以上各式计算水中 $[H_2CO_3^*]$、$[HCO_3^-]$ 和 $[CO_3^{2-}]$ 的浓度。

4.3.2 开放水溶液体系的碳酸平衡

开放体系的特点是空气中的 CO_2 与水中的 CO_2 达到气液平衡，将空气中 CO_2 的分压视为不变，此时水中的 CO_2 的浓度满足 Henry 定律

$$[CO_2(aq)] = K_H p_{CO_2}$$

水溶液中，各种碳酸化合态相应为

$$c_T = \frac{[CO_2(aq)]}{\alpha_0} = \frac{1}{\alpha_0} K_H p_{CO_2}$$

$$[HCO_3^-] = \frac{\alpha_1}{\alpha_0} K_H p_{CO_2} = \frac{K_1}{[H^+]} K_H p_{CO_2}$$

$$[CO_3^{2-}] = \frac{\alpha_2}{\alpha_0} K_H p_{CO_2} = \frac{K_1 K_2}{[H^+]^2} K_H p_{CO_2}$$

由于 CO_2 在气液界面的平衡时间长达数日，如果所研究的过程是长期的，例如一年期间的水质组成，则认为空气中的 CO_2 是处于平衡状态，可以更近似于真实情况，此时水溶液可以视为开放体系，应根据以上各式计算水质各种碳酸化合态的浓度。

由以上方程可知，在 $pc-pH$ 图（图 4-5）中，$H_2CO_3^*$、$H_2CO_3^-$ 和 CO_3^{2-} 三条线的斜率分别为 0，+1 和 +2。此时 c_T 为三者之和，它是以三根直线为渐进线的一条曲线。

比较封闭体系和开放体系就可发现，在封闭体系中，$[H_2CO_3^*]$、$[HCO_3^-]$ 和 $[CO_3^{2-}]$ 等可随 pH 变化而改变，但总的碳酸量 c_T 始终保持不变。而对于开放体系来说，$[HCO_3^-]$ 和 $[CO_3^{2-}]$ 随 c_T 的变化而改变，但 $[H_2CO_3^*]$ 总保持与大气相平衡的固定数值。因此，在天然条件下，开放体系是实际存在的，而封闭体系是计算短时间溶液组成的一种方法，即把其看做是开放体系趋向平衡过程中的一个微小阶段，在实用上认为是相对稳定的而加以计算。

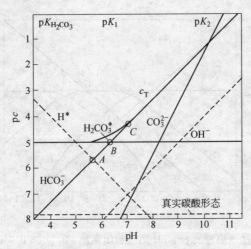

图 4-5 碳酸盐水溶液的 $pc-pH$ 图（开放系统，25℃，1atm）

4.3.3 碳酸平衡例题

4.3.3.1 根据 pH、碱度及相应的平衡常数计算 $[H_2CO_3^*]$、$[HCO_3^-]$、$[CO_3^{2-}]$ 和 $[OH^-]$

根据碱度定义，

$$总碱度 = [HCO_3^-] + 2[CO_3^{2-}] + [OH^-] - [H^+]$$

$$= c_T(\alpha_1 + 2\alpha_2) + \frac{K_w}{[H^+]} - [H^+]$$

$$c_T = \frac{1}{\alpha_1 + \alpha_2}\left\{总碱度 + [H^+] - \frac{K_w}{[H^+]}\right\}$$

令

$$\alpha = \frac{1}{\alpha_1 + 2\alpha_2}$$

当 pH = 5 ~ 9，碱度 $\geq 10^{-3}$ mmol/L 或 pH = 6 ~ 8，碱度 $\geq 10^{-4}$ mmol/L 时，$\dfrac{[H^+]}{碱度}$ 与 $\dfrac{[OH^-]}{碱度}$ 均小于 1%，所以 $[H^+]$ 与 $[OH^-]$ 可忽略不计，得到简化式：

$$c_T = \alpha \cdot 碱度$$

以上为解题依据，其中可能涉及的 α_0、α_1、α_2 和 α 可由表 4-1 查得。

表 4-1 碳酸平衡系数（25℃）

pH	α_0	α_1	α_2	α
4.5	0.9861	0.01388	2.053×10^{-8}	72.062
4.6	0.9826	0.01741	3.250×10^{-8}	57.447
4.7	0.9782	0.02182	5.128×10^{-8}	45.837
4.8	0.9727	0.02731	8.082×10^{-8}	36.615
4.9	0.9659	0.03414	1.272×10^{-7}	29.290
5.0	0.9574	0.04260	1.998×10^{-7}	23.472
5.1	0.9469	0.05305	3.132×10^{-7}	18.850
5.2	0.9341	0.06588	4.897×10^{-7}	15.179
5.3	0.9185	0.08155	7.631×10^{-7}	12.262
5.4	0.8995	0.1005	1.184×10^{-6}	9.946
5.5	0.8766	0.1234	1.830×10^{-6}	8.106
5.6	0.8495	0.1505	2.810×10^{-6}	6.644
5.7	0.8176	0.1824	4.286×10^{-6}	5.484
5.8	0.7808	0.2192	6.487×10^{-6}	4.561
5.9	0.7388	0.2612	9.729×10^{-6}	3.823
6.0	0.6920	0.3080	1.444×10^{-5}	3.247
6.1	0.6409	0.3591	2.120×10^{-5}	2.785
6.2	0.5864	0.4136	3.074×10^{-5}	2.418
6.3	0.5297	0.4703	4.401×10^{-5}	2.126

pH	α_0	α_1	α_2	α
6.4	0.4722	0.5278	6.218×10^{-5}	1.894
6.5	0.4154	0.5845	8.669×10^{-5}	1.710
6.6	0.3608	0.6391	1.193×10^{-4}	1.564
6.7	0.3095	0.6903	1.623×10^{-4}	1.448
6.8	0.2626	0.7372	2.182×10^{-4}	1.356
6.9	0.2205	0.7793	2.903×10^{-4}	1.282
7.0	0.1834	0.8162	3.828×10^{-4}	1.224
7.1	0.1514	0.8481	5.008×10^{-4}	1.178
7.2	0.1241	0.8752	6.506×10^{-4}	1.141
7.3	0.1011	0.8980	8.403×10^{-4}	1.111
7.4	0.08203	0.9169	1.080×10^{-3}	1.088
7.5	0.06626	0.9324	1.383×10^{-3}	1.069
7.6	0.05334	0.9449	1.764×10^{-3}	1.054
7.7	0.04282	0.9549	2.245×10^{-3}	1.042
7.8	0.03429	0.9629	2.849×10^{-3}	1.032
7.9	0.02741	0.9690	3.610×10^{-3}	1.024
8.0	0.02188	0.9736	4.566×10^{-3}	1.018
8.1	0.01744	0.9768	5.767×10^{-3}	1.012
8.2	0.01388	0.9788	7.276×10^{-3}	1.007
8.3	0.01104	0.9798	9.169×10^{-3}	1.002
8.4	0.8764×10^{-3}	0.9797	1.154×10^{-2}	0.9972
8.5	0.6954×10^{-3}	0.9785	1.451×10^{-2}	0.9925
8.6	0.5511×10^{-3}	0.9763	1.823×10^{-2}	0.9874
8.7	0.4361×10^{-3}	0.9727	2.287×10^{-2}	0.9818
8.8	0.3447×10^{-3}	0.9679	2.864×10^{-2}	0.9754
8.9	0.2720×10^{-3}	0.9615	3.582×10^{-2}	0.9680
9.0	0.2142×10^{-3}	0.9532	4.470×10^{-2}	0.9592
9.1	0.1683×10^{-3}	0.9427	5.566×10^{-2}	0.9488
9.2	0.1318×10^{-3}	0.9295	6.910×10^{-2}	0.9365
9.3	0.1029×10^{-3}	0.9135	8.548×10^{-2}	0.9221
9.4	0.7997×10^{-3}	0.8939	0.1053	0.9054
9.5	0.6185×10^{-3}	0.8703	0.1291	0.8862
9.6	0.4754×10^{-3}	0.8423	0.1573	0.8645
9.7	0.3629×10^{-3}	0.8094	0.1903	0.8404
9.8	0.2748×10^{-3}	0.7714	0.2283	0.8143
9.9	0.2061×10^{-3}	0.7284	0.2714	0.7867

pH	α_0	α_1	α_2	α
10.0	0.1530×10^{-3}	0.6806	0.3192	0.7581
10.1	0.1122×10^{-3}	0.6286	0.3712	0.7293
10.2	0.8133×10^{-4}	0.5735	0.4263	0.7011
10.3	0.5818×10^{-4}	0.5166	0.4834	0.6742
10.4	0.4107×10^{-4}	0.4591	0.5409	0.6490
10.5	0.2861×10^{-4}	0.4027	0.5973	0.6261
10.6	0.1969×10^{-4}	0.3488	0.6512	0.6056
10.7	0.1338×10^{-4}	0.2985	0.7015	0.5877
10.8	0.8996×10^{-5}	0.2526	0.7474	0.5723
10.9	0.5986×10^{-5}	0.2116	0.7884	0.5592
11.0	0.3949×10^{-5}	0.1757	0.8242	0.5482

【例 4-1】某水体的 pH = 8.00，碱度为 1.00×10^{-3} mol/L，求水中 $[HCO_3^*]$、$[HCO_3^-]$、$[CO_3^{2-}]$ 和 $[OH^-]$。

解： 总碱度 $= [HCO_3^-] + 2[CO_3^{2-}] + [OH^-] - [H^+]$

由于 pH = 8.0，碱度 $= 1.00 \times 10^{-3}$ mol/L，所以 $\dfrac{[OH^-]}{碱度} = \dfrac{10^{-6}}{10^{-3}} = 10^{-3}$，$\dfrac{[H^+]}{碱度} = \dfrac{10^{-8}}{10^{-3}}$ $= 10^{-5}$，即 $[H^+]$ 和 $[OH^-]$ 均可忽略。

故，总碱度 $= [HCO_3^-] + 2[CO_3^{2-}]$。

由图 4-3 可知，pH = 8.00 时，CO_3^{2-} 的浓度与 HCO_3^- 的浓度相比可以忽略，此时碱度全部由 HCO_3^- 贡献。

所以有，$[HCO_3^-]$ = 碱度 $= 1.00 \times 10^{-3}$ mol/L；$[OH^-] = 1.00 \times 10^{-6}$ mol/L。

根据碳酸的解离常数 K_1 和 K_2，可以得出 $[H_2CO_3^*]$ 和 $[CO_3^{2-}]$：

$$[H_2CO_3^*] = \frac{[H^+][HCO_3^-]}{K_1} = \frac{1.0 \times 10^{-8} \times 1.00 \times 10^{-3}}{4.45 \times 10^{-7}} \text{mol/L} = 2.25 \times 10^{-5} \text{mol/L}$$

$$[CO_3^{2-}] = \frac{K_2[HCO_3^-]}{[H^+]} = \frac{4.69 \times 10^{-11} \times 1.00 \times 10^{-3}}{1.00 \times 10^{-8}} \text{mol/L} = 4.69 \times 10^{-6} \text{mol/L}$$

【例 4-2】某水体的 pH = 10.00，碱度为 1.00×10^{-3} mol/L，求水中 $[HCO_3^*]$、$[HCO_3^-]$、$[CO_3^{2-}]$ 和 $[OH^-]$。

解： 总碱度 $= [HCO_3^-] + 2[CO_3^{2-}] + [OH^-] - [H^+]$

由于 pH = 10.0，所以 $[OH^-] = 10^{-4}$ mol/L，$[H^+] = 10^{-10}$ mol/L，所以 $[H^+]$ 可以忽略。

即 总碱度 $= [HCO_3^-] + 2[CO_3^{2-}] + [OH^-] = 10^{-3}$ (4-2)

又根据解离常数 K_2 有

$$[CO_3^{2-}][H^+] = K_2[HCO_3^-] \qquad (4-3)$$

联立式（4-2）和式（4-3）可得方程组

$$[HCO_3^-] + 2[CO_3^{2-}] + 10^{-4} = 10^{-3}$$
$$[CO_3^{2-}] \times 10^{-10} = K_2[HCO_3^-]$$

解之得：

$$[HCO_3^-] = 4.64 \times 10^{-4} \text{mol/L}$$
$$[CO_3^{2-}] = 2.18 \times 10^{-4} \text{mol/L}$$

根据碳酸的解离常数 K_1，不难求得

$$[H_2CO_3^*] = \frac{[H^+][HCO_3^-]}{K_1} = \frac{1.0 \times 10^{-10} \times 1.00 \times 10^{-3}}{4.45 \times 10^{-7}} \text{mol/L} = 2.25 \times 10^{-7} \text{mol/L}$$

4.3.3.2 水的酸化和碱化问题

在环境水化学及水处理工艺过程中，常常会遇到向碳酸体系加入酸或碱来调整原有的 pH 的问题，例如水的酸化和碱化问题。

此时需要特别注意的是，在封闭体系中加入强酸或强碱，总碳酸量 c_T 不受影响，而加入 $[CO_2]$ 时，总碱度值并不发生变化。这时溶液 pH 和各碳酸化合态浓度虽然发生变化，但它们的代数综合值仍保持不变。因此总碳酸量 c_T 和总碱度在一定条件下具有守恒特性。

【例4-3】若一个天然水的 pH 为 7.0，碱度为 1.4mmol/L，求需加多少酸才能把水体的 pH 降低到 6.0？

解：
$$总碱度 = [HCO_3^-] + 2[CO_3^{2-}] + [OH^-] - [H^+]$$
$$c_T = \alpha\{总碱度 + [OH^-] - [H^+]\}$$

由于 pH = 7.0，碱度 = 1.4×10^{-3} mol/L，所以 $[H^+]$、$[OH^-]$ 项可忽略不计，所以
$$c_T = \alpha \times 总碱度$$

当 pH = 7.0 时，查表 4-1 得 $\alpha_1 = 0.8162$，$\alpha_2 = 3.828 \times 10^{-4}$，则 $\alpha = 1.224$，$c_T = \alpha \times$ 总碱度 = 1.224×1.4 mmol/L = 1.71mmol/L，若加强酸将水的 pH 降低到 6.0，其 c_T 值并不变化，而查表 4-1 知 α 为 3.247，可得

$$碱度 = \frac{c_T}{\alpha} = \frac{1.71 \text{mmol/L}}{3.247} = 0.527 \text{mmol/L}$$

碱度降低值就是应加入酸量

$$\Delta A = (1.4 - 0.527) \text{mmol/L} = 0.873 \text{mmol/L}$$

【例4-4】某河流 pH = 8.3，$c_T = 3.0 \times 10^{-3}$ mol/L，现欲将含 H_2SO_4 浓度为 1.0×10^{-2} mol/L 的废水排入河流。假如河流 pH 值不得降低至 6.7 以下，问每升河水中最多排入这种废水多少毫升？

解：
$$总碱度 = [HCO_3^-] + 2[CO_3^{2-}] + [OH^-] - [H^+] \qquad (4-4)$$

当 pH = 8.3 时，由图 4-3 得

$$c_T = [H_2CO_3^*] + [HCO_3^-] + [CO_3^{2-}] = [HCO_3^-] = 3.0 \times 10^{-3} \text{mol/L}$$

此时式（4-4）中 $[CO_3^{2-}]$、$[OH^-]$ 和 $[H^+]$ 均可忽略。即：

$$总碱度 = [HCO_3^-] = 3.0 \times 10^{-3} \text{mol/L}$$

当 pH = 6.7 时，由图 4-3 得

$$c_T = [H_2CO_3^*] + [HCO_3^-] + [CO_3^{2-}] = [H_2CO_3^*] + [HCO_3^-] = 3.0 \times 10^{-3} \text{mol/L}$$

此时式（4-4）中 $[CO_3^{2-}]$、$[OH^-]$ 和 $[H^+]$ 均可忽略。即：

$$\text{总碱度} = [HCO_3^-] = 3.0 \times 10^{-3} - [H_2CO_3^*] \tag{4-5}$$

根据解离常数 K_1 得

$$[H_2CO_3^*] = \frac{[H^+][HCO_3^-]}{K_1} = \frac{10^{-6.7}[HCO_3^-]}{4.45 \times 10^{-7}} \tag{4-6}$$

将式（4-6）代入式（4-5）中，得：

$$\text{总碱度} = [HCO_3^-] = 2.07 \times 10^{-3}$$

碱度降低值即为 H^+ 加入量，

$$\Delta A = (3.00 - 2.071 \times 10^{-3}) \text{mol/L} = 0.93 \times 10^{-3} \text{mol/L}$$

即每升河水中要加入 $0.94 \times 10^{-4} \text{mmol/L}$，相当于每升河水加入含 $1.0 \times 10^{-2} \text{mol/L}$ H_2SO_4 的废水量 V 为：

$$V = \frac{9.3 \times 10^{-4} \text{mol}}{2 \times 10^{-2} \text{mol/L}} = 0.0465\text{L} = 46.5\text{mL}$$

因此每升河水最多可排入这种废水 46.5mL。

4.3.3.3 Deffeyes 图解法

总碱度、pH 值与 c_{T,CO_3} 之间的关系也可用 Deffeyes 图（图 4-6）表示。图中纵坐标为总碱度，横坐标为 c_{T,CO_3}，斜线表示不同的 pH 值。当知道三个参数中的两个，便可在图上查得第三者。该图可用于在碳酸盐系统中加入或去除酸、碱和碳酸盐物种时的相关计算。在忽略稀释因素的前提下，当加入强酸、强碱时，c_{T,CO_3} 未变，总碱度发生变化，因此在图上表现为上下移动。当引入或去除 CO_2 时，c_{T,CO_3} 改变，但总碱度不变，在图中表现为左右移动；当引入或去除 HCO_3^- 时，c_{T,CO_3} 与总碱度均发生变化，在图中表现为 45°角方向的移动；当引入或去除 CO_3^{2-} 时，c_{T,CO_3} 与总碱度也均发生变化，但总碱度的变化是 c_{T,CO_3} 变化的 2 倍。当对水样进行稀释时，c_{T,CO_3} 和总碱度同步减小。

【例 4-5】测得某水样总碱度 = 1.8mmol/L，pH = 8.5，求 c_{T,CO_3}。

解： 在图 4-6 中查到总碱度为 1.8mmol/L 时与 pH = 8.5 线的交点为 A 点，该点相对应的 c_{T,CO_3} = 1.8mmol/L。

【例 4-6】已知某水中的总碱度 = 82.5mg/L（以 $CaCO_3$ 计），pH = 8.0，初始 $[NH_3-N]$（氨态氮浓度）= 3.5mg/L。

问：（1）当对该水进行折点氯化处理后，水的总碱度、pH 值和 c_{T,CO_3} 各为多少？

（2）如果处理后的水需调整至 pH = 9.0、c_{T,CO_3} = 2.0mmol/L，问需加入多少 NaOH 和 NaHCO_3？

解： 初始总碱度 $= \dfrac{825\text{mg/L}}{50\text{mg/mmol}} = 1.65\text{mmol/L}$，初始 NH_3 浓度 $= \dfrac{3.5\text{mg/L}}{14\text{mg/mmol}} = 0.25\text{mmol/L}$，pH = 8.0，在图 4-6 中查得位于点 B。当加入足够量的 Cl_2 后，有反应：

$$2NH_3 + 3Cl_2 \longrightarrow N_2 \uparrow + 6H^+ + 6Cl^-$$

经折点氯化后生成的 $[H^+]$ 为

$$[H^+] = 3 \times [NH_3] = 3 \times 0.25 = 0.75\text{mmol/L}$$

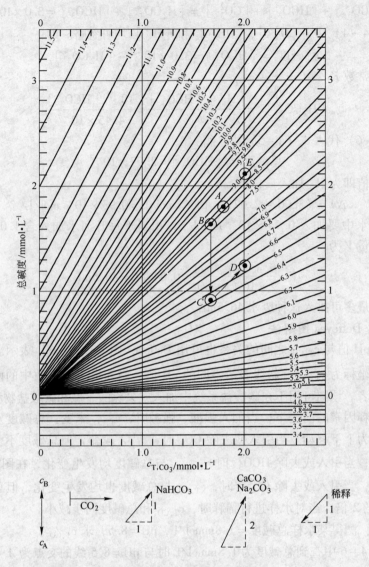

图 4-6　Deffeyes 图（25℃）

相当于加入 0.75mmol/L 强酸，在图 4-6 上从 B 点垂直向下走 0.75 格至 C 点，该点即为折点氯化后的新位置，该点相应的值即为问题（1）所求的答案：

$$总碱度 = 0.9mmol/L$$
$$pH = 6.4$$
$$c_{T,CO_3} = 1.65mmol/L$$

当需要调整水的 pH = 9.0、c_{T,CO_3} = 2.0mmol/L 时，目标位置在图中的 E 点，从 C 点到 E 点需要同时增加总碱度和 c_{T,CO_3}，首先加入 $NaHCO_3$，当满足 c_{T,CO_3} = 2.0mmol/L 时，在图中到达 D 点，这时加入的 $[NaHCO_3]$ = 0.35mmol/L。

为了进一步满足 pH = 9.0，再加入 NaOH 最终达到目标 E 点，这时加入的 $[NaOH]$ = 0.75mmol/L。

4.4 碳酸盐平衡

4.4.1 封闭水溶液体系的碳酸盐平衡

此体系中只考虑固相和液相，将 $H_2CO_3^*$ 当做不挥发酸类处理。

4.4.1.1 总碳酸量（c_T）为常数时的 $CaCO_3$ 的溶解度

往总碳酸量为 c_T 的溶液中加入固体 $CaCO_3$，$CaCO_3$ 的溶解反应为

$$CaCO(s) \Longrightarrow Ca^{2+} + CO_3^{2-}$$

$$K_{sp} = [Ca^{2+}][CO_3^{2-}] = 10^{-8.32}$$

$$[Ca^{2+}] = \frac{K_{sp}}{[CO_3^{2-}]} = \frac{K_{sp}}{c_T \alpha_2} \qquad (4-7)$$

根据式（4-7），可给出 $\lg[Ca^{2+}]$ 对 pH 的曲线图，图 4-7 是 $c_T = 3 \times 10^{-3} mol/L$ 时，$CaCO_3$ 的溶解度以及它们对 pH 的依赖关系。图 4-7 基本是由溶度积方程和碳酸平衡叠加而构成的，$[Ca^{2+}]$ 和 $[CO_3^{2-}]$ 的乘积必须是常数。

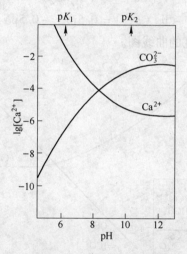

图 4-7 封闭体系中 c_T = 常数时，$CaCO_3(s)$ 的溶解度（$c_T = 3 \times 10^{-3} mol/L$）

（Stumm W，Morgan J J，1981）

由于

$$\alpha_2 = \left(1 + \frac{[H^+]^2}{K_1 K_2} + \frac{[H^+]}{K_2}\right)^{-1}$$

所以有：

（1）当 $pH > pK_2$ 时，$[H^+] < K_2 < K_1$，$\alpha_2 \approx 1$，则

$$\lg[CO_3^{2-}] = \lg(c_T \alpha_2) \approx \lg c_T$$

即在 $pH > pK_2$ 这一高 pH 区时，$\lg[CO_3^{2-}]$ 线斜率为零，$\lg[Ca^{2+}]$ 线斜率也必为零，此时饱和浓度为 $[Ca^{2+}] = \dfrac{K_{sp}}{[CO_3^{2-}]}$。

（2）当 $pK_1 < pH < pK_2$ 时，$K_2 < [H^+] < K_1$，$\alpha_2 \approx \dfrac{K_2}{[H^+]}$，则

$$\lg[CO_3^{2-}] = \lg(c_T\alpha_2) \approx -\lg[H^+] + \lg(K_2c_T) = pH + \lg(K_2c_T)$$

即在 $pK_1 < pH < pK_2$ 区时，$\lg[CO_3^{2-}]$ 线斜率为 $+1$，相应 $\lg[Ca^{2+}]$ 线斜率为 -1。

（3）当 $pH < pK_1$ 时，$[H^+] > K_1 > K_2$，$\alpha_2 \approx \dfrac{K_1K_2}{[H^+]}$，则

$$\lg[CO_3^{2-}] = \lg(c_T\alpha_2) \approx -\lg\frac{[H^+]^2}{K_1K_2} + \lg c_T = 2pH + \lg(K_1K_2c_T)$$

即在 $pH < pK_1$ 区时，$\lg[CO_3^{2-}]$ 线斜率为 $+2$，相应的 $\lg[Ca^{2+}]$ 线斜率为 -2。

4.4.1.2　CaCO₃ 在纯水中的溶解度

溶液中的溶质为 Ca^{2+}、$H_2CO_3^*$、HCO_3^-、CO_3^{2-}、H^+ 和 OH^-，所有溶解出来的 Ca^{2+} 在浓度上等于溶解碳酸化合态的总和

$$[Ca^{2+}] = c_T \tag{4-8}$$

由 CaCO₃（s）的溶度积可得

$$[Ca^{2+}] = K_{sp}/[CO_3^{2-}] = K_{sp}/(c_T\alpha_2) \tag{4-9}$$

综合考虑式（4-8）和式（4-9），可得出下式

$$[Ca^{2+}] = (K_{sp}/\alpha_2)^{1/2}$$

$$-\lg[Ca^{2+}] = 0.5pK_{sp} - 0.5p\alpha_2$$

图 4-8 给出了 CaCO₃ 溶解度的曲线图。

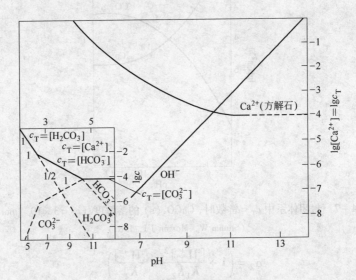

图 4-8　纯水中碳酸钙溶解度

(Stumm W, Morgan J J, 1981)

由于

$$\alpha_2 = \left(1 + \frac{[H^+]^2}{K_1K_2} + \frac{[H^+]}{K_2}\right)^{-1}$$

所以有：

（1）当 $pH > pK_2$ 时，$[H^+] < K_2 < K_1$，$\alpha_2 \approx 1$，则

$$\lg[Ca^{2+}] = 0.5\lg K_{sp}$$

即

$$\lg[Ca^{2+}] \text{线斜率} = 0$$

（2）当 $pK_1 < pH < pK_2$ 时，$K_2 < [H^+] < K_1$，$\alpha_2 \approx \dfrac{K_2}{[H^+]}$，则

$$lg[Ca^{2+}] = 0.5lgK_{sp} - 0.5lgK_2 - 0.5pH$$

即

$$lg[Ca^{2+}] 线斜率 = -\frac{1}{2}$$

（3）当 $pH < pK_1$ 时，$[H^+] > K_1 > K_2$，$\alpha_2 \approx \dfrac{K_1K_2}{[H^+]}$，则

$$lg[Ca^{2+}] = 0.5lgK_{sp} - 0.5lgK_1K_2 - pH$$

即

$$lg[Ca^{2+}] 线斜率 = -1$$

4.4.2 开放水溶液体系的碳酸盐平衡

向纯水中加入 $CaCO_3(s)$，并且将此溶液暴露于 CO_2 分压恒定的大气中，因大气中 CO_2 分压恒定，溶液中的 CO_2 浓度也相应固定，所以有

$$c_T = [CO_2(aq)]/\alpha_0 = \frac{1}{\alpha_0}K_Hp_{CO_2}$$

综合考虑 $CaCO_3(s)$ 的溶度积方程 $[Ca^{2+}] = K_{sp}/[CaCO_3^{2-}]$ 可以得到基本计算式：

$$[Ca^{2+}] = \frac{\alpha_0}{\alpha_2} \cdot \frac{K_{sp}}{K_Hp_{CO_2}}$$

图 4-9 给出了开放体系中碳酸盐的 $pc-pH$ 图。

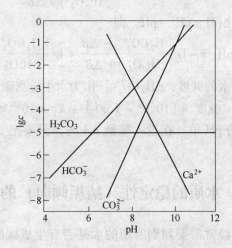

图 4-9　开放体系中的碳酸盐溶解度

(Stumm W, Morgan J J, 1981)

由于

$$\alpha_0 = \left(1 + \frac{K_1}{[H^+]} + \frac{K_1K_2}{[H^+]^2}\right)^{-1}；\quad \alpha_2 = \left(1 + \frac{[H^+]^2}{K_1K_2} + \frac{[H^+]}{K_2}\right)^{-1}$$

所以

$$\frac{\alpha_0}{\alpha_2} = \frac{[\mathrm{H}^+]^2}{K_1 K_2}$$

$$[\mathrm{Ca}^{2+}] = \frac{[\mathrm{H}^+]^2}{K_1 K_2} \cdot \frac{K_{sp}}{K_{\mathrm{H}} p_{\mathrm{CO}_2}}$$

$$\lg[\mathrm{Ca}^{2+}] = \lg\left(\frac{K_{sp}}{K_1 K_2 K_{\mathrm{H}} p_{\mathrm{CO}_2}}\right) - 2\mathrm{pH}$$

即 $\lg[\mathrm{Ca}^{2+}] - \mathrm{pH}$ 的斜率为 -2。

4.5　天然水体的缓冲能力

天然水体的 pH 值一般为 $6 \sim 9$，而且对于某一水体，其 pH 值几乎保持不变，这表明天然水体具有一定的缓冲能力，是一个缓冲体系。一般认为，各种碳酸化合物是控制水体 pH 值的主要因素，人们时常根据它的存在情况来估算水体的缓冲能力。

对于碳酸水体系，当 pH < 8.3 时，可以只考虑一级碳酸平衡，故其 pH 值可由下式确定：

$$\mathrm{pH} = \mathrm{p}K_1 - \lg\frac{[\mathrm{H}_2\mathrm{CO}_3^*]}{[\mathrm{HCO}_3^-]}$$

如果向水体投入 ΔB 量的碱性废水时，相应有 ΔB 量 $\mathrm{H}_2\mathrm{CO}_3^*$ 转化为 HCO_3^-，水体 pH 值升高为 pH'，则

$$\mathrm{pH}' = \mathrm{p}K_1 - \lg\frac{[\mathrm{H}_2\mathrm{CO}_3^*] - \Delta B}{[\mathrm{HCO}_3^-] + \Delta B}$$

水体中 pH 值变化为 $\Delta\mathrm{pH} = \mathrm{pH}' - \mathrm{pH}$，即

$$\Delta\mathrm{pH} = -\lg\frac{[\mathrm{H}_2\mathrm{CO}_3^*] - \Delta B}{[\mathrm{HCO}_3^-] + \Delta B} + \lg\frac{[\mathrm{H}_2\mathrm{CO}_3^*]}{[\mathrm{HCO}_3^-]}$$

若把 $[\mathrm{HCO}_3^-]$ 作为水的碱度，$[\mathrm{H}_2\mathrm{CO}_3^*]$ 作为水中游离碳酸 $[\mathrm{CO}_2]$，就可推出

$$\Delta B = 碱度 \times [10^{\Delta\mathrm{pH}} - 1]/[1 + K_1 \times 10^{\mathrm{pH}+\Delta\mathrm{pH}}]$$

$\Delta\mathrm{pH}$ 表示相应改变的 pH 值。在投入酸量 ΔA 时，只要把 $\Delta\mathrm{pH}$ 作为负值，$\Delta A = \Delta B$，也可以进行类似计算。

4.6　水质的稳定性（结垢倾向）的判别

在工业用水系统中，经常需要判别所用的水是否有生成碳酸钙沉淀（或能溶解碳酸钙）的倾向，即判别水溶液中碳酸钙浓度是否过饱和、未饱和或呈平衡状态。习惯上把不易生垢的水称为稳定性好的水，易生垢的为稳定性差的，在实际工作中有几种判别方法，这里只介绍朗格利尔（Langelier）指数法。

4.6.1　朗格利尔（Langelier）指数法

朗格利尔指数又称饱和指数，可用来判别水是否处于与 $\mathrm{CaCO}_3(\mathrm{s})$ 平衡状态。它的定义为

$$L.\,I. = pH_a - pH_s \qquad (4-10)$$

式中 pH_a——水的实际 pH 值；

pH_s——假设水处于与 $CaCO_3(s)$ 平衡时计算所得的 pH 值。

利用 L.I. 的判别原则如下：

当 L.I. < 0 时，表示水处于未饱和的状态，$CaCO_3(s)$ 倾向于溶解；

当 L.I. $= 0$ 时，表示水处于与 $CaCO_3(s)$ 平衡的状态；

当 L.I. > 0 时，表示水处于过饱和的状态，$CaCO_3(s)$ 倾向于沉淀。

pH_s 值的计算方法如下：

水中 $CaCO_3(s)$ 的溶解沉淀平衡反应式为

$$CaCO_3(s) + H^+ \rightleftharpoons Ca^{2+} + HCO_3^- \qquad (4-11)$$

$$K = \frac{\{Ca^{2+}\}\{HCO_3^-\}}{\{H^+\}}$$

式（4-10）可由以下两式相减得到

$$CaCO_3(s) \rightleftharpoons Ca^{2+} + CO_3^{2-}$$

$$HCO_3^- \rightleftharpoons H^+ + CO_3^{2-}$$

故

$$K = \frac{K_{sp}}{K_{a,2}} = \frac{\{Ca^{2+}\}\{HCO_3^-\}}{\{H^+\}}$$

即

$$\{H^+\} = \frac{K_{a,2}}{K_{sp}}\{Ca^{2+}\}\{HCO_3^-\}$$

两边取负对数得

$$pH_s = pK_{a,2} - pK_{sp} + p[Ca^{2+}] + p[HCO_3^-] - \lg\gamma_{Ca^{2+}} - \lg\gamma_{HCO_3^-} \qquad (4-12)$$

式（4-12）即为 pH_s 值的计算公式。

热力学自由能关系式为

$$\Delta G = RT\ln\frac{Q}{K}$$

朗格利尔指数实际上就是化学热力学判别化学反应进行方向的方法。因为

$$Q = \frac{\{Ca^{2+}\}\{HCO_3^-\}}{\{H^+\}_a}$$

$$K = \frac{\{Ca^{2+}\}\{HCO_3^-\}}{\{H^+\}_s}$$

$$\frac{Q}{K} = \frac{\{H^+\}_s}{\{H^+\}_a}$$

$$\lg\frac{Q}{K} = \lg\{H^+\}_s - \lg\{H^+\}_a = pH_a - pH_s$$

因此当 $pH_a - pH_s = L.\,I. < 0$，反应式（4-11）应能自发向右进行，即 $CaCO_3(s)$ 倾向于溶解，水处于未饱和状态；反之，当 L.I. > 0，即 $\Delta G > 0$，正反应不能自发进行，而逆反应能自发进行，故 $CaCO_3(s)$ 倾向于沉淀，水处于过饱和的状态。

【例 4-7】某工业水 $[Ca^{2+}] = 1 \times 10^{-3}$ mol/L，$[HCO_3^-] = 2 \times 10^{-3}$ mol/L，pH 值为 8.7，温度为 10℃，水中离子强度 $I = 5 \times 10^{-3}$ mol/L，求水的 L.I. 值。

解：因 $CaCO_3(s) + H^+ \Longrightarrow Ca^{2+} + HCO_3^-$ 的平衡常数在 25℃时为 10^2，用 Van't Hoff 公式换算为 10℃时 K 为 $10^{2.34}$。由表 2-1、表 2-2 和式（2-46）得 $\gamma_{Ca^{2+}} = 0.75$，$\gamma_{HCO_3^-} = 0.93$，代入式（4-12）计算得

$$pH_s = -p[10^{2.34}] + p[10^{-3}] + p[2 \times 10^{-3}] - \lg 0.75 - \lg 0.93 = 8.18$$

计算朗格利尔指数

$$朗格利尔指数 = pH_a - pH_s = 8.7 - 8.18 = 0.52$$

计算结果朗格利尔指数为正值，说明此工业水有生成 $CaCO_3$ 沉淀的倾向。

给排水工程中，要考虑 $CaCO_3(s)$ 的饱和情况，过饱和易造成管道堵塞，不饱和则会使覆盖于管壁的 $CaCO_3(s)$ 保护层溶解，造成管道腐蚀，一般来说应控制 L. I. 稍正，有时根据具体情况，也使 L. I. 为零或稍负。L. I. 并不能给出有多少 $CaCO_3$ 倾向于沉淀或溶解，而沉淀势可以。

4.6.2 沉淀势

在例 4-7 中，L. I. >0 表示过饱和，$CaCO_3$ 倾向于沉淀出来。将平衡时 $CaCO_3$ 的沉淀量称为沉淀势。

计算沉淀势可以利用下面两个原则：

（1）沉淀或溶解前后总酸度（TAc）保持不变；

（2）在沉淀或溶解前后总碱度（TAlk）$-2[Ca^{2+}]$ = 常数。

因为

$$TAc = 2[H_2CO_3^*] + [HCO_3^-] + [H^+] - [OH^-]$$

碳酸根 CO_3^{2-} 对总酸度没有贡献，故而在沉淀或溶解过程中虽然 $[CO_3^{2-}]$ 增加或减少，但总酸度保持不变。

又因为

$$TAlk = [HCO_3^-] + 2[CO_3^{2-}] + [OH^-] - [H^+]$$

在沉淀或溶解过程中 $[Ca^{2+}]$ 将与 $[CO_3^{2-}]$ 同步增加或减少，因为总碱度是以一价离子的浓度为单位，故而 TAlk 与 $2[Ca^{2+}]$ 之差保持不变。

【例 4-8】 求例 4-7 中的沉淀势。忽略离子强度的影响，并假定为封闭体系。

解：已知 $[Ca^{2+}] = 1 \times 10^{-3}$ mol/L，$[HCO_3^-] = 2 \times 10^{-3}$ mol/L，pH = 8.7 且 10℃时，$K_{a,1} = 10^{-6.46}$，$K_{a,2} = 10^{-10.49}$，$K_{sp} = 10^{-8.15}$，$K_w = 10^{-14.5}$。

根据上述数据可计算得

$$[CO_3^{2-}] = 3.2 \times 10^{-5}; \quad [H_2CO_3^*] = 1.1 \times 10^{-5}$$

沉淀前有

$$TAc = 2[H_2CO_3^*] + [HCO_3^-] + [H^+] - [OH^-] = 2.02 \times 10^{-3} \text{mol/L}$$

$$TAlk - 2[Ca^{2+}] = 2[CO_3^{2-}] + [HCO_3^-] + [OH^-] - [H^+] - 2[Ca^{2+}]$$

$$= 7 \times 10^{-5} \text{mol/L}$$

沉淀后（平衡时）

$$CaCO_3(s) \Longrightarrow Ca^{2+} + CO_3^{2-}$$

$$[Ca^{2+}] = \frac{K_{sp}}{[CO_3^{2-}]} = \frac{K_{sp}}{\alpha_2 c_{T,CO_3}}$$

$$TAlk - 2[Ca^{2+}] = 2(\alpha_1 + \alpha_2)c_{T,CO_3^{2-}} + \frac{K_w}{[H^+]} + [H^+] - \frac{2K_{sp}}{\alpha_2 c_{T,CO_3^{2-}}} = 7 \times 10^{-5} mol/L$$

$$(4-13)$$

$$TAc = (2\alpha_0 + \alpha_1)c_{T,CO_3^{2-}} + [H^+] - \frac{K_w}{[H^+]} = 2.02 \times 10^{-3} mol/L \quad (4-14)$$

解上述联立方程组，得平衡时 Ca^{2+} 浓度。先由式（4-14）得

$$c_{T,CO_3^{2-}} = \frac{2.02 \times 10^{-3} - [H^+] + \frac{K_w}{[H^+]}}{2\alpha_0 + \alpha_1}$$

将它代入式（4-13），然后利用试探法，先后求出 pH 值，α_1 和 $c_{T,CO_3^{2-}}$，最终求得平衡时的 $[Ca^{2+}]$。

$$[Ca^{2+}]_{平} = \frac{K_{sp}}{\alpha_2 c_{T,CO_3}} = 9.48 \times 10^{-4} mol/L$$

故沉淀势为：

$$[Ca^{2+}]_{原} - [Ca^{2+}]_{平} = (1 \times 10^{-3} - 9.48 \times 10^{-4}) mmol/L = 0.52 \times 10^{-4} mol/L$$

$$= 0.52 \times 10^{-4} mol/L \times 100 g/mol（CaCO_3 的相对分子质量）$$

$$= 5.2 mg/L$$

如果沉淀势过大易发生管道堵塞，有人建议水质调整后的沉淀势以 10mg/L 为好，这时可使管道内壁形成一薄层 $CaCO_3$ 沉淀，从而防止管道被腐蚀。

~~~~~~

习　题

4-1　请推导出封闭和开放体系碳酸平衡中 $[H_2CO_3^*]$、$[HCO_3^-]$ 和 $[CO_3^{2-}]$ 的表达式，并讨论这两个体系之间的区别。

4-2　什么是天然水的酸度和碱度，它们主要由哪些物质组成？

4-3　请导出总酸度、CO_2 酸度、无机酸度、总碱度、酚酞碱度和苛性碱度的表达式作为总碳酸量和分布系数（α）的函数。

4-4　在一个视作封闭体系的 25℃水样中，加入少量下列物质时，碱度如何变化：

(1) HCl；(2) NaOH；(3) CO_2；(4) Na_2CO_3；(5) $NaHCO_3$；(6) Na_2SO_4。

4-5　向某一含有碳酸的水体加入重碳酸盐。问：总酸度、总碱度、无机酸度、酚酞碱度和 CO_2 酸度是增加、减少还是不变？

4-6　碱度为 $2.00 \times 10^{-3} mol/L$ 的水，pH 值为 7.00，请计算 $[H_2CO_3^*]$、$[HCO_3^-]$、$[CO_3^{2-}]$ 和 $[OH^-]$ 的浓度各是多少？

$$（[OH^-] = 1.00 \times 10^{-7} mol/L，[HCO_3^-] = 2.00 \times 10^{-3} mol/L，$$
$$[CO_3^{2-}] = 9.38 \times 10^{-7} mol/L，[H_2CO_3^*] = 4.49 \times 10^{-4} mol/L）$$

4-7　若水样 pH = 9.0，$[Alk] = 2.4 \times 10^{-3} mol/L$，求 (1) 水中 $HCO_3 - CO_3^{2-}$ 和 $H_2CO_3^*$ 的浓度；(2) 水中碳酸化合物的总量 c_T。

4-8　若使 CO_2 分压为 1kPa 的气体（设此气体中其他杂质均呈中性）与 pH = 7.5 和 $[Alk] = 1 \times 10^{-3}$ mol/L 的水呈平衡状态。试估算平衡后水的 pH 值和 c_T。

4-9 若有水 A，pH 值为 7.5，其碱度为 6.38mmol/L，水 B 的 pH 值为 9.0，碱度为 0.80mmol/L，若以等体积混合，问混合后的 pH 值是多少？

$$(7.58)$$

4-10 某工厂的工业废水中含 H_2SO_4 量为 $4 \times 10^{-3} mol/L$，用 pH = 6.5、$[Alk] = 2 \times 10^{-3} mol/L$ 的自来水中和之，试计算应如何配比此自来水与废水，方能使混合液的 pH 值达到 4.3 以上？

4-11 若在 pH = 6.3 和碳酸化合物总量 $c_T = 1 \times 10^{-3} mol/L$ 的水中添（1）浓度为 $0.3 \times 10^{-3} mol/L$ 的 NaOH；（2）浓度为 $0.15 \times 10^{-3} mol/L$ 的 Na_2CO_3。试求所得溶液的 pH 值。

4-12 在一个 pH 值为 6.5，碱度为 1.6mmol/L 的水体中，若加入碳酸钠使其碱化，问每升中需加多少的碳酸钠才能使水体 pH 值上升至 8.0。若用 NaOH 强碱进行碱化，每升中需加多少碱？

$$(1.07mmol，1.08mmol)$$

5 配合作用

本章内容提要：

    水溶液中大多数金属离子都能同水分子或其他阴离子形成各种类型的配合物，本章着重讨论水溶液中的羟基配合物、无机或有机的配位体配合物的形成稳定条件以及根据配合平衡等基本关系进行的有关平衡计算等。

5.1 概　　述

    凡含有孤对电子或 π 型电子的分子、离子与具有空轨道的原子或离子以配位键结合形成一个配位单元，含有该配位单元的化合物称为配合物，如 $[Co(NH_3)_6]^{3+}$、$[Cr(CN)_6]^{3-}$、$Ni(CO)_4$ 都是配位单元，分别称为配阳离子、配阴离子、配分子；$[Co(NH_3)_6]Cl_3$、$K_3[Cr(CN)_6]$、$Ni(CO)_4$ 都是配位化合物。配位单元中具有空轨道的原子或离子称为中心离子，中心离子多为金属（过渡金属）离子，也可以是原子，如 Fe^{3+}、Fe^{2+}、Co^{2+}、Ni^{2+}、Cu^{2+}、Zn^{2+} 等。配位单元中含有孤对电子的阴离子或分子称为配位体，如 NH_3、H_2O、Cl^-、Br^-、I^-、CN^-、CNS^- 等。配位单元中，中心离子周围与中心离子直接成键的配位原子的个数，叫配位数。

    配合物包括的范围很广，种类繁多，按所含中心离子数目分类，可分为单核配合物和多核配合物；按配位方式分类，可分为简单配合物和螯合物。

5.1.1　单核配合物和多核配合物

    含有一个中心离子的配合物称为单核配合物；中心离子或中心分子多于一个的配合物称为多核配合物。当把铝离子加到一个 pH 值为中性缓冲溶液中时，有证据说明有单核的羟基合铝（Ⅲ）配合物浓缩（脱水）而形成多核的羟基合铝（Ⅲ）配合物。

$$Al(H_2O)_6^{3+} + H_2O \Longrightarrow Al(H_2O)_5OH^{2+} + H_2O$$

          六水合铝（Ⅲ）离子　　　　　单羟基五水合铝（Ⅲ）离子

$$\left[(H_2O)_4\!-\!Al\!\!<^{OH}_{H_2O}\right]^{2+} + \left[^{HO}_{H_2O}\!\!>\!Al(H_2O)_4\right]^{2+} \longrightarrow \left[(H_2O)_4Al\!\!<^{\substack{H\\O}}_{\substack{O\\H}}\!\!>\!Al(H_2O)_4\right]$$

              单核羟基合铝　　　　　　　多核羟基合铝

或 $2Al(H_2O)_5OH^{2+} \Longrightarrow Al(H_2O)_8(OH)_2^{4+} + 2H_2O$

5.1.2　简单配合物和螯合物

按配位体具有的配位原子数目分类，可将配位体分为单齿配位体和多齿配位体，单齿配位体仅有一个配位原子，多齿配位体具有两个或两个以上的配位原子。简单配合物是由单齿配位体与中心离子简单配位形成的配合物，如 AlF_6^{3-}、$Cu(NH_3)_4^{2+}$ 等。简单配合物一般没有螯合物稳定，常形成逐级配合物，存在逐级解离平衡关系。

螯合物是由中心离子和多基配位体配合生成的具有环状结构的配合物。例如，乙二胺与铬离子所形成的环状配合物即是螯合物，其结构如下：

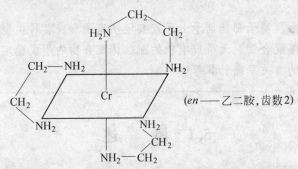

(en——乙二胺,齿数2)

螯合物一般稳定性较高，分级配合现象较简单，有的螯合剂对金属离子具有一定的选择性。

水溶液中大多数金属离子都能同水分子或其他阴离子（包括无机的和有机的）生成各种类型的配合离子，只有少数几种碱金属盐卤化物、硝酸盐和氯酸盐在稀溶液情况下才是呈简单的自由离子。由此可见，水溶液中的溶质呈配合物的现象十分普遍。

水溶液中的金属组分由于形成了配合物，有时会明显地改变金属离子的某些特性。例如当溶液的 pH 值增大到一定程度时，溶液中的某些金属组分会转变为氢氧化物析出。此时若把溶液中的金属组分转化为配合物后，则这些金属组分就能稳定在较宽的 pH 值范围，而不会析出沉淀。又如有些重金属离子对水生物有毒害作用，而当这些金属组分转化为某种特定配合物后，这种毒害作用就会减轻。在分析化学中的配合滴定法，以及用掩蔽剂消除某些离子对分析组分的干扰，都是通过配合物的作用来实现的。

水溶液中的金属离子同配位体之间的配合反应，有些是比较复杂的，但一般情况下配合体系中有关的各种组分分配关系仍遵循一定的规则。所以通过配合平衡等基本关系进行计算，求各组分的平衡量，能够得出满意的结果。至于溶液中的配合反应的速度一般是很快的，因此若无特殊要求可以不考虑动力学方面的问题。

5.2　配合平衡的基本函数

5.2.1　配合物累积稳定常数与逐级稳定常数

在水溶液里某些中心离子（M）与相应的配位体（L）结合形成配合物（或配合离子），这些配合物（或配合离子）一般又能解离成游离态的离子。因此其过程是可逆的，这可用以下反应式表示：

$$M + nL \Longrightarrow ML_n$$

式中　M——中心离子；

　　　L——配位体；

　　　ML_n——生成的配合物（或配合离子）；

　　　n——配位数。

为了书写方便，以后在配合反应的通式中均不写离子的电荷符号。

配合反应和所有可逆的化学反应一样，在一定条件下到达平衡状态时，其平衡体系中各组分关系可用平衡常数表达式表示

$$K_{稳} = \frac{[ML_n]}{[M][L]^n} \qquad (5-1)$$

式中　　$K_{稳}$——配合稳定常数；

　　$[ML_n]$——平衡时配合物或配离子的浓度；

　　　$[M]$——平衡时中心离子浓度；

　　　$[L]$——平衡时未配合的配位体浓度。

式（5-1）中各物质的量应该用活度表示。为了使用方便，这里均假设体系为恒电解质，即溶液的离子强度为一定值（或活度系数为1），所以使用浓度 []。以下除特别说明以外均使用浓度。

在水溶液中的一般配合物形成和解离过程与多元酸（碱）解离过程相似，多是分步逐级进行的。例如多配位体配合物（ML_n）的生成过程，可用式（5-2）表示

$$M + L \Longrightarrow ML, \quad K_1 = \frac{[ML]}{[M][L]}$$

$$ML + L \Longrightarrow ML_2, \quad K_2 = \frac{[ML_2]}{[ML][L]}$$

$$\vdots$$

$$ML_{n-1} + L \Longrightarrow ML_n, \quad K_n = \frac{[ML_n]}{[ML_{n-1}][L]} \qquad (5-2)$$

式中　K_1，K_2，$\cdots$，K_n——各级配合物稳定常数，统称逐级稳定常数。

逐级稳定常数，一般是随着配合物（或配离子）配位体数目的增大而逐级递减的。这是由于配合物（或配离子）中配位体之间的排斥力增大，致使配合物稳定性逐渐减弱的缘故。但有些配合物是例外的。

配合物（配离子）的逐级配合稳定常数还可用积累系数 β 表示，累积系数与逐级稳定常数的关系如式（5-3）所示。

$$\beta_1 = K_1 = \frac{[ML]}{[M][L]}$$

$$\beta_2 = K_1 K_2 = \frac{[ML_2]}{[M][L]^2}$$

$$\vdots$$

$$\beta_n = K_1 K_2 \cdots K_n = \frac{[ML_n]}{[M][L]^n} \qquad (5-3)$$

式中 β_1，β_2，$\cdots$，β_n——各级配合物（配离子）的累积系数，又称累积稳定常数。

概括起来，配合物平衡反应的平衡常数可表示如下：

$$M \xrightarrow[K_1,\ \beta_1]{L} ML \xrightarrow[K_2]{L} ML_2 \cdots \xrightarrow[K_n]{L} ML_n$$

$$M \xrightarrow[\beta_2]{2L} ML_2$$

$$M \xrightarrow[\beta_n]{nL} ML_n$$

$$K_n = \frac{[ML_n]}{[ML_{n-1}][L]} \ ; \ \beta_n = \frac{[ML_n]}{[M][L]^n}$$

从以上两个表达式可以看出 K 和 β 之间的关系。K_n 或 β_n 越大，配合离子愈难解离，配合物也愈稳定。

如果配合物（或配离子）为多核型的（M_mL_n），则它的累积系数应为：

$$mM + nL \rightleftharpoons M_mL_n$$

$$\beta_{m,n} = \frac{[M_mL_n]}{[M]^m[L]^n} \tag{5-4}$$

式中 $\beta_{m,n}$——多核型配合物的累积系数；

  m，n——中心离子系数及配位体数。

例如氯合铁（Ⅲ）配合离子平衡相应的平衡常数可表示为：

$$Fe^{3+} \xrightarrow[\beta_1]{Cl^-} FeCl^{2+} \xrightarrow{Cl^-} FeCl_2^+ \xrightarrow{Cl^-} FeCl_3^0 \xrightarrow{Cl^-} FeCl_4^-$$

$$Fe^{3+} \xrightarrow[\beta_2]{2Cl^-} FeCl_2^+$$

$$Fe^{3+} \xrightarrow[\beta_3]{3Cl^-} FeCl_3^0$$

$$Fe^{3+} \xrightarrow[\beta_4]{4Cl^-} FeCl_4^-$$

$$K_1 = \frac{[FeCl^{2+}]}{[Fe^{3+}][Cl^-]} = 4.2$$

$$K_2 = \frac{[FeCl_2^+]}{[FeCl^{2+}][Cl^-]} = 1.3$$

$$K_3 = \frac{[FeCl_3^0]}{[FeCl_2^+][Cl^-]} = 0.040$$

$$K_4 = \frac{[FeCl_4^-]}{[FeCl_3^0][Cl^-]} = 0.012$$

$$\beta_1 = \frac{[FeCl^{2+}]}{[Fe^{3+}][Cl^-]} = K_1 = 4.2$$

$$\beta_2 = \frac{[FeCl_2^+]}{[Fe^{3+}][Cl^-]^2} = K_1K_2 = 5.4$$

$$\beta_3 = \frac{[FeCl_3^0]}{[Fe^{3+}][Cl^-]^3} = K_1K_2K_3 = 0.021$$

$$\beta_4 = \frac{[\,FeCl_4^-\,]}{[\,Fe^{3+}\,][\,Cl^-\,]^4} = K_1 K_2 K_3 K_4 = 0.0025$$

5.2.2 配合离子分率

配合离子分率 α 定义为某一级配合离子的浓度与体系中含中心离子物种总浓度的比值。设在 M – L 配合体系中，c_M 代表含有中心离子物种的总浓度，即包括游离的中心离子（M）以及各种配合离子的含量，按物料平衡关系有

$$c_M = [M] + [ML] + [ML_2] + \cdots + [ML_n] \tag{5-5}$$

式中　　　　　　　　c_M——含 M 中心离子物种的总浓度，mol/L；

[M]——游离中心离子浓度，mol/L；

$[ML]$，$[ML_2]$，…，$[ML_n]$——各级配合离子浓度，mol/L。

若令 α_0 代表游离中心离子 [M] 的分率，按配合离子分率定义可写成：

$$\alpha_0 = \frac{[M]}{c_M} \tag{5-6}$$

代入式（5-5），并整理得：

$$\alpha_0 = \frac{[M]}{[M] + [ML] + [ML_2] + \cdots + [ML_n]} = \frac{1}{1 + \dfrac{[ML]}{[M]} + \dfrac{[ML_2]}{[M]} + \cdots + \dfrac{[ML_n]}{[M]}}$$
$$\tag{5-7}$$

按各级积累常数表达式可写得：

$$\frac{[ML]}{[M]} = K_1[L]；\quad \frac{[ML_2]}{[M]} = K_1 K_2[L]^2；\quad \frac{[ML_n]}{[M]} = K_1 K_2 \cdots K_n[L]^n$$

将以上各式代入式（5-7），

$$\alpha_0 = (1 + K_1[L] + K_1 K_2[L]^2 + \cdots + K_1 K_2 \cdots K_n[L]^n)^{-1} \tag{5-8}$$

如用累积稳定常数表示，则式（5-8）可改写为：

$$\alpha_0 = (1 + \beta_1[L] + \beta_2[L]^2 + \cdots + \beta_n[L]^n)^{-1} \tag{5-9}$$

若令 α_1、α_2、…、α_n 代表各级配合离子的分率，代入稳定常数（或累积稳定常数）表达式，整理得如下公式

$$\alpha_1 = \frac{[ML]}{c_M} = \frac{K_1[M][L]}{c_M} = \alpha_0 K_1[L] = \alpha_0 \beta_1[L]$$

$$\alpha_2 = \frac{[ML_2]}{c_M} = \frac{K_1 K_2[M][L]^2}{c_M} = \alpha_0 K_1 K_2[L]^2 = \alpha_0 \beta_2[L]^2$$

$$\vdots$$

$$\alpha_n = \frac{[ML_n]}{c_M} = \alpha_0 \beta_n[L]^n \tag{5-10}$$

式中，n 表示配合物中配位基 L 的最高配位数。

以上各式表明，当各级配合稳定常数（或累积稳定常数）和 c_M 为已知条件时，测得平衡体系的 [M]、[L] 值后，即可计算在一定条件下配合体系中，各级配合离子的平衡浓度或各级配合离子分率。

【例5-1】 用重铬酸钾法测定水的化学需氧量时, 需要加 $HgSO_4$ 与水样中 Cl^- 生成氯合汞配离子, 消除因 Cl^- 被 K_2CrO_7 氧化所引起的误差。设水样的 Cl^- 含量为 1000mg/L, 在 20mL 水样中加入 0.4g 的 $HgSO_4$, 同时又加入其他试剂 40mL, 计算在这样的溶液里 (25℃) 各级氯合汞配合物及游离 Cl^- 的平衡浓度。

解: 由于 $HgSO_4$ 溶液的浓度为 9.0mol/L, 羟基配合物可不考虑, 并省略离子强度的影响。

在该溶液的配合体系中, 含汞的和含氯的组分可能有以下几种:

$[Hg^{2+}]$、$[Cl^-]$、$[HgCl]^+$、$[HgCl_2(aq)]^0$、$[HgCl_3]^-$ 和 $[HgCl_4]^{2-}$

先计算溶液中汞化合物浓度 $c_{T \cdot Hg}$ 和氯化物总浓度 $c_{T \cdot Cl}$:

$$c_{T \cdot Hg} = \frac{\frac{0.4}{297}}{\frac{60}{1000}} = 2.24 \times 10^{-2} \, mol/L = 10^{-1.65} \, mol/L$$

$$c_{T \cdot Cl} = \frac{\frac{1000 \times 0.02}{35.5}}{\frac{60}{1000}} = 9.39 \times 10^{-3} \, mol/L = 10^{-2.02} \, mol/L$$

按物料衡算关系可得:

$$c_{T \cdot Hg} = 10^{-1.65} = [Hg^{2+}] + [HgCl]^+ + [HgCl_2(aq)]^0 + [HgCl_3]^- + [HgCl_4]^{2-}$$
$$(5-11)$$

$$c_{T \cdot Cl} = 10^{-2.02} = [Cl^-] + [HgCl]^+ + 2[HgCl_2(aq)]^0 + 3[HgCl_3]^- + 4[HgCl_4]^{2-}$$
$$(5-12)$$

依据各配合物累积常数可得:

$$\beta_1 = 10^{7.15} = \frac{[HgCl^+]}{[Hg^{2+}][Cl^-]} \tag{5-13}$$

$$\beta_2 = 10^{14.05} = \frac{[HgCl_2^0(aq)]}{[Hg^{2+}][Cl^-]^2} \tag{5-14}$$

$$\beta_3 = 10^{15.09} = \frac{[HgCl_3^-]}{[Hg^{2+}][Cl^-]^3} \tag{5-15}$$

$$\beta_4 = 10^{15.75} = \frac{[HgCl_4^{2-}]}{[Hg^{2+}][Cl^-]^4} \tag{5-16}$$

第一次假设溶液中所有配合物 (或配离子) 组分均可省略, 则式 (5-11)、式 (5-12) 可简化为

$$c_{T \cdot Hg} = 10^{-1.65} = [Hg^{2+}]$$
$$c_{T \cdot Cl} = 10^{-2.02} = [Cl^-]$$

并将它代入式 (5-13)、式 (5-14)、式 (5-15) 和式 (5-16), 计算得:

$$[HgCl]^+ = 10^{7.15} \times 10^{-2.02} \times 10^{-1.65} = 10^{3.48}$$

$$[HgCl_2(aq)]^0 = 10^{8.36}$$

$$[HgCl_3]^- = 10^{7.34}$$

$$[HgCl_4]^{2-} = 10^{6.02}$$

按此计算的结果各配合物浓度均大于 $c_{T \cdot Hg}$ 或 $c_{T \cdot Cl}$，因此上述假设不合理。但从这些不正确的结果中，可以看出其中 $[HgCl_2(aq)]^0$ 浓度最大。所以在第二次假设中应将 $HgCl_2(aq)$ 作为体系中主要的配合离子组分，则式（5-12）可改写为

$$c_{T \cdot Cl} = 10^{-2.02} = 2[HgCl_2(aq)]^0$$

即

$$[HgCl_2(aq)]^0 = 10^{-2.32} mol/L$$

因 $c_{T \cdot Hg} > \frac{1}{2} c_{T \cdot Cl}$，所以在第二次假设时可认为溶液含汞组分除 $HgCl_2^0$ 外还有 Hg^{2+}，所以式（5-11）应该写为

$$c_{T \cdot Hg} = 10^{-1.65} = [Hg^{2+}] + [HgCl_2(aq)]^0$$

计算得

$$[Hg^{2+}] = 10^{-1.65} - 10^{-2.32} = 10^{-1.75}$$

代入式（5-14）解得

$$[Cl^-] = \left(\frac{[HgCl_2^0(aq)]}{10^{14.05}[Hg^{2+}]} \right)^{\frac{1}{2}} = \left(\frac{10^{-2.32}}{10^{14.05} \times 10^{-1.75}} \right)^{\frac{1}{2}} = 10^{-7.31}$$

再代入式（5-13）、式（5-15）和式（5-16）解得

$$[HgCl]^+ = 10^{-1.91}$$

$$[HgCl_3]^- = 10^{-8.36}$$

$$[HgCl_4]^{2-} = 10^{-15.24}$$

将第二次试算的组分浓度代入式（5-11）、式（5-12）验算，但计算值都超过本题的 $c_{T \cdot Hg}$ 或 $c_{T \cdot Cl}$ 值，说明，第二次的假设仍不合理。但从第二次试算的结果发现其中 $[HgCl]^+$ 与 $[HgCl_2^0(aq)]$ 的数量级较接近，说明体系中 $[HgCl^+]$ 不能忽略，因此在第三次假设中应认为溶液含汞主要成分为 $HgCl_2^0$、$HgCl^+$ 和 Hg^{2+}，即

$$c_{T \cdot Hg} = 10^{-1.65} = [Hg^{2+}] + [HgCl_2(aq)]^0 + [HgCl]^+ \qquad (5-17)$$

$$c_{T \cdot Cl} = 10^{-2.02} = 2[HgCl_2]^0 + [HgCl]^+ \qquad (5-18)$$

联立式（5-17）、式（5-13）和式（5-14）解得：

$$[Hg^{2+}] = \frac{10^{-1.65}}{1 + 10^{7.15}[Cl^-] + 10^{14.05}[Cl^-]^2} \qquad (5-19)$$

联立式（5-18）、式（5-13）和式（5-14）解得：

$$[Hg^{2+}] = \frac{10^{-2.02}}{10^{7.15}[Cl^-] + 2 \times 10^{11.05}[Cl^-]^2} \qquad (5-20)$$

联立式（5-19）、式（5-20）解得：

$$[Hg^{2+}] = 1.42 \times 10^{-2} mol/L$$

$$[Cl^-] = 3 \times 10^{-8} mol/L$$

将以上结果代入式（5-13）、式（5-14）、式（5-15）和式（5-16），解得：

$$[HgCl^+] = 6 \times 10^{-3} mol/L$$

$$[HgCl_2^0(aq)] = 1.59 \times 10^{-3} mol/L$$

$$[HgCl_3^-] = 4.8 \times 10^{-10} mol/L$$

将此结果代入式（5-11）、式（5-12）验算，计算结果相对误差小于3%，故第三次试算结果是本题正确答案。这也与图5-1汞（Ⅱ）氯配合物分布曲线及 $\bar{n}$ 图一致。这

个实例计算结果说明在该分析条件下，氯合汞的配合物主要是 $HgCl_2^0(aq)$ 和 $HgCl^+$，此外有一定量游离态 Cl^-（3×10^{-8} mol/L），此量对分析结果仍有影响。因此 Cipps 和 Jenkins 提议使用此分析方法时，以 0.00041 mol/L（Cl_2）乘蒸煮时数（h）所得的数值，作为校正系数。

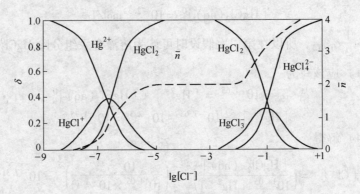

图 5 - 1 汞（Ⅱ）氯配合物分布曲线及 $\bar{n}$ 图

5.2.3 平均配位数

平均配位数 $\bar{n}$ 表示金属离子配合配位体的平均数。设金属离子的总浓度为 c_M，配位体的总浓度为 c_L，配位体的平衡浓度为 [L]，则

$$\bar{n} = \frac{c_L - [L]}{c_M} \tag{5-21}$$

$\bar{n}$ 又称为生成函数。

将 c_L 和 c_M 的物料平衡方程式代入上式，得到

$$
\begin{aligned}
\bar{n} &= \frac{([L] + [ML] + 2[ML_2] + \cdots + n[ML_n]) - [L]}{[M] + [ML] + [ML_2] + \cdots + [ML_n]} \\
&= \frac{[ML] + 2[ML_2] + \cdots + n[ML_n]}{[M] + [ML] + [ML_2] + \cdots + [ML_n]} \\
&= \frac{\beta_1[M][L] + 2\beta_2[M][L]^2 + \cdots + n\beta_n[M][L]^n}{[M] + \beta_1[M][L] + \beta_2[M][L]^2 + \cdots + \beta_n[M][L]^n} \\
&= \frac{\displaystyle\sum_{i=1}^{n} i\beta_i[L]^i}{1 + \displaystyle\sum_{i=1}^{n} \beta_i[L]^i}
\end{aligned} \tag{5-22}
$$

由式（5-22）可见，$\bar{n}$ 仅是 [L] 的函数，同时，$\bar{n} = \alpha_{ML} + 2\alpha_{ML_2} + \cdots + n\alpha_{ML_n}$。

【例 5-2】计算 $[Cl^-] = 10^{-3.20}$ mol/L 和 $10^{-4.20}$ mol/L 时，汞（Ⅱ）氯络离子的 $\bar{n}$ 值。

解：已知汞（Ⅱ）氯络离子 $\lg\beta_1 \sim \lg\beta_4$ 分别为 6.74、13.22、14.07、15.07。

当 $[Cl^-] = 10^{-3.20}$ mol/L

$$\overline{n} = \frac{\displaystyle\sum_{i=1}^{4} i\beta_i[L]^i}{1 + \displaystyle\sum_{i=1}^{4} \beta_i[L]^i}$$

$$= \frac{10^{6.47} \times 10^{-3.20} + 2 \times 10^{13.22} \times 10^{-3.20 \times 2} + 3 \times 10^{14.07} \times 10^{-3.20 \times 3} + 4 \times 10^{15.07} \times 10^{-3.20 \times 4}}{1 + 10^{6.47} \times 10^{-3.20} + 10^{13.22} \times 10^{-3.20 \times 2} + 10^{14.07} \times 10^{-3.20 \times 3} + 10^{15.07} \times 10^{-3.20 \times 4}}$$

$$= 2.004 \approx 2.0$$

同样可计算出当 $[Cl^-] = 10^{-4.20}$ mol/L 时, $\overline{n} = 1.996 \approx 2.0$。结果与图 5-1 完全一致。

5.3 配位反应的速率

根据配位反应的速率可以将反应分为活泼反应（非常快的反应）和惰性反应（非常慢的反应）。但是，这样的分法只是描述了配位体和中心离子相互反应的动力学，而与配合物的稳定性无关。一个惰性的配合物未必是稳定的，其离解倾向未必小。例如，四氰合汞（Ⅱ）配合物 $Hg(CN)_4^{2-}$ 是活泼的，但它很稳定；但是，四氰合镍（Ⅱ）配合物 $Ni(CN)_4^{2-}$ 却是惰性的和不稳定的。

在水溶液中，某个配位体（L）取代一个中心金属离子（M）的配位水分子而形成配合物的取代反应可写成：

$$M(H_2O)_n + L \longrightarrow ML(H_2O)_{n-1} + H_2O$$

在典型的天然水中，对表 5-1 中的中心离子和配位体之间的结合来说，这种取代反应是只需几秒钟到几分钟之内就可以迅速地完成的。

表 5-1   中心离子与能快速取代其配位水分子的配位体

金属离子	配位体
Ni^{2+}	CH_3COO^-
Mn^{2+}, Fe^{2+}, Co^{2+}, Cu^{2+}, Zn^{2+}, Cd^{2+}	H_2O, F^-
Mn^{2+}, Co^{2+}, Cu^{2+}, Zn^{2+}, Cd^{2+}	$EDTAH^{3-}$
Co^{2+}, Ni^{2+}, Cu^{2+}, Zn^{2+}	NH_3

如果金属离子是 Fe^{3+}，配位体是 Cl^-，它们之间的反应需要几小时，但如果 Fe^{3+} 已经附着了 OH^-，即 $FeOH^{2+}$，那么反应只需几分钟。另一方面，Fe^{3+} 和 SO_4^{2-} 或 SCN^- 之间的反应也只需要几分钟。值得注意的是像 SO_4^{2-} 那样的配位体从 $Cr(H_2O)_6^{3+}$ 中取代水的一些反应，它们要进行几天到几年。多价金属氢氧化物结构的改变也要进行几个星期。

5.4 水溶液中配合物的稳定性

配合物在水溶液中的稳定性是指配合物在水溶液中解离成中心离子（原子）和配位体，当解离达到平衡时解离程度的大小。配合物在水溶液中的稳定性可以用软硬酸碱理论解释。1963 年美国化学家皮尔逊（R. G. Pearson）提出软硬酸碱理论（Hard - Soft Acid -

Base），将酸和碱根据性质的不同各分为软硬两类，体积小、正电荷数高、可极化性低的中心原子称作硬酸；体积大、正电荷数低、可极化性高的中心原子称作软酸。将电负性高、极化性低难被氧化的配位原子称为硬碱，反之为软碱。"硬"是指那些具有较高电荷密度、较小半径的粒子（离子、原子、分子），即电荷密度与粒子半径的比值较大。"软"是指那些具有较低电荷密度和较大半径的粒子。"硬"粒子的极化性较低，但极性较大；"软"粒子的极化性较高，但极性较小。他根据大量的实验事实提出"硬亲硬、软亲软、软硬交界就不管"的原理，即 HSAB 原理。所谓"亲"表现在两方面，一是生成的化合物的稳定性；另一是反应的速度。硬酸与硬碱、软酸与软碱能形成稳定的化合物，且反应速率较快，反之，形成的化合物较不稳定，且反应速率较慢。交界酸碱不论对象是软还是硬都能起反应，且稳定性差别不大，反应速率适中。常见分子或离子的软硬酸碱分类见表5－2。

表 5－2　常见分子或离子的软硬酸碱分类

性质\分类	硬	交　界	软
酸	H^+、Li^+、Na^+、K^+、Rb^+、Be^{2+}、Mg^{2+}、Ca^{2+}、Sn^{4+}、Ba^{2+}、Al^{3+}、Cr^{3+}、Mn^{2+}、Ti^{4+}、Fe^{3+}、As^{3+}、Co^{3+}、Si^{4+}、SO_3、BF_3、$AlCl_3$、CO_2 等	Fe^{2+}、Cu^{2+}、Zn^{2+}、Pb^{2+}、Co^{2+}、Ni^{2+}、SO_2、BBr_3、SO_2、NO^+、$C_6H_5^+$、Sn^{2+}、Sb^{3+}、Bi^{3+}等	Pt^{4+}、Pt^{2+}、Cu^+、Ag^+、Tl^+、Hg_2^{2+}、CH_3Hg^+、Au^+、Hg^{2+}、I_2、BH_3、Cd^{2+}、金属原子、Br_2、I_2、CH_4 等
碱	F^-、O^{2-}、OH^-、NH_3、H_2O、CO_3^{2-}、NO_3^-、PO_4^{3-}、SO_4^{2-}、ClO_4^-、Cl^-、CH_3COO^-、NH_3、RO^-、RNH_2 等	Br^-、N_3^-、NO_2^-、SO_3^{2-}、Cl^-、$C_6H_5NH_2$、C_6H_5N 等	S^{2-}、I^-、H^-、R^-、CN^-、RSH、SCN^-、RNC、R_3P、R_3As、CO、RS^- 等

为了进一步阐述水溶液中金属配合物稳定性的一般规律，这里将硬酸和软酸中的金属离子分别称为 A 类和 B 类金属离子。

A 类金属离子外层电子具有惰性气体电子排布，B 类金属离子外层有 d 电子结构。A 类金属离子形成的配合物其稳定性一般随着离子半径增大而减小；高价的金属离子形成的配合物稳定性比低价金属离子形成的相应配合物稳定性要强。所以在主族元素的金属离子中，以电荷小、半径大的第一主族元素的金属离子（K^+、Rb^+、Cs^+ 等）所生成的配合物稳定性最弱。这种规律可以用库伦吸引力的作用解释。对于不同族的 A 类金属离子的配合物稳定性，用金属离子电荷数（Z）的平方同其半径（r）的比值衡量。通常其稳定性随 Z^2/r 比值增大而加强。表5－3、表5－4 中的数据说明了这些规律。

表 5－3　主族金属羟基配合物 lgK_1（$I \approx 0$）

金属离子	离子半径 $r/\times 10^{-10}$ m	$Z^2/r \times 10^{-10}$ m	羟基配合物的 lgK_1
Li^+	0.6	1.67	0.18
Na^+	0.95	1.05	0.48
K^+	1.33	0.75	0.82
Mg^{2+}	0.65	6.5	2.58
Ca^{2+}	0.99	4	1.37

续表 5 – 3

金属离子	离子半径 $r/ \times 10^{-10}$ m	$Z^2/r/ \times 10^{-10}$ m	羟基配合物的 $\lg K_1$
Sr^{2+}	1.13	3.53	0.82
Ba^{2+}	1.35	2.96	0.64
Al^{3+}	0.5	18	9

表 5 – 4　几种不同电荷金属离子的硫酸配合物的 $\lg K$

金属离子	$\dfrac{Z^2}{r} / \times 10^{-10}$ m	硫酸配合物的 $\lg K$
K^+	0.75	0.82
Ca^{2+}	4	2.28
Fe^{3+}	18	4.0

　　一般 B 类金属离子所形成的配合物，较相同电荷、离子半径相近的 A 类金属离子的配合物稳定。即在相同条件下，B 类金属离子形成配合物的趋势大于 A 类金属离子。但是 B 类金属离子形成配合物稳定性规律一般不如 A 类金属离子那样明显。

　　对不同的配位体而言，A 类金属离子能优先与阳离子或以氧为配位原子的配位体结合，易与 OH^-、CO_3^{2-} 及 PO_4^{3-} 结合形成配合物或难溶的电解质，而不易与以硫或氮为配位原子的配位体发生反应。所以 A 类离子在水溶液中对水分子（H_2O）的吸引力大于对氨或氰的吸引力。由于水中总是有 OH^- 存在，因此在含 HS^- 或 S^{2-} 的水溶液中不会生成硫的配合物。这类金属离子只有在酸性溶液条件下，才能与氯或碘形成配合物，但其稳定性较弱。

　　B 类金属离子与 A 类金属离子情况相反，它优先与以碘、硫、磷或氮为配位原子的配位体相结合，一般与 S^{2-} 或 HS^- 形成配合物或难溶性的硫化物。因此这类金属离子在水溶液中同 NH_3 的结合能力大于 H_2O，与 CN^- 结合能力大于 OH^-；与 I^- 或 Cl^- 的结合能力大于 F^-。

　　促使 B 类金属形成配合物的一般不是静电引力，而主要是由于中心离子和配位体之间有共享电子对的结果。所以它们的配合物稳定性大小是随阳离子取得电子的能力（金属的电离电位）增强而增大，且随配位体中配位原子的电负性降低而增大，下面为配位原子的电负性顺序。

$$F > O > N > Cl > Br > I > S$$

　　所以 B 类金属离子同这些配位原子（配位体）结合的配合物稳定性，一般是自左向右的顺序增大。但由于还有位阻效应和熵效应等影响，故此类配合物顺序性常有不规律的现象。

　　大多数常见的阴离子（如 PO_4^{3-}、OH^-、CO_3^{2-}、CN^- 和 Cl^- 等）都能同金属离子结合生成较稳定的配合物。但有少数的阴离子，如过氯酸根和硝酸根等同金属离子结合的能力甚差，所以常把这些化合物作为惰性电解质调节溶液的离子强度用。

　　对于组成和结构相似的螯合物与非螯合配合物，螯合物的稳定性一般较非螯合配合物的强，即在水溶液中螯合配离子一般比非螯合配离子难离解。例如用四个甲胺合镉配离子 $[Cd(NH_2CH_3)_4]^{2+}$ 的累积稳定常数为 $\beta_4 = 3.55 \times 10^6$，而组成和结构类似的两个乙二胺

合镉离子 $[Cd(NH_2C_2H_4NH_2)_2]^{2+}$ 的累积稳定常数为 $\beta_2 = 1.66 \times 10^{10}$，其原因是 $[Cd(NH_2C_2H_4NH_2)_2]^{2+}$ 形成的螯合环（见图 5-2）使其具有特殊的稳定性。

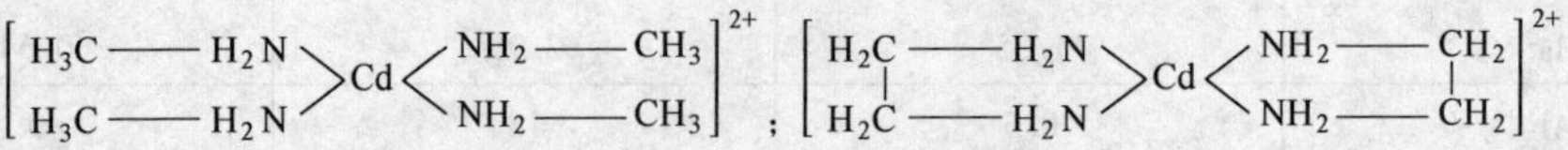

$$\left[\begin{matrix} H_3C —— H_2N \\ H_3C —— H_2N \end{matrix} \!\!>\!\! Cd \!\!<\!\! \begin{matrix} NH_2 —— CH_3 \\ NH_2 —— CH_3 \end{matrix} \right]^{2+} ; \left[\begin{matrix} H_2C —— H_2N \\ | \\ H_2C —— H_2N \end{matrix} \!\!>\!\! Cd \!\!<\!\! \begin{matrix} NH_2 —— CH_2 \\ | \\ NH_2 —— CH_2 \end{matrix} \right]^{2+}$$

图 5-2　$[Cd(NH_2CH_3)_4]^{2+}$ 和 $[Cd(NH_2C_2H_4NH_2)_2]^{2+}$ 的结构式

螯合物稳定性还与构成螯合环的原子数有关。在水溶液中一般是五个原子环的螯合物最稳定。例如 Ca^{2+} 的氨基羧酸配合物，当配位体中烃基碳原子数不同时组成螯合环中的原子数目也不同，其结果使形成配合物的稳定常数也随着发生变化。表 5-5 列出了不同烃基碳原子数的 Ca^{2+} 氨基羧酸配合物的稳定常数。

表 5-5　不同烃基碳原子数的 Ca^{2+} 氨基羧酸配合物的稳定常数

配位体	螯合环中原子数目	钙配合物的 lgK_1
$(—OOCCH_2)_2N(CH_2)_2N(CH_2COO^-)_2$	5	10.5
$(—OOCCH_2)_2N(CH_2)_3N(CH_2COO^-)_2$	6	7.1
$(—OOCCH_2)_2N(CH_2)_4N(CH_2COO^-)_2$	7	5.0
$(—OOCCH_2)_2N(CH_2)_5N(CH_2COO^-)_2$	8	4.6

此外螯合物中螯合环的数目，即配位键数对螯合物稳定性也有影响，一般是随着螯合环数的增加，螯合物的稳定性增强。表 5-6 列出了 Cu^{2+} 与有机胺形成的含有不同螯合环数的螯合物的稳定常数。

表 5-6　Cu^{2+} 与有机胺形成的含有不同螯合环数的螯合物的稳定常数

螯合物名称	螯合物结构式	螯合环数	稳定常数
铜的乙二胺合物	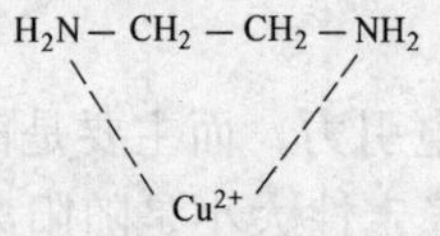	1	10^{11}
二乙基三胺铜配合物	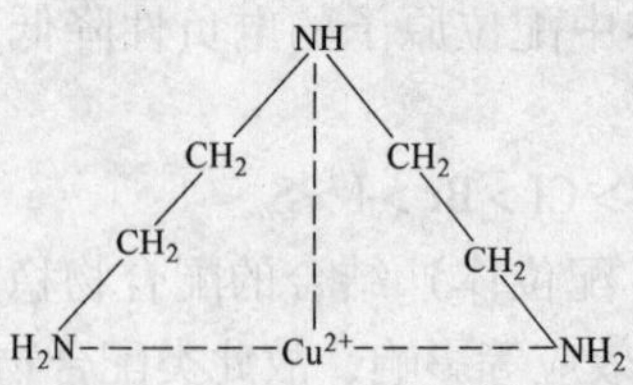	2	10^{16}
二乙基四胺铜配合物	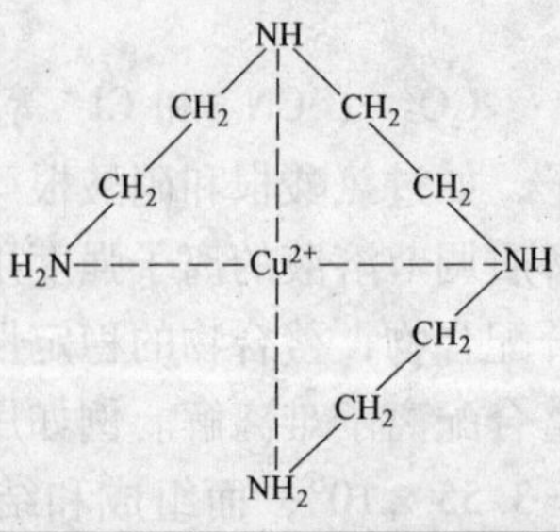	3	10^{20}

5.5　水溶液中的羟基配合物

在水溶液中，所有的金属阳离子都是以水分子为配位体的配合物（水合金属离子）形式存在，如 $[Al(H_2O)]^{3+}$、$[Cr(H_2O)_6]^{3+}$。离子半径大、电荷低的金属生成的水合离子比较稳定；相反，离子半径小、电荷高的水合离子易发生水解作用。金属羟基配合物则是水合金属离子中的水分子配位体被羟基离子（OH^-）取代而产生的产物。

在金属离子中除第一、第二主族的金属离子与羟基结合的能力较弱外（其中有不能与羟基结合的），其他元素的金属离子一般都能与羟基生成不同稳定程度的羟基配离子，其中以高价金属离子（如 Al^{3+}、Fe^{3+}、Ti^{4+}）生成羟基配合物的趋势最大；有的甚至在酸性溶液条件下都能生成羟基配离子；高价离子一般容易生成多核的配离子，但在稀溶液条件下，多数金属离子还是以形成单核的配合物为主。

铝的水合离子在水中的羟基化过程，如式（5-23）~式（5-26）的反应式所示。

$$Al(H_2O)_6^{3+} + H_2O \Longrightarrow Al(H_2O)_5(OH)^{2+} + H_3O^+ \qquad (5-23)$$

$$Al(H_2O)_5(OH)^{2+} + H_2O \Longrightarrow Al(H_2O)_4(OH)_2^+ + H_3O^+ \qquad (5-24)$$

$$Al(H_2O)_4(OH)_2^+ + H_2O \Longrightarrow Al(H_2O)_3(OH)_3(s) + H_3O^+ \qquad (5-25)$$

$$Al(H_2O)_3(OH)_3(s) + H_2O \Longrightarrow Al(H_2O)_2(OH)_4^- + H_3O^+ \qquad (5-26)$$

反应（5-23）亦可变换为有羟基离子直接参加的反应，如下式所示：

$$Al(H_2O)_6^{3+} + OH^- \Longrightarrow Al(H_2O)_5(OH)^{2+} + H_2O \qquad (5-27)$$

必须指出，因两种反应式的平衡常数表达式不同，所以其常数值不同。按式（5-23）表示铝的配合稳定常数为

$$\beta_1 = \frac{[Al(H_2O)_5(OH)^{2+}][H_3O^+]}{[Al(H_2O)_6^{3+}]} = \frac{[Al(OH)^{2+}][H^+]}{[Al^{3+}]} = 10^{-5}$$

按式（5-27）表示配合稳定常数为

$$\beta_1' = \frac{[Al(H_2O)_5(OH)^{2+}]}{[Al(H_2O)_6^{3+}][OH^-]} = \frac{[Al(OH)^{2+}]}{[Al^{3+}][OH^-]} = \frac{\beta_1}{K_w} = 10^9$$

即

$$\frac{\beta_1}{\beta_1'} = K_w = 10^{-14}$$

故引用配合稳定常数时应注意两者之间的相互换算，表5-7所示为 β_1'。

表5-7　常见金属离子羟基配合物的累积系数

中心离子	β_1'	β_2'	β_3'	β_4'
Ag^+	$10^{2.0}$	$10^{3.99}$		
Al^{3+}	$10^{9.27}$			$10^{33.03}$
Cd^{2+}	$10^{4.17}$	$10^{8.33}$	$10^{9.02}$	$10^{8.62}$
Cr^{3+}	$10^{10.1}$	$10^{17.8}$		$10^{29.9}$
Fe^{2+}	$10^{5.56}$	$10^{9.77}$	$10^{9.67}$	$10^{8.58}$
Fe^{3+}	$10^{11.87}$	$10^{21.17}$	$10^{29.67}$	
Pb^{2+}	$10^{7.82}$	$10^{10.85}$	$10^{14.58}$	

中心离子	$\beta_1{}'$	$\beta_2{}'$	$\beta_3{}'$	$\beta_4{}'$
Mg^{2+}	$10^{2.58}$			
Ni^{2+}	$10^{4.97}$	$10^{8.55}$	$10^{11.33}$	
Zn^{2+}	$10^{4.40}$	$10^{11.30}$	$10^{14.14}$	$10^{17.66}$
Cu^{2+}	$10^{7.0}$	$10^{13.68}$	$10^{17.00}$	$10^{18.5}$
Hg^{2+}	$10^{10.6}$	$10^{21.8}$	$10^{20.9}$	
Ca^{2+}	$10^{1.3}$			
Mn^{2+}	$10^{3.9}$	$10^{8.3}$		

铝离子羟基化作用生成各种单核配合物的同时，单核的配合物又能聚合生成双核的和多核的羟基配离子，如 $Al_2(OH)_2^{4+}$、$Al_7(OH)_{17}^{4+}$ 和 $Al_{13}(OH)_{34}^{5+}$ 等。多核羟基配离子虽然在一定条件下的水溶液中能稳定存在，但实际上这些物种都是从铝离子到 $Al(OH)_3(s)$ 水化沉淀物之间的过渡形态。单核配离子缩聚成多核配合物达到最大限度时，就出现了固相的 $Al(OH)_3$。多核配合物中心离子结合的羟基平均数较单核配合物多，这样的聚合体一般对其他质点具有较强的吸附能力，所以在水的凝聚处理工艺中，常利用铝盐的这种性质以除去水中胶体的和悬浮态的杂质。

在水溶液中影响金属离子羟基化配合平衡的因素很多，下面仅叙述其中主要的两个因素溶液的 pH 值和金属离子浓度对配合平衡的影响。

5.5.1 pH 值对金属离子羟基配合平衡的影响

对于羟基型配合物来说，OH^- 是配位体，所以随着溶液的 pH 值上升，OH^- 浓度增大，有利于羟基化作用进行。现以三价铁盐 [Fe(Ⅲ)] 为例，说明 pH 对此过程的影响。

已知在含铁总量 $(Fe(Ⅲ)_T)$ 为 10^{-4} mol/L $(I = 3$ mol/L $NaClO_4$，$25℃)$ 的溶液中，含 Fe(Ⅲ) 组分有 Fe^{3+}、$Fe(OH)^{2+}$、$Fe(OH)_2^+$ 和 $Fe_2(OH)_2^{4+}$。求此体系中各形态含铁配合物分率和 pH 值的关系。

以下为体系中有关的配合反应式和累积系数表达式及整理后的数学式

$$Fe^{3+} + H_2O \Longrightarrow Fe(OH)^{2+} + H^+$$

$$\beta_1 = \frac{[Fe(OH)^{2+}][H^+]}{[Fe^{3+}]} = 10^{-3.05} \qquad (5-28)$$

$$Fe^{3+} + 2H_2O \Longrightarrow Fe(OH)_2^+ + 2H^+$$

$$\beta_2 = \frac{[Fe(OH)_2^+][H^+]^2}{[Fe^{3+}]} = 10^{-6.31} \qquad (5-29)$$

$$2Fe^{3+} + 2H_2O \Longrightarrow Fe_2(OH)_2^{4+} + 2H^+$$

$$\beta_{22} = \frac{[Fe_2(OH)_2^{4+}][H^+]^2}{[Fe^{3+}]^2} = 10^{2.91} \qquad (5-30)$$

按物料衡算式可得

$$c_{T \cdot Fe} = [Fe^{3+}] + [Fe(OH)^{2+}] + [Fe(OH)_2^+] + 2[Fe_2(OH)_2^{4+}] \qquad (5-31)$$

式中　$c_{T \cdot Fe}$——Fe(Ⅲ) 的总量，mol/L。

将式（5-31）两边除以 $[Fe^{3+}]$，得

$$\frac{c_{T\cdot Fe}}{[Fe^{3+}]} = 1 + \frac{[Fe(OH)^{2+}]}{[Fe^{3+}]} + \frac{[Fe(OH)_2^+]}{[Fe^{3+}]} + \frac{2[Fe_2(OH)_2^{4+}]}{[Fe^{3+}]} \quad (5-32)$$

分别以 α_0、α_1、α_2、α_{22} 表示 Fe^{3+}、$Fe(OH)^{2+}$、$Fe(OH)_2^+$ 和 $Fe_2(OH)_2^{4+}$ 的离子分率：

则

$$\alpha_0 = \frac{[Fe^{3+}]}{c_{T\cdot Fe}} \quad 或 \quad [Fe^{3+}] = \alpha_0 c_{T\cdot Fe} \quad (5-33)$$

将式（5-28）、式（5-29）、式（5-30）、式（5-33）代入式（5-32），整理后得

$$\alpha_0 = \left(1 + \frac{\beta_1}{[H^+]} + \frac{\beta_2}{[H^+]^2} + \frac{2c_{T\cdot Fe}\alpha_0\beta_{22}}{[H^+]^2}\right)^{-1} \quad (5-34)$$

即

$$\alpha_0 + \alpha_0\frac{\beta_1}{[H^+]} + \alpha_0\frac{\beta_2}{[H^+]^2} + \alpha_0\frac{2c_{T\cdot Fe}\alpha_0\beta_{22}}{[H^+]^2} = 1 \quad (5-35)$$

以 α_1 表示 $Fe(OH)^{2+}$ 的离子分率，将式（5-28）、式（5-33）代入，则

$$\alpha_1 = \frac{[Fe(OH)^{2+}]}{c_{T\cdot Fe}} = \frac{[Fe^{3+}]}{c_{T\cdot Fe}} \times \frac{[Fe(OH)^{2+}]}{[Fe^{3+}]} = \alpha_0\frac{\beta_1}{[H^+]} \quad (5-36)$$

以 α_2 表示 $Fe(OH)_2^+$ 的离子分率，将式（5-29）、式（5-33）代入，则

$$\alpha_2 = \frac{[Fe(OH)_2^+]}{c_{T\cdot Fe}} = \frac{[Fe^{3+}]}{c_{T\cdot Fe}} \times \frac{[Fe(OH)_2^+]}{[Fe^{3+}]} = \alpha_0\frac{\beta_2}{[H^+]} \quad (5-37)$$

以 α_{22} 表示 $Fe_2(OH)_2^{4+}$ 的离子分率，将式（5-30）、式（5-33）代入，则

$$\alpha_{22} = \frac{2\alpha_0^2 c_{T\cdot Fe}\beta_{22}}{[H^+]^2} \quad (5-38)$$

将式（5-36）、式（5-37）、式（5-38）代入式（5-35），得：

$$\alpha_0 + \alpha_1 + \alpha_2 + \alpha_{22} = 1 \quad (5-39)$$

将已知的 $c_{T\cdot Fe(III)}$ 值和指定的各 pH 值代入式（5-35），即可解得不同的 pH 值时的 α_0 值。然后再应用式（5-36）、式（5-37）和式（5-38）关系计算，可得 α_1、α_2 和 α_{22}。以 α 为纵坐标值，pH 值为横坐标值作图，即可得图 5-3（a）。

图 5-3（a）说明 $Fe(III)$ 溶液中，含 $Fe(III)$ 组分以 Fe^{3+} 和 $Fe_2(OH)_2^{4+}$ 为主。随着 pH 值上升，α_0 逐渐减小，即羟基配合物增大。当 pH < 0.5 时，溶液含 $Fe(III)$ 组分以游离的 Fe^{3+} 为主；随着 pH 值提高，α_0 逐渐减小，α_{22} 逐渐增大。当 pH > 2.0 时，溶液中配合物几乎只有 $Fe_2(OH)_2^{4+}$。同时，由 $c_{Fe(III)} = 10^{-4}$ mol/L 可得出，当 pH≥2.67 时，此溶液的条件即达到 $Fe(OH)_3$ 溶度积的极限值 $K_{sp} = 10^{-38}$，按照热力学观点这个区域为 $Fe(OH)_3(s)$ 固相稳定区（即不存在其他含铁的物种）。但由于体系有羟基配合物的存在，降低了 Fe^{3+} 的浓度，从而延缓了 $Fe(OH)_3$ 的沉淀析出，体系保持暂时的稳定状态。

5.5.2 金属离子总浓度对羟基配合平衡的影响

为说明溶液重金属组分总浓度对羟基配合平衡的影响，这里仍沿用前面的 $Fe(III)$ 溶液的实例，但溶液中铁组分含量改为 10^{-2} mol/L（即比原比例的铁组分含量高 100 倍），并用上例同样的方法计算，将计算结果绘成 $\alpha\%$ - pH 图（图 5-3（b）），然后比较（a）、

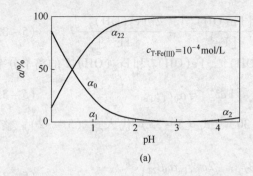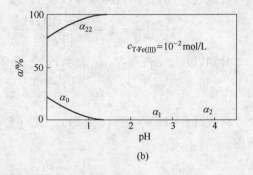

图 5 – 3 　含 Fe(Ⅲ) 的溶液中各级配离子分率与 pH 值的关系

（b）两图在相同 pH 值时各羟基配合物分率的差别。结果发现在相同 pH 值条件下，铁组分总量为 10^{-4} mol/L（即（a）图）的溶液中，羟基配合物总分率（$\approx \alpha_{22}$）较含铁组分含量为 10^{-2} mol/L（即（b）图）的溶液中小。

这说明溶液重金属组分总含量低有利于配合反应进行。但是，浓度条件对于不同的金属影响程度是不同的，这与金属离子本性有关。下面以稳定常数较大的两种金属的一级羟基配合物 $MgOH^+$（$K'_1 = 10^{2.58}$）和 $CuOH^+$（$K'_1 = 10^{8.0}$）为例说明浓度的影响。

已知铜盐和镁盐一级羟基配合稳定常数为：

$$Mg^{2+} + H_2O \Longrightarrow MgOH^+ + H^+, \quad lgK_{1Mg} = -11.4 \tag{5-40}$$

$$Cu^{2+} + H_2O \Longrightarrow CuOH^+ + H^+, \quad lgK_{1Cu} = -6.0 \tag{5-41}$$

对这些含铜盐或镁盐的溶液分别进行稀释，使稀释后溶液 pH 值均接近于 7，然后计算在此条件下各种金属配合离子分率。

$$\alpha_{CuOH} = \frac{[CuOH^+]}{c_{T \cdot Cu}} = \left(1 + \frac{[H^+]}{K_{1Cu}}\right)^{-1} = \left(1 + \frac{10^{-7}}{10^{-6.0}}\right)^{-1} = 0.91 \tag{5-42}$$

$$\alpha_{MgOH} = \frac{[MgOH^+]}{c_{T \cdot Mg}} = \left(1 + \frac{[H^+]}{K_{1Mg}}\right)^{-1} = \left(1 + \frac{10^{-7}}{10^{-11.42}}\right)^{-1} = 0.00004 \tag{5-43}$$

以上结果表明，铜盐溶液的 α_{CuOH} 值大，镁盐溶液中 α_{MgOH} 值小。比较这些盐的 pK_1 值与 $\frac{1}{2}pK_w$ 可得出如下结论：金属羟基配合稳定常数的负对数值小于 7（$pK_1 < \frac{1}{2}pK_w$），则对这类盐溶液进行稀释，有利于羟基配合物的生成，且影响较大；反之，若稳定常数的负对数值大于 7（$pK_1 > \frac{1}{2}pK_w$），则稀释作用对羟基配合反应不利且影响甚微。

5.6 　其他无机配位体配合物

天然水除含有 H_2O 和 OH^- 以外，还有其他的无机配位体，常见的有 HCO_3^-、CO_3^{2-}、Cl^- 和 SO_4^{2-} 等。这些阴离子一般都可能与水中金属离子形成不同稳定程度的配合物。但由于天然水是含有多种组分杂质的体系，各种无机配位配合物生成情况比较复杂，要准确知道这些配合物的分配情况有一定的困难。但如果仅需了解某单项组分在特定条件下形成配合物的含量，而不考虑其他中心离子或其他配合物的影响，则这类简单的问题可应用一般的平衡计算求解。

【例5-3】某水样含总碱度为 10^{-2} mol/L，pH = 8.0，含镁组分总浓度（$c_{T \cdot Mg}$）为 10^{-2} mol/L，已知 $MgCO_3^0$ 的稳定常数（$K_{MgCO_3^0}$）为 $10^{2.2}$，求该水样生成 $MgCO_3^0$ 配合物的浓度（设只含有一种配合物）。

解： 由 $MgCO_3^0$ 的稳定常数表达式可整理得：

$$[MgCO_3^0](aq) = K_{MgCO_3^0}[Mg^{2+}][CO_3^{2-}] \tag{5-44}$$

按物料衡算关系得：

$$c_{T \cdot Mg} = [Mg^{2+}] + [MgCO_3^0](aq) \tag{5-45}$$

代入式（5-44）得：

$$c_{T \cdot Mg} = [Mg^{2+}](1 + K_{MgCO_3^0}[CO_3^{2-}]) \tag{5-46}$$

由于 $[Alk] = [HCO_3^-] + 2[CO_3^{2-}] + [OH^-] - [H^+]$，水样在 pH = 8.0 与 $[HCO_3^-]$ 相比，$[CO_3^{2-}]$、$[OH^-]$、$[H^+]$ 均可忽略，所以可得：

$$[Alk] = c_T = 10^{-2} \text{mol/L}$$

式中，c_T 为碳酸盐总量，mol/L。

从表4-1中查到，pH 值为 8.0 时 CO_3^{2-} 离子分率为 $\alpha_2 = 4.566 \times 10^{-3} = 10^{-2.34}$，则

$$[CO_3^{2-}] = c_T \alpha_2 = 10^{-2} \times 10^{-2.34} = 10^{-4.34} \text{mol/L}$$

将此 $[CO_3^{2-}]$ 代入式（5-46）计算：

$$[Mg^{2+}] = \frac{c_{T \cdot Mg}}{1 + K_{MgCO_3^0}[CO_3^{2-}]} = \frac{10^{-2}}{1 + 10^{-2.2} \times 10^{-4.34}} = 10^{-2} \text{mol/L}$$

代入式（5-44）计算：

$$[MgCO_3^0](aq) = K_{MgCO_3^0}[Mg^{2+}][CO_3^{2-}] = 10^{-2} \times 10^{-4.34} \times 10^{2.2} = 7.24 \times 10^{-5} \text{mol/L}$$

即水样中生成的镁配合物（$MgCO_3^0$）仅占镁组分总量的 0.7%。

假如要求解水中共存多种中心离子和多种配位体形成配合物的组成情况，其计算难度虽然很大，但若掌握了一些基本参数和必要的已知条件，再通过一系列复杂的计算，还是可以得出答案的。Russell 等人曾作过这种计算，他们首先拟定一份有代表性的海水和河水水质（见表5-8），并设水中可能含有 25 种阴、阳离子及其有关的配合物。按物料衡算、电中性以及有关的平衡常数等关系列出 25 个独立的方程式，经过一系列计算后，得出了这份水样中可能生成的几种配合物的含量及分率。其计算的有关数据、方程式及其计算结果，见表5-9、表5-10。

表5-8　Russell 等人拟定的含有多种组分水样的水质　　　　　　　mol/L

组 分	海 水	河 水	组 分	海 水	河 水
$c_{T \cdot Na}$	0.47	2.7×10^{-4}	$c_{T \cdot Cl}$	0.55	2.2×10^{-4}
$c_{T \cdot K}$	10^{-2}	5.9×10^{-5}	$c_{T \cdot SO_4}$	3.8×10^{-2}	1.2×10^{-4}
$c_{T \cdot Ca}$	10^{-2}	3.8×10^{-4}	全碱度	2.3×10^{-3}	1.2×10^{-4}
$c_{T \cdot Mg}$	5.4×10^{-2}	3.8×10^{-4}	pH 值	7.9	7.9

表 5–9　计算实例的基本数据和方程式

水中可能存在的离子及配合物	K^+、Na^+、Ca^{2+}、Mg^{2+}、H^+、Cl^-、SO_4^{2-}、HSO_4^-、CO_3^{2-}、HCO_3^-、H_2CO_3、OH^-、$CaOH^+$、$CaHCO_3^+$、$MgOH^+$、$MgHCO_3^+$、$NaCO_3^-$、$NaSO_4^-$、$CaCO_3^0$、$CaSO_4^0$、$MgCO_3^0$、$MgSO_4^0$、$NaOH^0$、$NaHCO_3^0$、KSO_4^-
物料衡算方程	$c_{T \cdot K} = [K^+] + [KSO_4^-]$ $c_{T \cdot Ca} = [Ca^{2+}] + [CaOH^+] + [CaHCO_3^+] + [CaCO_3^0] + [CaSO_4^0]$ $c_{T \cdot Mg} = [Mg^{2+}] + [MgOH^+] + [MgHCO_3^+] + [MgCO_3^0] + [MgSO_4^0]$ $c_{T \cdot Na} = [Na^+] + [NaCO_3^-] + [NaSO_4^-] + [NaOH^0] + [NaHCO_3^0]$ $c_{T \cdot Cl} = [Cl^-]$ $c_{T \cdot CO_3} = [CO_3^{2-}] + [HCO_3^-] + [H_2CO_3] + [CaHCO_3^+] + [MgHCO_3^+] + [NaCO_3^-] + [CaCO_3^0] + [MgCO_3^0] + [NaHCO_3^0]$ $c_{T \cdot SO_4} = [SO_4^{2-}] + [HSO_4^-] + [NaSO_4^-] + [CaSO_4^0] + [MgSO_4^0] + [KSO_4^-]$
电中性方程	$[K^+] + [Na^+] + 2[Ca^{2+}] + 2[Mg^{2+}] + [H^+] + [CaOH^+] + [CaHCO_3^+] + [MgOH^+] + [MgHCO_3^+] = [Cl^-] + 2[SO_4^{2-}] + [HSO_4^-] + 2[CO_3^{2-}] + [HCO_3^-] + [OH^-] + [NaCO_3^-] + [NaSO_4^-] + [KSO_4^-]$
碱度方程	全碱度（mol/L）$= [HCO_3^-] + 2[CO_3^{2-}] + [OH^-] - [H^+]$
平衡常数	$H_2O = H^+ + OH^-$，$K_w = 10^{-14}$ $HSO_4^- = H^+ + SO_4^{2-}$，$K_2 = 10^{-2}$ $H_2CO_3 = H^+ + HCO_3^-$，$K_1 = 10^{-6.3}$ $HCO_3^- = H^+ + CO_3^{2-}$，$K_2 = 10^{-10.3}$ $CaOH^+ = Ca^{2+} + OH^-$，$K = 10^{-1.5}$ $CaHCO_3^+ = Ca^{2+} + HCO_3^-$，$K = 10^{-1.16}$ $CaSO_4^0 = Ca^{2+} + SO_4^{2-}$，$K = 10^{-2.31}$ $CaCO_3^0 = Ca^{2+} + CO_3^{2-}$，$K = 10^{-3.2}$ $MgOH^+ = Mg^{2+} + OH^-$，$K = 10^{-2.56}$ $MgHCO_3^+ = Mg^{2+} + HCO_3^-$，$K = 10^{-1.16}$ $MgCO_3^0 = Mg^{2+} + CO_3^{2-}$，$K = 10^{-3.4}$ $MgSO_4^0 = Mg^{2+} + SO_4^{2-}$，$K = 10^{-2.36}$ $NaOH^0 = Na^+ + OH^-$，$K = 10^{0.7}$ $NaHCO_3^0 = Na^+ + HCO_3^-$，$K = 10^{0.25}$ $NaCO_3^- = Na^+ + CO_3^{2-}$，$K = 10^{-1.27}$ $NaSO_4^- = Na^+ + SO_4^{2-}$，$K = 10^{-0.72}$ $KSO_4^- = K^+ + SO_4^{2-}$，$K = 10^{-0.96}$

表 5–10　Russell 等设计的实例计算结果

项目	阴离子	总量/mol·L⁻¹	未配合的浓度 浓度/mol·L⁻¹	未配合的浓度 α_0	OH⁻型 浓度/mol·L⁻¹	OH⁻型 α_{OH^-}	HCO₃⁻型 浓度/mol·L⁻¹	HCO₃⁻型 $\alpha_{HCO_3^-}$	CO₃²⁻型 浓度/mol·L⁻¹	CO₃²⁻型 $\alpha_{CO_3^{2-}}$	SO₄²⁻型 浓度/mol·L⁻¹	SO₄²⁻型 $\alpha_{SO_4^{2-}}$
海水中各物种	Ca^{2+}	10^{-2}	7.8×10^{-3}	0.78	5.2×10^{-8}		6.8×10^{-5}	0.007	1.8×10^{-5}	0.002	2.1×10^{-3}	0.21
	Mg^{2+}	5.4×10^{-2}	4.1×10^{-2}	0.76	5.3×10^{-6}		2.8×10^{-4}	0.005	1.5×10^{-4}	0.003	1.2×10^{-2}	0.22
	Na^+	4.7×10^{-1}	4.5×10^{-1}	0.96	5.4×10^{-8}		2.2×10^{-4}		3.8×10^{-5}		9.9×10^{-3}	0.02
	K^+	10^{-2}	9.6×10^{-3}	0.96							3.6×10^{-4}	0.04
	H^+										7.0×10^{-3}	
	未配合的阴离子						1.5×10^{-3}		1.4×10^{-5}		1.3×10^{-2}	

项目	阴离子	总量/mol·L^{-1}	未配合的浓度		生成配合物的类型							
			浓度/mol·L^{-1}	α_0	OH$^-$ 型		HCO$_3^-$ 型		CO$_3^{2-}$ 型		SO$_4^{2-}$ 型	
					浓度/mol·L^{-1}	α_{OH^-}	浓度/mol·L^{-1}	$\alpha_{HCO_3^-}$	浓度/mol·L^{-1}	$\alpha_{CO_3^{2-}}$	浓度/mol·L^{-1}	$\alpha_{SO_4^{2-}}$
河水中各物种	Ca^{2+}	3.8×10^{-4}	3.7×10^{-4}	0.97	5.1×10^{-9}		5.2×10^{-6}	0.001	1.7×10^{-6}	0.001	5.5×10^{-6}	0.001
	Mg^{2+}	3.4×10^{-3}	3.3×10^{-4}	0.97	8.6×10^{-8}		3.7×10^{-6}	0.001	2.4×10^{-6}	0.001	5.5×10^{-6}	0.001
	Na$^+$	2.7×10^{-4}	2.7×10^{-4}	1.00	4.1×10^{-10}		1.3×10^{-7}		1.8×10^{-6}		1.3×10^{-7}	
	K$^+$	5.9×10^{-3}	5.9×10^{-4}	1.00							4.8×10^{-7}	
	H$^+$										1.2×10^{-10}	
	未配合的阴离子										1.1×10^{-4}	

表 5 – 10 的计算结果表明：

（1）水中无机配位体配合物的分率一般都很小，溶液的含盐量对配合物的生成有一定影响，因此，河水中各种配合物分率小于海水中的配合物分率；

（2）二价的金属离子形成无机配位体配合物分率较一价的金属离子高，但不论是二价或是一价的金属离子，生成羟基配合物的分率都很小。

由此可知在一般情况下，稀溶液里无机配位体配合物可以忽略不计，只有当含盐量较大的溶液或需精确的组分分配时才有必要做这类计算。

天然水体中无机配位体配合物的形成，常常对水的生态环境产生一定的影响，例如水中的重金属离子（包括各种形态的化合物）一般均对鱼类等水生物有不同程度的毒害作用，但当这些金属离子转化为某种形态的稳定配合物之后，则这种物质的毒性可能减弱或者消除。例如水中铜离子在 pH 值 6.5 ~ 9.5 范围，铜离子能与碳酸根离子结合为稳定的 CuCO$_3^0$ 配合物（$K = 10^{6.8}$）。从而降低水中 Cu^{2+} 含量，达到减缓毒性作用。而水中 CO$_3^{2-}$ 含量与水的碱度及 pH 值有一定关系，所以通过调节水的 pH 值及碱度，在一定程度上可以达到控制 CuCO$_3^0$ 配合反应的目的。

5.7　有机配位体配合物

水溶液中有机配位体配合物一般较无机配合物稳定。有人在考察河水或污水中含铜化合物时曾指出，这些化合物中大多数是铜的有机配合物，呈无机配合物的很少。这是因为天然水中常含有各种有机物（如氨基酸、有机磷化物以及含有酚、羧基的芳香族化合物等）杂质，这些有机物质大多数含有能提供自由电子对的自由原子，能作为配位体同水中的金属离子结合形成配合物。

分析化学中常利用有机配合物稳定性大的特点，加入有机掩蔽剂，将干扰组分转化为有机配合物以消除其干扰。

在常用有机物配位体中，以多元有机弱酸或具有多个配位原子的有机化合物（多基配位体）居多。

5.7.1　螯合剂 NTA 的配合作用

氮基三乙酸（N(CH$_2$CO$_2$H)$_3$）的三钠盐 NTA 具有良好的螯合作用，作为螯合钙、镁离子的助剂代替洗涤剂中的磷酸盐时，其使用效果可提高 50 倍，所以曾一度被广泛使用。但在 20 世纪 60 年代末发现它会造成胎儿畸变，后来又发现浓度高的 NTA 会致癌。尽管实际使用的洗涤剂中 NTA 含量不致发生这种危险，但人们对它的担心却始终存在。美国在 1979 年颁布了禁用 NTA 作为洗涤剂组分的法令，但目前欧洲和加拿大等地区和国家仍在使用。

5.7.1.1　NTA 对金属的配合作用

氮基三乙酸 H$_3$T 中的 T^{3-} 的结构为

$$
\begin{array}{c}
\text{—O—C—C—N—C—C—O}^-\\
\text{(结构式)}
\end{array}
$$

H$_3$T 逐步电离式及电离平衡常数如下：

$$H_3T \Longrightarrow H^+ + H_2T^- \tag{5-47}$$

$$K_{a_1} = \frac{[H^+][H_2T^-]}{[H_3T]} = 2.18 \times 10^{-2} \tag{5-48}$$

$$pK_{a_1} = 1.66 \tag{5-49}$$

$$H_2T^- \Longrightarrow H^+ + HT^{2-} \tag{5-50 上}$$

$$K_{a_2} = \frac{[H^+][HT^{2-}]}{[H_2T^-]} = 1.12 \times 10^{-3} \tag{5-50}$$

$$pK_{a_2} = 2.95 \tag{5-51}$$

$$HT^{2-} \Longrightarrow H^+ + T^{3-} \tag{5-52 上}$$

$$K_{a_3} = \frac{[H^+][T^{3-}]}{[HT^{2-}]} = 5.25 \times 10^{-11} \tag{5-52}$$

$$pK_{a_3} = 10.28 \tag{5-53}$$

H$_3$T、H$_2$T$^-$、HT^{2-} 和 T^{3-} 4 种形态分率与 pH 值的分布见图 5-4。

下面以 Pb^{2+} 为例，讨论在 pH = 7.00 的水溶液中 NTA 对 Pb 离子的配合作用。假设 $c_{T \cdot Pb} = 1.00 \times 10^{-5}$ mol/L 含有未配合 NTA 为 1.00×10^{-2} mol/L 的溶液，试求配合反应达到平衡时的 [Pb^{2+}]。

由图 5-4 可知，pH = 7.00 时 NTA 基本以 HT^{2-} 形态存在，配合反应为：

$$HT^{2-} + Pb^{2+} \Longrightarrow PbT^- + H^+ \tag{5-54}$$

由　　　　　　　　　　$$HT^{2-} \Longrightarrow T^{3-} + H^+ \tag{5-55}$$

$$K_{a_2} = \frac{[H^+][T^{3-}]}{[HT^{2-}]} = 5.25 \times 10^{-11} \qquad (5-56)$$

和
$$Pb^{2+} + T^{3-} \rightleftharpoons PbT^- \qquad (5-57)$$

$$K_f = \frac{[PbT^-]}{[Pb^{2+}][T^{3-}]} = 2.45 \times 10^{11} \qquad (5-58)$$

得:
$$HT^{2-} + Pb^{2+} \rightleftharpoons PbT^- + H^+ \qquad (5-59)$$

$$K = \frac{[PbT^-][H^+]}{[HT^{2-}][Pb^{2+}]} = K_{a_3} \times K_f = 5.25 \times 10^{-11} \times 2.45 \times 10^{11} = 12.9 \qquad (5-60)$$

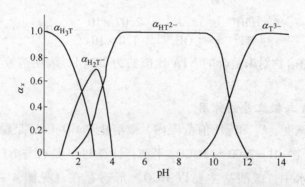

图 5 - 4　水中 NTA 形态分率 α_x 与 pH 值的关系图

因为 $[H^+] = 1.00 \times 10^{-7} \text{mol/L}$，$HT^{2-}$ 的平衡浓度是 $1.00 \times 10^{-2} \text{mol/L}$，所以

$$\frac{[Pb^{2+}]}{[PbT^-]} = \frac{[H^+]}{[HT^{2-}]K} = \frac{1.00 \times 10^{-7}}{1.00 \times 10^{-2} \times 12.9} = 7.75 \times 10^{-7} \qquad (5-61)$$

这表明几乎所有铅都以 PbT^- 形态存在，因此，$[PbT^-]$ 基本上等于总 Pb^{2+} 浓度即 $1.00 \times 10^{-5} \text{mol/L}$，所以

$$[Pb^{2+}] = \frac{[H^+][PbT^-]}{[HT^{2-}]K} = \frac{1.00 \times 10^{-7} \times 1.00 \times 10^{-5}}{1.00 \times 10^{-2} \times 12.9} = 7.75 \times 10^{-12} \text{mol/L} \qquad (5-62)$$

由此可以看出在 pH = 7.00 时，NTA 对 Pb^{2+} 具有很强的螯合能力。

5.7.1.2　NTA 与金属氢氧化物的作用

NTA 进入水体后可能通过配合作用，使有毒重金属从沉积物中重新溶出。重金属溶出的程度与许多因素有关，包括金属螯合物的稳定常数、螯合剂在水中的浓度、pH 值以及不溶金属沉积物的溶度积常数。

以下讨论 pH = 7.0 时，NTA 对固体 $Pb(OH)_2(s)$ 中 Pb 的可能的溶解作用。

从图 5 - 4 可知，在 pH = 7.0 时，NTA 主要以 HT^{2-} 存在，因此溶解反应为

$$Pb(OH)_2(s) + HT^{2-} \rightleftharpoons PbT^- + OH^- + H_2O \qquad (5-63)$$

由
$$Pb(OH)_2(s) \rightleftharpoons Pb^{2+} + 2OH^- \qquad (5-64)$$

$$K_s = [Pb^{2+}][OH^-]^2 = 1.61 \times 10^{-20} \qquad (5-65)$$

$$HT^{2-} \rightleftharpoons T^{3-} + H^+ \qquad (5-66)$$

$$K_{a_3} = \frac{[T^{3-}][H^+]}{[HT^{2-}]} = 5.25 \times 10^{-11} \qquad (5-67)$$

$$Pb^{2+} + T^{3-} \rightleftharpoons PbT^- \qquad (5-68)$$

$$K_f = \frac{[PbT^-]}{[Pb^{2+}][T^{3-}]} = 2.45 \times 10^{11} \tag{5-69}$$

和　　　　　　　　　　　$$H^+ + OH^- \Longrightarrow H_2O \tag{5-70}$$

$$\frac{1}{K_w} = \frac{1}{[H^+][OH^-]} = \frac{1}{1.0 \times 10^{-14}} \tag{5-71}$$

得：　　　　　　$$Pb(OH)_2(s) + HT^{2-} \Longrightarrow PbT^- + OH^- + H_2O \tag{5-72}$$

$$K = \frac{[PbT^-][OH^-]}{[HT^{2-}]} = \frac{K_s K_{a_3} K_f}{K_w} = 2.07 \times 10^{-5} \tag{5-73}$$

所以　　　　　　$$\frac{[PbT^-]}{[HT^{2-}]} = \frac{K}{[OH^-]} = \frac{2.07 \times 10^{-5}}{1.0 \times 10^{-7}} = 207 \tag{5-74}$$

即 NTA 与 Pb^{2+} 的螯合物对未螯合的 NTA 比值约为 200:1，表明溶液中大多数 NTA 都与 Pb^{2+} 形成了螯合物。

5.7.1.3　NTA 与微溶盐的作用

在天然水中的碱度、E_h 和 pH 值范围内，微溶盐 $PbCO_3(s)$ 是稳定的。现假定 NTA 三钠盐是 25mg/L，在 pH = 7.00 与 $PbCO_3$ 平衡，计算 Pb^{2+} 是否与 NTA 显著螯合。在 pH 值为 7.00 的天然水中，碳酸盐主要以 HCO_3^- 形态存在（见图 4-3），因此 NTA 与 $PbCO_3(s)$ 反应而释放出的 CO_3^{2-} 将以 HCO_3^- 形式进入溶液。$PbCO_3(s)$ 与 HT^{2-} 在 pH 值为 7~10 范围时的反应为

$$PbCO_3(s) + HT^{2-} \Longrightarrow PbT^- + HCO_3^- \tag{5-75}$$

由　　　　　　　　　　$$PbCO_3(s) \Longrightarrow Pb^{2+} + CO_3^{2-}$$

$$K_s = [Pb^{2+}][CO_3^{2-}] = 1.48 \times 10^{-13}$$

$$HT^{2-} \Longrightarrow T^{3-} + H^+$$

$$K_{a_3} = \frac{[T^{3-}][H^+]}{[HT^{2-}]} = 5.25 \times 10^{-11}$$

$$Pb^{2+} + T^{3-} \Longrightarrow PbT^-$$

$$K_f = \frac{[PbT^-]}{[Pb^{2+}][T^{3-}]} = 2.45 \times 10^{11}$$

和　　　　　　　　　　$$CO_3^{2-} + H^+ \Longrightarrow HCO_3^-$$

$$\frac{1}{K'_{a2}} = \frac{[HCO_3^-]}{[CO_3^{2-}][H^+]} = \frac{1}{4.69 \times 10^{-11}}$$

得：　　　　　　$$PbCO_3(s) + HT^{2-} \Longrightarrow PbT^- + HCO_3^-$$

$$K = \frac{[PbT^-][HCO_3^-]}{[HT^{2-}]} = \frac{K_s K_{a_3} K_f}{K'_{a_2}} = 4.06 \times 10^{-2} \tag{5-76}$$

由此可知，$PbCO_3(s)$ 溶解为 PbT^- 的程度与 HCO_3^- 的浓度有关。天然水中 HCO_3^- 的浓度通常为 1.00×10^{-3} mol/L，即

$$\frac{[PbT^-]}{[HT^{2-}]} = \frac{K}{[HCO_3^-]} = \frac{4.06 \times 10^{-2}}{1.00 \times 10^{-3}} = 40.6 \tag{5-77}$$

所以在上述指定条件下，与固体 $PbCO_3$ 平衡共存的 NTA 大部分为 Pb^{2+} 的配合物。当 HCO_3^- 浓度较大时，NTA 使 $PbCO_3(s)$ 的溶解能力下降；反之，当 HCO_3^- 浓度较低时，NTA 对 $PbCO_3(s)$ 溶解的影响更大。

5.7.1.4 Ca^{2+} 离子对 NTA 与微溶盐作用的影响

天然水中存在钙离子，它能生成螯合物，因此它与微溶盐中的金属（如 $PbCO_3$）争夺螯合剂。在 $pH = 7.00$，Ca^{2+} 与 NTA 的反应为：

$$Ca^{2+} + HT^{2-} \Longrightarrow CaT^- + H^+ \tag{5-78}$$

由

$$Ca^{2+} + T^{3-} \Longrightarrow CaT^-$$

$$K_f = \frac{[CaT^-]}{[Ca^{2+}][T^{3-}]} = 1.48 \times 10^8$$

$$HT^{2-} \Longrightarrow T^{3-} + H^+$$

$$K_{a_3} = \frac{[T^{3-}][H^+]}{[HT^{2-}]} = 5.25 \times 10^{-11}$$

得：

$$K' = \frac{[CaT^-][H^+]}{[HT^{2-}][Ca^{2+}]} = K_{a_3}K_f = 1.48 \times 10^8 \times 5.25 \times 10^{-11} = 7.75 \times 10^{-3} \tag{5-79}$$

NTA 与钙形成配合物 CaT^- 的分率与 Ca^{2+} 的浓度即 pH 值有关，$pH = 7.00$ 的天然水中钙的中等含量为 $1.00 \times 10^{-3} mol/L$，溶液中所存在的 CaT^- 与 HT^{2-} 之比为

$$\frac{[CaT^-]}{[HT^{2-}]} = \frac{[Ca^{2+}]}{[H^+]}K' = \frac{1.00 \times 10^{-3}}{1.00 \times 10^{-7}} \times 7.75 \times 10^{-3} = 77.5 \tag{5-80}$$

因此大部分的 NTA 在与 $40mg/L$ Ca^{2+} 平衡时是以 CaT^- 形态存在。$PbCO_3$ 与 CaT^- 的反应如下：

$$PbCO_3(s) + CaT^- + H^+ \Longrightarrow PbT^- + HCO_3^- + Ca^{2+} \tag{5-81}$$

$$K'' = \frac{[PbT^-][HCO_3^-][Ca^{2+}]}{[CaT^-][H^+]}$$

由

$$PbCO_3(s) + HT^{2-} \Longrightarrow PbT^- + HCO_3^-$$

$$K = \frac{[PbT^-][HCO_3^-]}{[HT^{2-}]} = 4.06 \times 10^{-2}$$

和

$$Ca^{2+} + HT^{2-} \Longrightarrow CaT^- + H^+$$

$$K' = \frac{[CaT^-][H^+]}{[HT^{2-}][Ca^{2+}]} = 7.75 \times 10^{-3}$$

得：

$$PbCO_3(s) + CaT^- + H^+ \Longrightarrow PbT^- + HCO_3^- + Ca^{2+}$$

$$K'' = \frac{K}{K'} = \frac{4.06 \times 10^{-2}}{7.75 \times 10^{-3}} = 5.24 \tag{5-82}$$

如果 pH 值为 7.00，$[HCO_3^-] = 1.00 \times 10^{-3} mol/L$ 及 $[Ca^{2+}] = 1.00 \times 10^{-3} mol/L$，则 NTA 在 Pb^{2+} 及 Ca^{2+} 两个配合物间的分配比为

$$\frac{[PbT^-]}{[CaT^-]} = \frac{[H^+]K''}{[HCO_3^-][Ca^{2+}]} = \frac{1.00 \times 10^{-7} \times 5.24}{1.00 \times 10^{-3} \times 1.00 \times 10^{-3}} = 0.524 \tag{5-83}$$

由此可看出 $[PbT^-]$ 约为 $[CaT^-]$ 的 1/2，而在相同条件下，如果没有 Ca^{2+} 存在，

则 NTA 与 $PbCO_3(s)$ 平衡时几乎全部以 PbT^- 存在。因此作为螯合铅（Ⅱ）存在的 NTA 分率直接正比于 $PbCO_3(s)$ 的溶解程度，Ca^{2+} 浓度不同，将影响 NTA 对 $PbCO_3$ 的溶解程度。

5.7.2　腐殖质的配合作用

腐殖质是天然水中对水质影响最大的有机物，它是由生物体物质在土壤、水和沉积物中转化而成。腐殖质是有机高分子物质，相对分子质量 300～30000 以上。一般根据其在碱和酸溶液中的溶解度划分为三类：（1）胡敏酸（humic acid），可溶于稀碱但不溶于酸的部分，相对分子质量由千到数万；（2）富里酸（fulvic acid），可溶于酸又可溶于碱的部分，相对分子质量由数百到数千；（3）腐黑物（humin），不能被酸和碱提取的部分。

腐殖质在结构上的显著特点是除含大量苯环外，还含有大量羧基、醇基和酚基。富里酸单位质量含有的含氧官能团数量较多，因而亲水性也较强。富里酸的结构式如图 5－5 所示，这些官能团在水中解离并产生化学作用，因此腐殖质具有高分子电解质的特质，并表现为酸性。

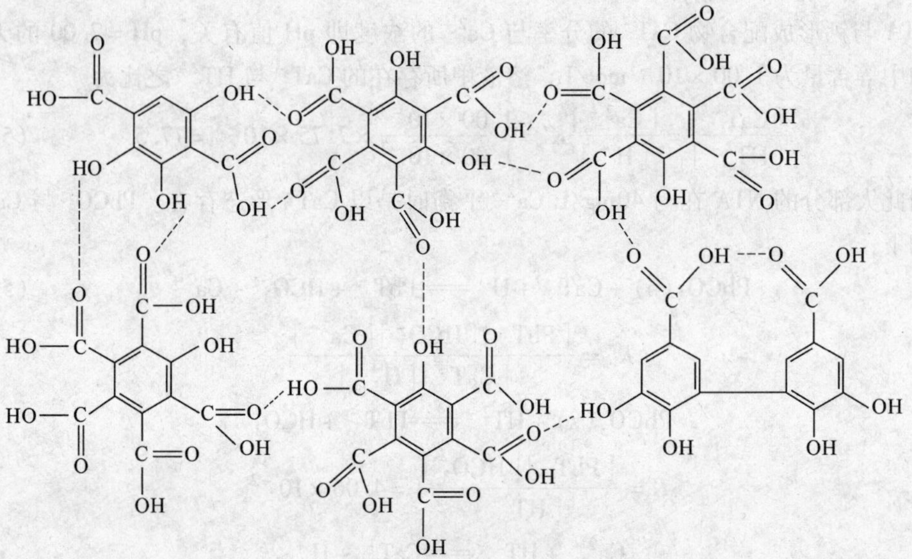

图 5－5　富里酸的结构

（Schnitzer，1978）

腐殖质与金属离子生成配合物是它们最重要的性质之一，金属离子能在腐殖质中的羧基及羧基间螯合成键。

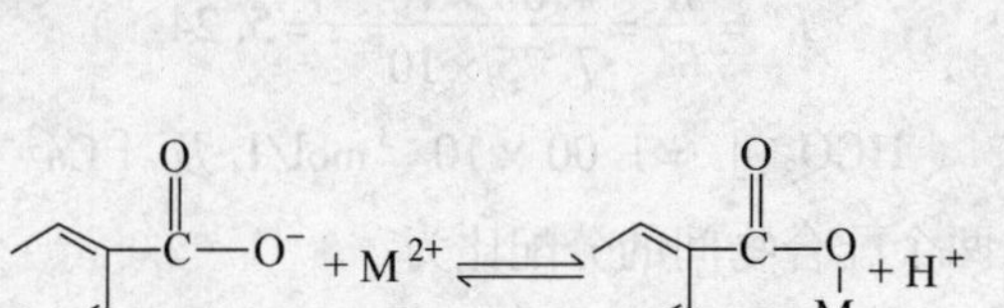

或者在两个羧基间螯合：

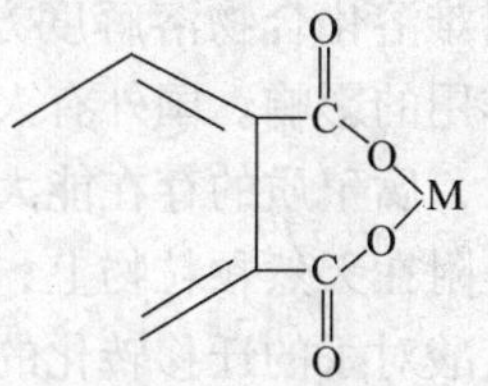

或者与一个羧基形成配合物：

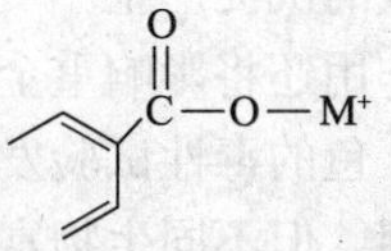

许多研究表明：重金属在天然水体中主要以腐殖酸的配合物形式存在。Matson 等指出 Cd、Pb 和 Cu 在美洲的大湖（Great Lake）水中不存在游离离子，而是以腐殖酸配合物形式存在。重金属与水体中腐殖酸所形成的配合物稳定性与水体腐殖酸来源和组分有关。

表 5-11 列出不同来源腐殖酸与金属的配合稳定常数。由表中稳定常数可看出，Hg 和 Cu 有较强的配合能力，在淡水中 90% 以上的 Hg、Cu 与腐殖酸配合，这对研究重金属的水体污染具有很重要的意义，水体的 pH 值、E_h 等都影响腐殖酸和重金属配合作用的稳定性。

表 5-11　腐殖酸配合物稳定常数

来源	lg$K$					
	Ca	Mg	Cu	Zn	Cd	Hg
泥煤	3.65	3.81	7.85	4.83	4.57	18.3
	—	—	8.29	—	—	—
湖水	3.95	4.00	9.83	5.14	4.57	19.4
	3.56	3.26	9.30	5.25	—	19.3
河水	—	—	9.48	5.36		19.7
	—	—	9.59	5.41		21.9
海湾	3.65	3.50	8.89		4.95	20.9
	4.65	4.09	11.37	5.87		21.9
	3.60	3.50	8.89	5.27		18.1
土壤	3.40	2.20	4.00	3.70		—
	—					5.2
松花江水 松花红泥				2.68	2.54	16.02
				3.14	3.01	16.74
				2.76	2.66	16.51
				3.13	3.00	16.39
蓟运河 水、泥				—		16.38
				—		16.28
						16.41

腐殖酸与重金属配合作用对重金属在环境中的迁移转化有重要的影响，特别表现在颗

粒物对重金属的吸附作用和重金属难溶化合物溶解度方面。腐殖酸本身的吸附能力很强，这种吸附能力甚至不受其他配合作用的影响。国外有人研究发现，由于形成了溶解的铜－腐殖酸配合物竞争控制着铜的吸附，腐殖质的存在能大大改变镉、铜和镍在水合氧化铁上的吸附，这是因为腐殖酸很容易吸附在天然颗粒物上，继而改变颗粒物的表面性质。国内彭安等曾研究了天津蓟运河中腐殖酸对汞的迁移转化的影响，结果表明腐殖酸对底泥中汞有显著的溶出影响，并对河水中溶解态汞的吸附和沉淀有抑制作用。配合作用还可抑制金属以碳酸盐、硫化物、氢氧化物形式的沉淀产生。

　　腐殖酸对水体中重金属的配合作用还将影响重金属对水生生物的毒性，彭安通过蓟运河腐殖酸影响汞对藻类、浮游生物、鱼的毒性试验发现，腐殖酸可减弱汞对浮游植物的抑制作用，减轻汞对浮游动物毒性作用。但不同生物富集汞的效应不同，腐殖酸增加了汞在鲤鱼和鲫鱼体内的富集，而降低了汞在软体动物棱螺体内的富集。

　　此外腐殖酸还能键合水体中的有机物如 PCB、DDT 和 PHA，从而影响它们的迁移和分布。环境中的芳香胺能与腐殖酸共价键合，而另一类有机污染物如邻苯二甲酸二烷基酯能与腐殖酸形成水溶性配合物。

5.8　溶液的稀释度和 pH 值对配合体系中配合度的影响

5.8.1　稀释度的影响

　　将三种铜氨（胺）配合物（铜氨离子、乙二胺合铜、二亚甲基乙二胺铜）溶液进行不同程度的稀释，改变溶液浓度。稀释时保持 pH = 8，然后把平衡体系的 $[Cu^{2+}]$ 换算为配合度，并用 Cu^{2+} 配合度为纵坐标值，溶液浓度为横坐标值，作图得图 5-6。这里配合度用下式表示

$$\Delta pCu = -\frac{\lg[Cu]}{c_{T \cdot Cu}} \qquad (5-84)$$

式中，ΔpCu 为铜的配合度或铜离子分率的负对数值，此值越大，说明游离的铜离子越小，呈配合物态的分量越多。

　　图 5-6 表明三种配合物的配合度均随着溶液的稀释而降低，其配合度曲线斜率分别为 2、1、1/2，其中铜氨配合物（无机的）配合度曲线斜率最大，所以稀释对其配合度影响最明显，而其他两个有机配位体的铜氨配合物配合度曲线斜率较小，因此稀释对配合度改变比较缓慢。这也说明了多基的配合物较单基的稳定，有机配合物较无机的稳定。

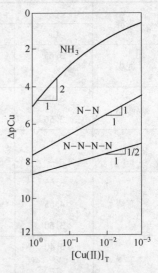

图 5-6　溶液的稀释对铜胺配合物配合度的影响

5.8.2　pH 值的影响

　　金属羟基配合物的配合度一般是随着溶液 pH 值上升而增大，若再继续提高 pH 值，超过一定范围后会形成氢氧化物沉淀析出。在含有机配合物（M－L）体系中，金属离子同样能够生成羟基配合物，这使体系中可能同时出现有机配合物和羟基配合物，由于这些

配合物中配位体性质不同，因此溶液的 pH 值改变对这两类配合物稳定性影响程度也不相同。现以铁盐溶液为例说明。设含有 Fe（Ⅲ）为 10^{-3} mol/L 的溶液若干份，每份各含一种浓度为 10^{-2} mol/L 的配合剂，计算这些溶液在不同 pH 值条件下各有机配合物平衡浓度。然后将计算结果换算为铁的配合度（ΔpFe），并以此值为纵坐标，pH 值为横坐标作图，即得图 5 - 7。这里铁的配合度用下面算式表示

$$\Delta pFe = p[Fe'] - pFe_T = -\lg \frac{[Fe']}{Fe_T}$$

式中　Fe'——溶液中［Fe^{3+}］及所有铁的羟基化合物（$\sum [Fe(OH)_n]$）的总浓度，mol/L；

　　　Fe_T——溶液中 Fe（Ⅲ）的总浓度，mol/L。

所以，$-\lg \dfrac{[Fe']}{Fe_T}$ 为除有机配合物以外的铁组分分率的负对数值，此值越大，说明溶液中形成有机配合物的分率越高。图 5 - 7 右下角阴线区为 $Fe(OH)_3(s)$ 析出沉淀区。

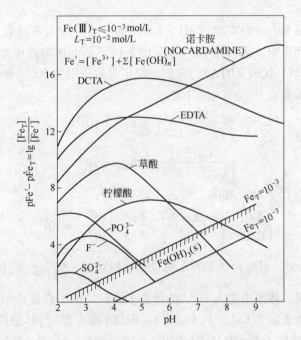

图 5 - 7　溶液的 pH 值对配合物配合度的影响

从图 5 - 7 可以得出以下几点结论：

（1）在相同 pH 值条件下，单基无机配位体配合物（如 F^-、SO_4^{2-}、HPO_4^{2-}）的配合度较双基、三基或四基的有机配合体配合物的配合度低；

（2）各种配合物的配合度与 pH 值关系均呈抛物线状，即随 pH 值提高，配合度先增大而后变小，其原因是在低 pH 值时，溶液中 H^+ 易与配位体结合呈质子型，使配合物难于生成；随着 pH 值上升，溶液中［H^+］减小，游离配位体浓度增大，当 pH 值上升到某一区域有利于形成配合物条件时，曲线出现高峰区；若 pH 值继续升高，溶液中羟基离子增多并与其他配位体争夺中心离子，致使有机配合物配合度下降；

（3）有机配合物高配合度区延伸范围较宽，而无机配合物的较窄，这一点说明了有机配合物和无机配合物稳定程度的差别；

（4）当曲线延伸至阴线区时，说明体系可能出现 $Fe(OH)_3$ 沉淀，图中显示不同的配合物出现的沉淀点也不同。SO_4^{2-}、F^-、PO_4^{3-}、草酸根、柠檬酸根沉淀点的 pH 值分别为 3.3、4.7、4.8、6.9 和 7.6。这说明稳定性大的配合物，能使溶液中 Fe（Ⅲ）稳定在较宽 pH 值范围内不发生沉淀，这是因为体系中产生了稳定性大的配合物，抑制了溶液中游离金属离子浓度增大的结果。

5.9 共存金属离子对配合平衡的影响

实际上溶液体系大多都含有多种金属离子，并且都能与同一中配位体产生配合作用，此时就会出现几种金属离子争夺配位体的问题。哪一种金属离子优先配合主要取决于所生成配合物的稳定程度。所共存金属离子会在不同程度上影响到另一种金属配合物的配合度。

设向含有一定量 Fe^{3+} 和 EDTA（pH > 4.0）的溶液中加入不同数量的 Ca^{2+}，此时铁的配合度会因此受到影响。因为在 pH > 4.0 的条件下，上述溶液中生成的金属配合物主要是 FeL^- 和 CaL^{2-}（L 代表 EDTA），它们的稳定常数分别为 $10^{25.1}$ 和 $10^{10.7}$。在此溶液中有如下的配合平衡关系：

$$\frac{[FeL^-]}{[Fe^{3+}][L^{4-}]} = K_{FeL} = 10^{25.1} \tag{5-85}$$

$$\frac{[CaL^{2-}]}{[Ca^{2+}][L^{4-}]} = K_{CaL} = 10^{10.7} \tag{5-86}$$

将式（5-85）和式（5-86）相除，消去 $[L^{4-}]$ 得：

$$\frac{[FeL^-]}{[CaL^{2-}]} \cdot \frac{[Ca^{2+}]}{[Fe^{3+}]} = \frac{K_{FeL}}{K_{CaL}} = \frac{10^{25.1}}{10^{10.7}} = 10^{14.4} \tag{5-87}$$

式（5-87）表明，当配合剂 EDTA 总量保持恒定时，$\frac{[Ca^{2+}]}{[Fe^{3+}]}$ 比值增大，则 $\frac{[FeL^-]}{[CaL^{2-}]}$ 比值就减小。这说明，体系中加入 Ca^{2+} 的量愈多，Fe^{3+} 的配合度愈小，图 5-8 表明了这种关系，图中 a 曲线表示无 Ca^{2+} 时，Fe（Ⅲ）-EDTA 配合度与 pH 值的关系，b、c 曲线分别表示溶液中 Ca^{2+} 浓度为 1×10^{-4} mol/L 和 1×10^{-2} mol/L 时，Fe（Ⅲ）-EDTA 的配合度变化情况。结果说明 Fe（Ⅲ）-EDTA 的配合度是随着 Ca^{2+} 含量增多而下降的，同时使这个体系出现 $Fe(OH)_3$ 沉淀的 pH 值也将相应减低。

两种金属离子的争夺效应还与这两种配合物的相对稳定度有关（即两个稳定常数的比值）。例如体系中配位体为柠檬酸 $[HL^{3-}]$，与 Fe^{3+}、Ca^{2+} 生成配合物，它们之间的稳定常数比值为：

$$\frac{[FeHL]}{[CaHL^-]} \cdot \frac{[Ca^{2+}]}{[Fe^{3+}]} = \frac{K_{FeHL}}{K_{CaHL}} = \frac{10^{12.3}}{10^{4.68}} = 10^{7.62}$$

此体系 Ca^{2+} 对 Fe-HL 配合度影响关系见图 5-9。图中实线段为无 Ca^{2+} 存在时，Fe（Ⅲ）-HL 配合物的配合度与 pH 值的关系，虚线表示 $[Ca^{2+}] = 10^{-2}$ mol/L 时，Fe（Ⅲ）-HL 的配

合度与 pH 值的关系。比较图 5－8 和图 5－9 结果可知，Ca^{2+} 在后一种体系中对配合度的影响小。这是因为这种体系中两种配合物稳定常数比值小的缘故。

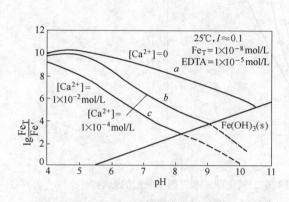 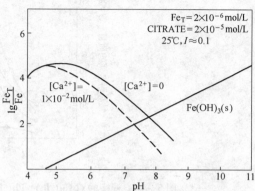

图 5－8　Ca^{2+} 对 EDTA－Fe 配合度的影响　　　图 5－9　〔Ca^{2+}〕对柠檬酸－Fe 配合度的影响

在自然水体中常常含有多种有机配位体（其浓度在 10^{-6} mol/L 左右），同时还有 Ca^{2+}、Mg^{2+} 和 Al^{3+} 等多种金属离子。它们之间生成配合物的相互影响情况和所讨论的例子虽有类似之处，但要复杂得多，所以很难作详细的定量描述。

5.10　有机配体对重金属迁移的影响

水溶液中共存的金属离子和有机配位体经常生成金属配合物，这种配合物能够改变金属离子的特征，从而对重金属的迁移产生影响。

5.10.1　影响颗粒物（悬浮物或沉积物）对重金属的吸附

根据 Vuceta 解释，加入配位体可能以下面 3 种方式影响吸附：

（1）和金属离子生成配合物，或与表面争夺可给吸附位，使吸附受到抑制；

（2）如果配位体能形成弱配合物，并且对固体表面亲和力很小，则吸附量的变化不明显；

（3）如果配位体能生成强配合物，并同时对固体表面具有实际的亲和力，则可能会增大吸附量。

决定配位体对金属吸附量影响的是配位体本身的吸附行为。首先，配位体或金属配合物是否可吸附，如果配位体本身不可吸附，或者金属配合物是非吸附的，则由于配位体与表面争夺金属离子，而使金属吸附受到抑制。例如 Vuceta 研究了柠檬酸和 EDTA 对 $Cu(II)$ 和 $Pb(II)$ 在 α－石英上吸附的影响（见图 5－10），表明配位体的存在降低了 α－石英对 $Cu(II)$，$Pb(II)$ 的吸附能力。

如果配位体浓度低，配位体和金属结合能力弱或配位体本身不能吸附，那么配位体的加入对金属的吸附行为没有影响。Ducorsma 发现，只有异己氨酸的浓度大约是典型天然水浓度的 10^{14} 倍时，才能看到其对 $Co(II)$ 和 $Zn(II)$ 吸附的显著影响。Vuceta 等发现，异己氨酸存在下的蒙脱土和加入半胱氨酸的无定形氢氧化铁对 $Hg(II)$ 的吸附能力无影响。

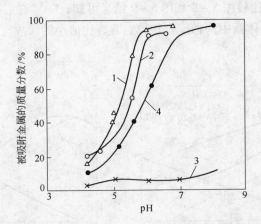

图 5 - 10　柠檬酸对 Cu(Ⅱ)、Pb(Ⅱ) 在二氧化硅／水界面上吸附的影响

1—Cu(Ⅱ); 2—Pb(Ⅱ); 3—Cu(Ⅱ) + 5 × 10^{-6} mol/L 柠檬酸;

4—Pb(Ⅱ) + 5 × 10^{-6} mol/L 柠檬酸

若配位体吸附，又有一个强的配合官能团指向溶液，则能明显提高颗粒物对痕量金属的吸附量。Davis 等研究了谷氨酸、皮考啉酸和吡啶 - 2，3 - 二羧酸（2，3 - PDCA）对 Fe(OH)$_3$ 的 Cu(Ⅱ) 吸附量的影响。结果表明，谷氨酸和 2，3 - PDCA 增加了 Fe(OH)$_3$ 对 Cu(Ⅱ) 的吸附，而皮考啉酸实际上妨碍了溶液中因配合作用所致的铜迁移（见图 5 - 11）。

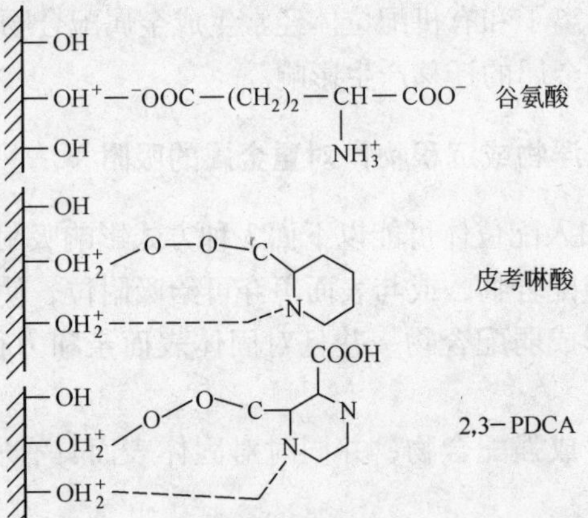

图 5 - 11　吸附谷氨酸盐、皮考啉酸和 2，3 - PDCA 离子形成的表面配合物

由图 5 - 11 可看出，皮考啉酸的表面配合可能涉及羧基和含氮杂原子的电子给予体，因此，配位基是无效的，吸附的皮考啉盐离子不能像配位基一样对金属发生作用，而谷氨酸和 2，3 - PDCA 可作为表面配合剂与 Cu(Ⅱ) 形成 Cu(Ⅱ) - 谷氨酸和谷氨酸 - 2，3 - PDCA 配合物。由此可见，被颗粒物吸着的配位体和金属配合物将对氧化物表面吸着痕量金属起重要作用。吸附的配位体功能团可能是表面上的"新吸附点"，因此，存在于溶液中的配位体就改变了界面处的化学微观环境。

5.10.2　影响重金属化合物的溶解度

重金属和羟基的配合作用，能提高重金属氢氧化物的溶解度。例如氢氧化锌（汞），按溶度积计算，水中 Zn^{2+} 和 Hg^{2+} 应分别为 0.861mg/L 和 0.038mg/L。但由于水解配合生成 $Zn(OH)_2^0$ 和 $Hg(OH)_2^0$ 配合物，水中溶解态锌和汞的总量达到160mg/L 和107mg/L。同样，氯离子也可提高氢氧化物的溶解度，当 ［Cl^-］为 1mg/L 时，$Hg(OH)_2$ 和 H_2S 的溶解度分别提高了 10^5 和 3.6×10^7 倍。以上是沉积物中的重金属再次向水体释放的原因。同理，废水中配位体的存在可使管道和含有重金属沉积物的重金属重新溶解，降低去除金属污染的效率。

~~~~~~

习　题

5－1　试计算含 $Fe(NO_3)_3$ 为 0.01mol/L，HCl 为 1mol/L 的溶液中 Fe^{3+}、$FeCl_2^+$、$FeCl_3^0$ 和 $FeCl_4^-$ 的平衡浓度及其离子分率。

已知各物种稳定常数分别为：$K_{FeCl^{2+}} = 4.2$，$K_{FeCl_2^+} = 1.2$，$K_{FeCl_3} = 0.04$，$K_{FeCl_4^-} = 0.012$。

5－2　试计算浓度为 0.01mol/L 的 $FeCl_3$ 溶液中 Fe^{3+}、$FeCl^{2+}$、$FeCl_2^+$、$FeCl_3^0$ 和 $FeCl_4^-$ 的平衡浓度。各物种稳定常数同上题。

5－3　设浓度为 0.1mol/L 的 $Fe(ClO_4)_3$ 溶液，只生成一种羟基络离子 $FeOH^{2+}$，试计算当溶液出现 $Fe(OH)_3$ 饱和条件时的 pH 值。（已知 $K_{sp} = 10^{-38.7}$，$K_{FeOH^{2+}} = 10^{-3.09}$）

5－4　某钡盐溶液中，含钡化物总量 $c_{Ba} = 10^{-3}$mol/L，DCTA（1，2 二氨基环己烷四乙酸）总浓度 $c_{DCTA} = 10^{-1}$mol/L，试计算当 pH = 8 时，溶液中 BaHL（L 代表配位体阴离子）、BaL 及 Ba^{2+} 的平衡浓度。

已知 DCTA 的解离常数分别为：$K_1 = 10^{11.78}$，$K_2 = 10^{6.2}$，$K_3 = 10^{3.6}$，$K_4 = 10^{2.51}$；DCTA 钡络合物稳定常数为：$K_{BaHL} = 10^{6.7}$，$K_{BaL} = 10^{8.0}$。

5－5　写出重铬酸钾测定 COD 时克服氯离子的干扰的化学反应方程式。

5－6　某河水中 Cl^- 的浓度为 10^{-3}mol/L，$HgCl_2(aq)$ 的浓度为 10^{-8}mol/L（近于饮用水中可接受的 Hg 的浓度），求水中 Hg^{2+}、$HgCl^+$、$HgCl_3^-$、$HgCl_4^{2-}$ 的浓度各是多少？

5－7　pH = 7.0 的地面水中，Fe^{3+} 和 $Fe(OH)_3(s)$ 以如下反应式达到平衡：

$$Fe(OH)_3(s) + 3H^+ \rightleftharpoons Fe^{3+} + 3H_2O \quad (K_1 = 9.1 \times 10^3)$$

Fe^{3+} 的水合物又进一步水解，并依次生成羟基配合物 $[Fe(H_2O)_5OH]^{2+}$、$[Fe(H_2O)_4(OH)_2]^+$ 和 $[Fe_2(H_2O)_{10}(OH)_2]^{4+}$，各分步反应平衡常数分别为 8.9×10^{-4}、5.5×10^{-4} 和 1.6×10^{-3}。试计算该天然水体中各含铁组分浓度。

5－8　在 pH = 7.0 的水溶液中，含 Pb（Ⅱ）为 1.00×10^{-5}mol/L 和 1.00×10^{-2}mol/L 的非配合形态氮三乙酸（NTA），已知 $Pb^{2+} - NTA$ 配合物的稳定常数为 $K_f = 2.45 \times 10^{11}$，NTA 的逐级酸离解常数为 $K_1 = 2.18 \times 10^{-2}$，$K_2 = 1.12 \times 10^{-3}$，$K_3 = 5.25 \times 10^{-11}$，求该溶液中自由离子态铅的浓度为多少？

5－9　求在含 HCl 为 1.00mol/L 和 Cd（Ⅱ）为 0.010mol/L 的溶液中，Cd（Ⅱ）各种化学形态的平衡浓度。已知配合物逐级稳定常数 $K_1 = 21$、$K_2 = 7.9$、$K_3 = 1.23$、$K_4 = 0.35$。

5－10　在 $Pb(OH)_2(s)$ 的天然水样中，加入一定量氮三乙酸（NTA），试求达到平衡后呈金属配合态 NTA 的浓度与 NTA 总浓度之比。假定平衡时溶液 pH = 8.00，又已知 $Pb(OH)_2(s)$ 的 $K_{sp} = 1.61$

$\times 10^{-20}$。

5-11 在 pH = 7.00 和 $[HCO_3^-] = 1.25 \times 10^{-3}$ mol/L 的介质中，HT^{2-} 与固体 $PbCO_3(s)$ 平衡，其反应如下：

$$PbCO_3(s) + HT^{2-} \Longrightarrow PbT^- + HCO_3^-, \quad K = 4.06 \times 10^{-2}$$

求作为 $[HT^{2-}]$ 形式占 NTA 的分数。

(2.99%)

5-12 水温 25℃、pH = 7.0 的某天然水样中，其中自由 Ca^{2+} 和 HCO_3^- 的例子浓度均为 1.00×10^{-3} mol/L，且有悬浮颗粒物 $PbCO_3$ 存在。当有限量 NTA 排入水体中时，NTA 可螯合 Ca^{2+}，同时可使用 $PbCO_3$ 部分溶解而生成 $NTA-Pb^{2+}$ 螯合离子，求两种离子竞争螯合达到平衡时两种螯合离子的浓度比。已知其中发生反应：

$$PbCO_3(s) + HT^{2-} \Longrightarrow PbT^- + HCO_3^-, \quad K_1 = 4.06 \times 10^{-2}$$
$$Ca^{2+} + HT^{2-} \Longrightarrow CaT^- + H^+, \quad K_2 = 7.75 \times 10^{-3}$$

5-13 某溶液中含 Ca^{2+} 为 2×10^{-3} mol/L 和 Mg^{2+} 为 3×10^{-4} mol/L。已知 $(Ca-EDTA)^{2-}$ 和 $(Mg-EDTA)^{2-}$ 的形成常数分别为 $10^{10.6}$ 和 $10^{8.7}$，试计算：

(1) 加入 $EDTA^{4-}$ 1.5×10^{-3} mol/L 水样后，$(Mg-EDTA)^{2-}$ 的浓度；

(2) 加入 $EDTA^{4-}$ 2×10^{-3} mol/L 水样后，$(Mg-EDTA)^{2-}$ 的浓度。

5-14 请叙述腐殖质的分类及其在环境中的作用。

6 氧化和还原

本章内容提要：

氧化还原反应在天然水和水处理中起着重要的作用。本章在概括氧化还原化学基础理论知识后，重点介绍电子活度、氧化还原平衡计算、pe－pH 图及其应用。此外，还将讨论与氧化还原反应密切相关的金属腐蚀和高级氧化技术。

氧化还原反应在天然水和水处理中起着重要的作用。天然水被有机物污染后与水中的溶解氧发生氧化还原反应，使水中溶解氧减少，可使鱼致死。一个分层湖泊，上下层由于氧化还原气氛的不同，物质的形态会有很大不同，上层多为氧化态，如 SO_4^{2-}、NO_3^-、HCO_3^-、$Fe(III)$、$Mn(IV)$ 等，下层多为还原态，如 HS^-、NH_4^+、Fe^{2+}、Mn^{2+} 等，在底泥中，由于处于厌氧条件下，还原性很强，可把 C 还原至 -4 价，形成 CH_4。

在水化学领域中涉及氧化还原反应的实例很多，如水的加氯处理，除铁除锰，生物化学处理；天然水体的自净化过程；水的溶解氧和化学耗氧量的测定等。

微生物在许多重要的氧化还原反应中起着催化作用。微生物参与的氧化还原作用是废水生物处理的基础，如活性污泥、生物滤池和厌氧消化等废水处理方法。微生物参与的氧化还原反应还对水中营养物质、污染物质的转化具有重要意义。此外，金属的腐蚀以及水质分析等也都与氧化还原化学有关。

氧化还原反应进行的方向以及到达平衡时氧化剂、还原剂等组分的分配关系，一般用化学平衡的计算方法确定。此外，应用图算方法描述氧化还原平衡体系中各种关系，更具有直观、简明的优点。由于氧化还原反应通常具有反应速度慢的特点，所以，按化学平衡原理计算与真实情况常有较大差异。尽管如此，理论分析的结果仍有一定的指导意义。

自然水体中的氧化还原过程相当复杂，如在江、河、湖、海等水体的表层与深层水区不仅溶解氧量不相同，就其氧化还原反应到达平衡点而言也有很大的差别，而且水体中常常是多重氧化还原反应同时存在。此外，水体中还有扩散和生物化学等作用的影响。因此，在自然水体中很难出现真正的热力学平衡状态。对于这种情况，一般只能在宏观上估测水体中的反应可能达到的极限值；有时采用动力学手段，即以计算反应速度的方法也能得到描述几种主要变量的半定量关系。

6.1 氧化还原基础

6.1.1 氧化还原电对和氧化还原电位

对于由氧化还原半反应 $O_1 + n_1 e \Longrightarrow R_1$ 和 $O_2 + n_2 e \Longrightarrow R_2$ 构成的氧化还原反应 $n_2 O_1 +$

$n_1R_2 = n_1O_2 + n_2R_1$，一般将 O_1/R_1 和 O_2/R_2 定义为氧化还原电对。

电对的电位则反映了氧化态物质 O 与还原态物质 R 相互间得失电子的倾向。电位越低，电对中还原态物质 R 便是越强的还原剂，而电位越高则电对中氧化态物质 O 便是越强的氧化剂。

氧化还原电对常粗略地分为可逆的与不可逆的两大类。在氧化还原反应的任一瞬间，可逆电对（如 Fe^{3+}/Fe^{2+}，$Fe(CN)_6^{3-}/Fe(CN)_6^{4-}$，$I_2/I$ 等）都能迅速地建立起氧化还原平衡，其电势基本符合能斯特公式计算出的理论电位。不可逆电对（如 MnO_4^-/MnO_2，$Cr_2O_7^{2+}/Cr^{3+}$，$S_4O_6^{2-}/S_2O_3^{2-}$，$CO_2/C_2O_4^{2-}$，SO_4^{2-}/SO_3^{2-}，O_2/H_2O_2 及 H_2O_2/H_2O 等）则不能在氧化还原反应的任一瞬间建立起符合能斯特公式的平衡，实际电势与理论电位相差较大，以能斯特公式计算所得结果只能用于初步判断。

氧化还原电对还有对称和不对称的区别。在对称的电对中，氧化态与还原态的系数相同，如 $Fe^{3+} + e = Fe^{2+}$，$MnO_4 + 8H^+ + 5e = Mn^{2+} + 4H_2O$ 等。在不对称的电对中，氧化态与还原态的系数不同，如 $I_2 + 2e = 2I^-$，$Cr_2O_7^{2-} + 14H^+ + 6e = 2Cr^{3+} + 7H_2O$ 等。当涉及有不对称电对的有关计算时，情况比较复杂，计算时应注意。

6.1.2　标准电极电位与条件电极电位

为方便起见，定义离子浓度为 0，$[H^+] = 1mol/L$ 以及 H_2 为 $1.01325 \times 10^5 Pa$ 时，H^+/H_2 电对的电位为 0，其他电对与 H^+/H_2 电对的电位差为该电对的标准电极电位，对于半反应 $O_1 + n_1e = R_1$，其氧化还原电对 O_1/R_1 的实际电位与其标准电极电位的关系符合能斯特公式，即

$$E = E^\ominus + \frac{0.059}{n}\lg\frac{[O_1]}{[R_1]} \qquad (6-1)$$

式中，$[O_1]$ 和 $[R_1]$ 为 O、R 的活度，考虑电离强度和副反应的影响，引入活度系数 γ 和总副反应系数 α，则式（6-1）可变为

$$E = E^\ominus + \frac{0.059}{n_1}\lg\frac{\gamma_{O_1}\alpha_{O_1}C_{O_1}}{\gamma_{R_1}\alpha_{R_1}C_{R_1}} = E^\ominus + \frac{0.059}{n_1}\lg\frac{\gamma_{O_1}\alpha_{O_1}}{\gamma_{R_1}\alpha_{R_1}} + \frac{0.059}{n_1}\lg\frac{C_{O_1}}{C_{R_1}}$$

式中，C_{O_1} 和 C_{R_1} 分别为 O_1 和 R_1 的总浓度，其中 $E^\ominus + \frac{0.059}{n_1}\lg\frac{\gamma_{O_1}\alpha_{O_1}}{\gamma_{R_1}\alpha_{R_1}}$ 是条件电极电位，亦称为条件电势，记为 $E^{\ominus\prime}$。

条件电势反映了离子强度与各种副反应影响的总结果，用它来处理问题，既简单又与实际情况比较相符。相对而言，目前尚缺乏各种条件下的条件电势，因而实际应用受到一定的限制。

表 6-1 列出了部分氧化还原电对在不同介质中的条件电势，均为实验测得值。当缺乏相同条件下的条件电势时，可采用条件相近的条件电势数据。例如，未查到 1.5mol/L 浓度的 H_2SO_4 溶液中 Fe^{3+}/Fe^{2+} 电对的条件电势，可用 1.0mol/L H_2SO_4 溶液中该电对的条件电势（0.68V）代替。若采用标准电势（0.77V），则误差更大。

表 6 – 1　某些氧化还原电对的条件电势（$E^{\ominus'}$）

半 反 应	$E^{\ominus'}/V$	介质及浓度
$Ag(\mathrm{II}) + e = Ag^+$	1.927	$4mol/L\ HNO_3$
$Ce(\mathrm{IV}) + e = Ce(\mathrm{III})$	1.74	$1mol/L\ HClO_4$
	1.44	$0.5mol/L\ H_2SO_4$
	1.28	$1mol/L\ HCl$
$Co^{3+} + e = Co^{2+}$	1.84	$3mol/L\ HNO_3$
$Co(乙二胺)_3^{3+} + e = Co(乙二胺)_3^{2+}$	-0.2	$0.1mol/L\ KNO_3 + 0.1mol/L\ 乙二胺$
$Cr(\mathrm{III}) + e = Cr(\mathrm{II})$	-0.40	$5mol/L\ HCl$
$Cr_2O_7^{2-} + 14H^+ + 6e = 2Cr^{3+} + 7H_2O$	1.08	$3mol/L\ HCl$
	1.15	$4mol/L\ H_2SO_4$
	1.025	$1mol/L\ HClO_4$
$CrO_4^{2-} + 14H^+ + 6e = CrO_2^- + 4OH^-$	-0.12	$1mol/L\ NaOH$
$Fe(\mathrm{III}) + e = Fe^{2+}$	0.767	$1mol/L\ HClO_4$
	0.71	$0.5mol/L\ HCl$
	0.68	$1mol/L\ H_2SO_4$
	0.68	$1mol/L\ HCl$
	0.46	$2mol/L\ H_3PO_4$
	0.51	$1mol/L\ HCl + 0.25mol/L\ H_3PO_4$
$Fe(EDTA)^- + e = Fe(EDTA)^{2-}$	0.12	$0.1mol/L\ EDTA，pH = 4 \sim 6$
$Fe(CN)_6^{3-} + e = Fe(CN)_6^{4-}$	0.56	$0.1mol/L\ HCl$
$FeO_4^{2-} + 2H_2O + 3e = FeO_2^- + 4OH^-$	0.55	$10mol/L\ NaOH$
$I_3^- + 2e = 3I^-$	0.5446	$0.5mol/L\ H_2SO_4$
$I_2(水) + 2e = 2I^-$	0.6275	$0.5mol/L\ H_2SO_4$
$MnO_4^- + 8H^+ + 5e = Mn^{2+} + 4H_2O$	1.45	$1mol/L\ HClO_4$
$SnCl_6^{2-} + 2e = SnCl_4^{2-} + 2Cl^-$	0.14	$1mol/L\ HCl$
$Sb(\mathrm{V}) + 2e = Sb(\mathrm{III})$	0.75	$3.5mol/L\ HCl$
$Sb(OH)_6^- + 2e = SbO_2^- + 2OH^- + 2H_2O$	-0.428	$3mol/L\ NaOH$
$SbO_2^- + 2H_2O + 3e = Sb + 4OH^-$	-0.675	$10mol/L\ KOH$
$Ti(\mathrm{IV}) + e = Ti(\mathrm{III})$	-0.01	$0.2mol/L\ H_2SO_4$
	0.12	$2mol/L\ H_2SO_4$
	-0.04	$1mol/L\ HCl$
	-0.05	$1mol/L\ H_3PO_4$
$Pb(\mathrm{II}) + 2e = Pb$	-0.32	$1mol/L\ NaAc$

6.2　电子活度及氧化还原计算

6.2.1　电子活度

氧化还原反应与酸碱反应从某种意义说，有一定的相似之处。在酸碱反应中，酸和碱分别是质子授予者和接受者，而在氧化还原反应中氧化剂和还原剂分别是电子接受者和授予者。因此在研究氧化还原平衡时也可采用与研究酸碱平衡相似的方法，即在酸碱反应中虽然没有游离的质子存在，但引用质子活度和 pH 值概念来研究酸碱平衡。同样在氧化还原反应中尽管没有游离的电子存在，也可采用电子活度和 $pe(-\lg\{e\})$ 来描述氧化还原平衡以及处理有关平衡计算问题。

参照酸碱及 pH 值的定义，定义还原剂和氧化剂为电子给予体和电子接受体，定义 pe 为

$$pe = -\lg(a_e)$$

式中　a_e——水溶液中电子的活度。

一个稳定的水系统的电子活度可以在 20 个数量级范围内变化，所以用 pe 来表示 a_e 是很方便的。

pe 严格的热力学定义是由 Stumm 和 Morgan 基于下列反应提出的

$$2H^+(aq) + 2e \Longrightarrow H_2(g) \tag{6-2}$$

当这个反应的全部组分都以 1 个单位的活度存在时，该反应的自由能变化 ΔG 可定义为零。水中氧化还原反应的 ΔG 也是在溶液中全部离子的生成自由能的基础上定义的。

根据反应式（6-1），当 $H^+(aq)$ 在 1 单位活度与氢的分压为 $1.0130 \times 10^5 Pa$ 达到平衡的介质中，电子活度为 1.00 及 $pe = 0$。如果电子活度增加 10 倍，即 $H^+(aq)$ 活度为 0.100 与氢的分压为 $1.0130 \times 10^5 Pa$ 达到平衡时的情况，则电子活度将为 10，并且 $pe = -1.0$。

因此，pe 是平衡状态下（假想）的电子活度，它衡量溶液接受或给出电子的相对趋势，在还原性很强的溶液中，其趋势是给出电子。从 pe 的概念可知，pe 越小，电子浓度越高，体系给出电子的倾向就越强；反之，pe 越大，电子浓度越低，体系接受电子的倾向就越强。

6.2.2　pe 与氧化还原电位的关系

如有一个氧化还原反应

$$Ox + ne \Longrightarrow Red$$

上述反应的 Nernst 方程一般式可写成

$$E = E^\ominus - \frac{2.303T}{nF}\lg\frac{[Red]}{[Ox]}$$

当反应平衡时，有

$$E = -\frac{2.303RT}{nF}\lg K \tag{6-3}$$

即

$$E = -\frac{2.303RT}{nF}\left(\lg K - \lg\frac{[Red]}{[Ox]}\right)$$

从理论上考虑亦可将反应式（6-3）的平衡常数（K）表示为

$$K = \frac{[\text{Red}]}{[\text{Ox}][e]^n}$$

$$[e] = \left\{\frac{[\text{Red}]}{K[\text{Ox}]}\right\}^{\frac{1}{n}}$$

根据 pe 定义，则上式可改写为

$$pe = -\lg[e] = \frac{1}{n}\left\{\lg K - \lg\frac{[\text{Red}]}{[\text{Ox}]}\right\} = \frac{EF}{2.303RT}$$

同样

$$pe^{\ominus} = \frac{E^{\ominus}F}{2.303RT} \tag{6-4}$$

因此根据 Nernst 方程，pe 的一般表示形式为

$$pe = pe^{\ominus} + \frac{1}{n}\lg([\text{反应物}]/[\text{生成物}]) \tag{6-5}$$

由式（6-3）和式（6-4）得

$$\lg K = n(pe^{\ominus}) \tag{6-6}$$

按热力学基本方程可推得

$$\Delta G = -2.303RT\lg K$$

$$\Delta G = -2.303nRT(pe)$$

$$\Delta G = -nFE$$

若将 F 值 96500 J/(V·mol) 代入，便可获得以 J/mol 为单位的自由能变化值。当所有反应组分都处于标准状态下（纯液体、纯固体、溶质的活度为 1.00）时，则有

$$\Delta G^{\ominus} = -nFE^{\ominus}$$

$$\Delta G^{\ominus} = -2.303nRT(pe^{\ominus})$$

6.2.3 pe 与氧化还原平衡计算

下面通过几个例题说明氧化还原体系的 pe 值计算以及如何用 pe 作平衡计算。

【例 6-1】试计算下列各平衡体系的 pe 值（设溶液温度为 25℃，并忽略离子强度影响）：

（1）在酸性溶液中含有 10^{-5} mol/L 的 Fe^{3+} 和 10^{-3} mol/L 的 Fe^{2+}；

（2）pH 值为 7.5 的天然水，与氧分压为 21.3kPa(0.21atm) 的大气相平衡；

（3）pH 值为 8.0 的天然水中，含 10^{-5} mol/L 的 Mn^{2+}，与 $\gamma-MnO_2(s)$ 平衡。

计算所需的平衡常数可查附表 4。

解：（1）$Fe^{3+} - Fe^{2+}$ 平衡体系的半反应及平衡常数为

$$Fe^{3+} + e \Longrightarrow Fe^{2+}, \quad \lg K = 13.2$$

$$pe^{\ominus} = \frac{1}{n}\lg K = 13.2$$

$$pe = pe^{\ominus} + \lg\frac{[Fe^{3+}]}{[Fe^{2+}]} = 13.2 + \lg\frac{10^{-5}}{10^{-3}} = 11.2$$

（2）平衡体系氧的还原半反应及平衡常数为

$$\frac{1}{2}O_2(g) + 2H^+ + 2e \Longrightarrow H_2O(l), \quad \lg K = 41.6$$

$$pe^\ominus = \frac{1}{n}\lg K = 2.08$$

$$pe = pe^\ominus + \frac{1}{2}\lg\left[\frac{p_{O_2}}{101325}\right]^{\frac{1}{2}} + \frac{1}{2}[H^+]^2$$

式中，p_{O_2} 表示氧分压，Pa；101325 是 1 大气压换算为 Pa 单位的值。

$$pe = 20.8 + \frac{1}{4}\lg\frac{2.13\times10^4}{1.01\times10^5} + \lg[10^{-7.5}] = 13.1$$

（3）平衡体系 $MnO_2(s)$ 的还原半反应及平衡常数

$$\gamma - MnO_2(s) + 4H^+ + 2e \Longrightarrow Mn^{2+} + 2H_2O(l)$$

$$\lg K = 40.84$$

$$pe^\ominus = \frac{1}{n}\lg K = 20.42$$

$$pe = pe^\ominus + \frac{1}{2}\lg\frac{[H^+]}{[Mn^{2+}]} = 20.42 + \frac{1}{2}\lg\frac{10^{-32}}{10^{-5}} + \lg[10^{-7.5}] = 6.92$$

【例 6-2】 试计算下列溶液中各组分的平衡浓度。设它们均与氧分压为 21.3kPa 的大气相平衡（溶液温度为 25℃，并忽略离子强度的影响）。

（1）在 pH = 2 的溶液中，铁总量（Fe_T）为 10^{-4} mol/L 平衡时的 Fe^{3+} 和 Fe^{2+} 的浓度；

（2）pH = 7 的天然水与 $\gamma - MnO_2(s)$ 接触，呈平衡时 Mn^{2+} 的含量。

解：（1）按题设水溶液与大气中氧平衡，其还原半反应为

$$\frac{1}{2}O_2(g) + 2H^+ + 2e \Longrightarrow H_2O(l)$$

$$\lg K = 41.6$$

$$pe = pe^\ominus + \frac{1}{2}\lg\left\{\left[\frac{p_{O_2}}{101325}\right]^{\frac{1}{2}}[H^+]^2\right\}$$

将 $[H^+] = 10^{-2}$，代入

$$pe = \frac{41.6}{2} + \frac{1}{4}\lg\frac{21.3\times10^3}{101325} + \lg 10^{-2} = 18.6$$

体系在平衡状态时，其氧化过程和还原过程的 pe 值必相等。所以在含铁溶液中，$Fe^{3+} + e = Fe^{2+}$ 半反应的 pe 值也是 18.6。

$$pe = 13.2 + \lg\frac{[Fe^{3+}]}{[Fe^{2+}]} = 18.6$$

$$\frac{[Fe^{3+}]}{[Fe^{2+}]} = 10^{5.4}$$

$$[Fe^{3+}] + [Fe^{2+}] = 10^{-4} \text{mol/L}$$

所以　　　　　　　$[Fe^{3+}] = 10^{-4}$ mol/L，$[Fe^{2+}] = 10^{-9.4}$ mol/L

（2）按题设，水溶液与大气中氧平衡时，其氧的还原半反应 pe 为

$$pe = pe^{\ominus} + \frac{1}{2}lg\left\{\left[\frac{p_{O_2}}{101325}\right]^{\frac{1}{2}}[H^+]^2\right\}$$

将 $[H^+] = 10^{-2}$, $p_{O_2} = 21.3kPa$ 代入

$$pe = \frac{41.6}{2} + \frac{1}{4}lg\frac{21.3 \times 10^3}{101325} + lg10^{-7} = 13.6$$

体系在平衡状态, $\gamma - MnO_2$ 的还原半反应 $MnO_2 + H^+ \rightleftharpoons Mn^{2+} + 2H_2O$ 的 pe 值也应等于13.6, 即

$$pe = pe^{\ominus} + \frac{1}{2}lg\frac{[H^+]}{[Mn^{2+}]} = \frac{40.86}{2} + \frac{1}{2}lg\frac{10^{-28}}{[Mn^{2+}]} = 13.6$$

计算得 $[Mn^{2+}] = 10^{-14}mol/L$。

6.3 氧化还原体系 pc - pe 图

6.3.1 $Fe^{3+} - Fe^{2+} - H_2O$ 体系

天然水中的铁主要以 $Fe(OH)_3(s)$ 或 Fe^{2+} 形态存在。铁在高 pe 水中将从低价态被氧化成高价态或较高价态, 而在低 pe 水中将被还原成低价态或与其中硫化氢反应形成难溶的硫化物。现以 $Fe^{3+} - Fe^{2+} - H_2O$ 体系为例, 讨论 pe 不同对铁形态浓度的影响。

设总溶解铁浓度为 $1.0 \times 10^{-3}mol/L$,

$$Fe^{3+} + e \rightleftharpoons Fe^{2+}, \quad pe^{\ominus} = 13.05$$

$$pe = 13.05 + \frac{1}{n}lg\frac{[Fe^{3+}]}{[Fe^{2+}]}$$

当 $pe \ll pe^{\ominus}$ 时, 则 $[Fe^{3+}] \ll [Fe^{2+}]$,

$$[Fe^{2+}] = 1.0 \times 10^{-3}mol/L$$

所以

$$lg[Fe^{2+}] = -3.0$$

$$lg[Fe^{3+}] = pe - 16.05$$

当 $pe \gg pe^{\ominus}$ 时, 则 $[Fe^{3+}] \gg [Fe^{2+}]$,

$$[Fe^{3+}] = 1.0 \times 10^{-3}mol/L$$

$$lg[Fe^{3+}] = -3.0$$

$$lg[Fe^{2+}] = 10.05 - pe$$

以 pe 对 lgc 作图, 即得图6-1。由图中可看出, 当 $pe < 12.00$ 时, Fe^{2+} 占优势, 当 $pe > 14.00$ 时, Fe^{3+} 占优势。

6.3.2 $SO_4^{2-} - HS^- - H_2O$ 体系

假设硫化物总量为 $10^{-4}mol/L$ 的水溶液, pH 值为10.00, 讨论不同 pe 条件下 $SO_4^{2-} - HS^-$ 平衡体系中各组分的分配关系。

$$\frac{1}{8}SO_4^{2-} + \frac{9}{8}H^+ + e \rightleftharpoons \frac{1}{8}HS^- + \frac{1}{2}H_2O, \quad pe^{\ominus} = 4.25$$

$$pe = 4.25 + \frac{1}{n}lg\frac{[SO_4^{2-}]^{\frac{1}{8}}[H^+]^{\frac{9}{8}}}{[HS^-]^{\frac{1}{8}}}$$

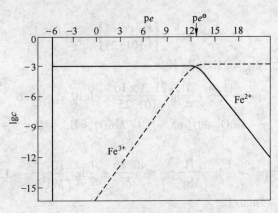

图 6-1 氧化还原平衡的 $\lg c$ - pe 图

当 pH = 10.00 时，

$$pe = -7.00 + \frac{1}{8}\lg\frac{[SO_4^{2-}]}{[HS^-]}$$

当 pe ≪ 7.00 时，

$$[SO_4^{2-}] \ll [HS^-]$$
$$HS^- = 1.0 \times 10^{-4} \text{mol/L}$$
$$\lg[HS^-] = -4.0$$
$$\lg[SO_4^{2-}] = 8pe + 52$$

当 pe ≫ 7.00 时，

$$[SO_4^{2-}] \gg [HS^-]$$
$$[SO_4^{2-}] = 1.0 \times 10^{-4} \text{mol/L}$$
$$\lg[SO_4^{2-}] = -4.0$$
$$\lg[HS^-] = -8pe - 60$$

以 pe 对 $\lg c$ 作图，即得图 6-2，由图中可以看出，当 pe < -7.00 时，溶液中 HS^- 占优势。当体系 pe > -7.00 时，溶液中硫化物以 SO_4^{2-} 为主。

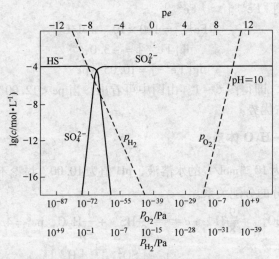

图 6-2 SO_4^{2-}、HS^- 平衡量与 $\lg c$ 值的关系
（硫化物总浓度为 10^{-4} mol/L、pH = 10.00）

图中两根虚线分别表示水在该条件下分解产生的 H_2（或 O_2）分压。图 6－2 表明要使 SO_4^{2-} 还原为 HS^-，pe 应小于 -6，在此条件下水被氧化分解产生的氧分压小于 10^{-63} Pa。换言之，必须在极端缺氧的情况下，SO_4^{2-} 才能还原为 HS^-。

6.3.3 无机氮化合物的氧化还原转化

水中氮主要以 NH^+ 或 NO_3^- 形态存在，在某些条件下，也可以有中间氧化态 NO_2^-。下面讨论中性天然水的 pe 变化对无机氮形态浓度的影响。

假设总氮浓度为 1.0×10^{-4} mol/L，水体 pH $= 7.00$。

（1）在较低的 pe 值时（pe < 5.00），NH_4^+ 是主要形态。在这个 pe 范围内，NH_4^+ 的浓度对数则可表示为

$$\lg[NH_4^+] = -4.00 \qquad (6-7)$$

$\lg[NO_3^-]$ 与 pe 的关系可以根据含有 NO_2^- 及 NH_4^+ 的半反应求得

$$\frac{1}{6}NO_2^- + \frac{4}{3}H^+ + 6e \Longrightarrow \frac{1}{6}NH_4^+ + \frac{1}{3}H_2O, \quad pe^\ominus = 15.4$$

当 pH $= 7.00$ 时

$$pe = 5.82 + \lg \frac{[NO_2^-]^{\frac{1}{6}}}{[NH_4^+]^{\frac{1}{6}}} \qquad (6-8)$$

将 $[NH_4^+] = 1.0 \times 10^{-4}$ mol/L 代入，可得：

$$\lg[NO_2^-] = -38.92 + 6pe$$

在 NH_4^+ 为主要形态且其浓度为 1.0×10^{-4} mol/L 时，$\lg[NO_3^-]$ 与 pe 的关系为

$$\frac{1}{8}NO_3^- + \frac{5}{4}H^+ + e \Longrightarrow \frac{1}{8}NH_4^+ + \frac{3}{8}H_2O, \quad pe^\ominus = 14.90$$

$$pe = 6.15 + \lg \frac{[NO_3^-]^{\frac{1}{8}}}{[NH_4^+]^{\frac{1}{8}}} \quad (pH = 7.00) \qquad (6-9)$$

$$\lg[NO_3^-] = -53.20 + 8pe$$

（2）在 pe 为 6.50 左右的狭窄范围内，NO_2^- 是主要形态。在此 pe 范围内，NO_2^- 的浓度对数根据方程可表示为

$$\lg[NO_2^-] = -4.00 \qquad (6-10)$$

将 $[NO_2^-] = 1.0 \times 10^{-4}$ mol/L 代入式（6－8）中，得

$$pe = 5.82 + \lg \frac{(1.0 \times 10^{-4} \, mol/L)^{\frac{1}{6}}}{[NH_4^+]^{\frac{1}{6}}}$$

$$\lg[NH_4^+] = 30.92 - 6pe$$

在 $[NO_2^-]$ 占优势的范围内，$\lg[NO_3^-]$ 的方程可从下面的处理中得到：

$$\frac{1}{2}NO_3^- + H^+ + e \Longrightarrow \frac{1}{2}NO_2^- + \frac{1}{2}H_2O, \quad pe^\ominus = 14.15$$

$$pe = 7.15 + \lg \frac{[NO_3^-]^{\frac{1}{2}}}{[NO_2^-]^{\frac{1}{2}}} \quad (pH = 7.00) \qquad (6-11)$$

当 $[NO_2^-] = 1.00 \times 10^{-4} mol/L$ 时

$$lg[NO_3^-] = -18.30 + 2pe$$

（3）当 $pe > 7.00$，溶液中氮的形态主要为 NO_3^-，此时，

$$lg[NO_3^-] = -4.00$$

在 NO_3^- 占优势的范围内，$lg[NO_2^-]$ 和 $lg[NH_4^+]$ 的方程式也可以从下面的处理中得到：

将 $[NO_3^-] = 1.00 \times 10^{-4} mol/L$ 时代入式（6-11），得

$$pe = 7.15 + lg \frac{(1.00 \times 10^{-4} mol/L)^{\frac{1}{2}}}{[NO_2^-]^{\frac{1}{2}}}$$

$$lg[NO_2^-] = 10.30 - 2pe$$

将 $[NO_3^-] = 1.00 \times 10^{-4} mol/L$ 时代入式（6-9）得

$$pe = 6.15 + lg \frac{(1.00 \times 10^{-4} mol/L)^{\frac{1}{8}}}{[NH_4^+]^{\frac{1}{8}}}$$

$$lg[NH_4^+] = 45.20 - 8pe$$

以 pe 对 $lg[X]$ 作图，即可得到水中 $NH_4^+ - NO_2^- - NO_3^-$ 体系的对数浓度图（图 6-3）。由图可见，在低的 pe 范围，NH_4^+ 是主要的氮形态；在中间 pe 范围，NO_2^- 是主要形态；在高 pe 范围，NO_3^- 是主要形态。

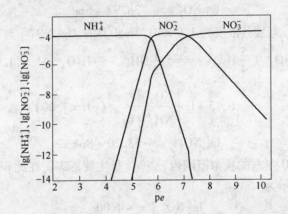

图 6-3　水中 $NH_4^+ - NO_2^- - NO_3^-$ 体系的对数浓度图

（pH = 7.00，总氮浓度 = $1.00 \times 10^{-4} mol/L$；Manahan S E，1984）

6.4　氧化还原体系 pe – pH 图

在氧化还原体系中，往往有 H^+ 或 OH^- 离子参与转移，pe 除了与氧化态和还原态浓度有关外，还受到 pH 值的影响，这种关系可以用 pe – pH 图来表示。由于 pe – pH 图能反映质子和电子对反应体系平衡的影响关系，因此，对于描述氧化还原体系的平衡尤为适用。

6.4.1 天然水体的 pe-pH 图

在绘制 pe-pH 图时，必须考虑几个边界情况。首先是水的氧化还原反应限定图中的区域边界。选作水氧化限度的边界条件是 $1.0130 \times 10^5 Pa$ 的氧分压，水还原限度的边界条件 $1.0130 \times 10^5 Pa$ 氢分压，由这些边界条件可获得将水的稳定边界与 pH 值联系起来的方程。

水的氧化限度：

$$\frac{1}{4}O_2 + H^+ + e \Longrightarrow \frac{1}{2}H_2O, \quad pe^\ominus = +20.75$$

$$pe = pe^\ominus + \lg\{p_{O_2}^{1/4}[H^+]\} \tag{6-12}$$

$$pe = 20.75 - pH$$

水的还原限度：

$$H^+ + e \Longrightarrow \frac{1}{2}H_2, \quad pe^\ominus = 0.00$$

$$pe = pe^\ominus + \lg[H^+] \tag{6-13}$$

$$pe = -pH$$

由式（6-12）和式（6-13）可作图 6-4。图 6-4 中，水的氧化限度以上的区域为 O_2 稳定区，位于此区的水体可氧化组分氧气；还原限度以下的区域为 H_2 稳定区，位于此区域的水体可还原组分氢气。在这两个限度之内的 H_2O 是稳定的，也是水质各化合态分布的区域。

各类天然水 pe 及 pH 值情况如图 6-5 所示。此图反映了不同水质区域的氧化还原特性，氧化还性最强的是上方同大气接触的富氧区，这一区域代表大多数河流、湖泊和海洋水的表层情况，还原性最强的是下方富含有机物的缺氧区，这区域代表富含有机物的水体底泥和湖泊、海底层水情况。在这两个区域之间的是基本上不含氧、有机物比较丰富的沼泽水等。

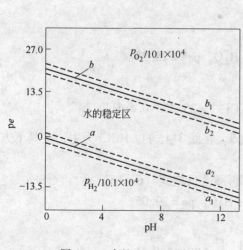

图 6-4 水的 pe-pH 图

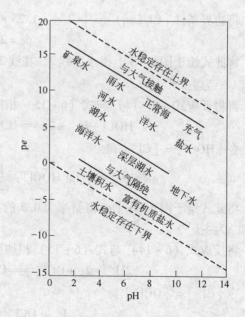

图 6-5 不同天然水在 pe-pH 图中的近似位置

6.4.2 氯水溶液的 pe – pH 图

氯气的水溶液叫氯水，新制氯水对细菌有杀伤力，可用来杀菌消毒。

已知氯水溶液含氯组分有：$Cl_2(aq)$、Cl^-、OCl^- 和 $HOCl$。这些含氯组分（以 Cl_2 计量）总浓度为 2.5×10^{-2} mol/L（设离子强度 $I \approx 0$，25℃）。有关的氧化还原反应及其平衡常数如下：

$$HOCl + H^+ + e \Longrightarrow \frac{1}{2}Cl_2(aq) + H_2O, \quad pe = 27.0 \qquad (6-14)$$

$$\frac{1}{2}Cl_2(aq) + e \Longrightarrow Cl^-, \quad pe = 23.5 \qquad (6-15)$$

$$HOCl \Longrightarrow H^+ + OCl^-, \quad pe = -7.6 \qquad (6-16)$$

由式（6 – 14）得

$$pe = pe^\ominus + \lg[HOCl] - \frac{1}{2}\lg[Cl_2(aq)] - pH$$

$$pe = 27.0 + \lg[HOCl] - \frac{1}{2}\lg[Cl_2(aq)] - pH \qquad (6-17)$$

将边界条件 $[HOCl] = [Cl_2(aq)] = 1.25 \times 10^{-2}$ mol/L 代入式（6 – 17）得

$$pe = 20.4 - pH$$

将此式绘于 pe – pH 图上，即得图 6 – 6 中斜率为 – 1 的直线 1，此直线的位置表明，在线上两种组分等量存在，直线上方是 $HOCl$ 组分（$> 2.5 \times 10^{-2}$ mol/L）占优势，在线下方为 $Cl_2(aq)$ 组分占优势。

由反应式（6 – 15）得

$$pe = 23.5 + \frac{1}{2}\lg[Cl_2(aq)] - \lg[Cl^-] \qquad (6-18)$$

将边界条件 $[Cl_2(aq)] = [Cl^-] = 1.25 \times 10^{-2}$ mol/L 代入上式得

$$pe = 24.25$$

将此式绘于图 6 – 6 上得水平线 2，在线 2 上方，体系中组分以 $Cl_2(aq)$ 为主，在其下方以 Cl^- 为主。

再将反应式（6 – 14）与式（6 – 15）相加得

$$HOCl + H^+ + 2e \Longrightarrow Cl^- + H_2O, \quad pe^\ominus = 25.25$$

令 $[HOCl] = [Cl^-]$ 得

$$pe = pe^\ominus + \frac{1}{2}\lg[HOCl] - \frac{1}{2}\lg[Cl^-] = 25.25 - 0.5pH$$

将此式绘于图 6 – 6 上，得斜率为 0.5 的直线 3。在线 3 上方以 $HOCl$ 为主，在其下方以 Cl^- 为主。

将反应式（6 – 14）与式（6 – 15）相加后，再减去反应式（6 – 16）得

$$2H^+ + 2e + OCl^- \Longrightarrow Cl^- + H_2O, \quad pe = 29.05$$

令 $[Cl^-] = [OCl^-]$，

$$pe = pe^\ominus + \frac{1}{2}\lg\frac{[OCl^-][H^+]^2}{[Cl^-]} = 29.05 - pH$$

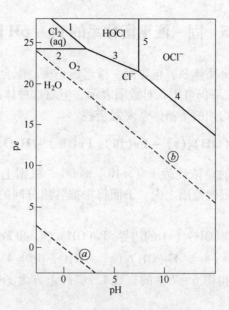

图 6 – 6　氯水溶液的 pe – pH 关系

将此式绘于图 6 – 6 上，得垂直线 5，表示在此线左侧 HOCl 为主，在其右侧 OCl^- 为主。

由式（6 – 16）得

$$K = \frac{[H^+][OCl^-]}{[HOCl]} = 10^{-7.6}$$

令 $[OCl^-] = [HOCl]$ 代入计算得

$$pH = pK + \lg \frac{[HOCl]}{[OCl^-]} = 7.6 \tag{6 – 19}$$

将式（6 – 19）绘于图 6 – 6 上，得垂直线 5，在此线左侧 HOCl 占优势，在其右侧 OCl^- 占优势。

图 6 – 6 中还有两条虚线，ⓐ 线表示水被还原分解为氢气的基准线，ⓑ 线表示水被氧化分解为氧气的基准线。

图 6 – 6 描述了氯水溶液中不同氧化态组分稳定存在的 pe – pH 条件，从图 6 – 6 得出以下结论：

（1）$Cl_2(aq)$ 只能稳定存在于低 pH（<2.0）、高 pe 值的稀溶液中，此时与 $Cl_2(aq)$ 相平衡的组分有 HOCl 和 Cl^-，其平衡关系可由反应式（6 – 15）减去反应式（6 – 14）得到

$$Cl_2(aq) + H_2O \Longrightarrow HOCl + H^+ + Cl^-, \quad \lg K = -3.5$$

（2）水中 $Cl_2(aq)$、HOCl 和 Cl^- 的优势区均在水的强氧化区，以热力学观点看，此类物种都属于强氧化剂（较水而言），并能与水发生氧化还原反应，但实际上由于动力学原因，这些反应难于进行，或反应速度很慢。

（3）在天然水的条件（pH 值为 5 ~ 9；pe 为 – 8 ~ 16）下，Cl^- 能在水中稳定存在，即它不能与水产生氧化还原反应。

6.5　固－液平衡体系的 pe－pH 图

本节所讨论的固－液平衡体系，包含固－液溶解平衡，配合反应和氧化还原反应的体系，其中组分的 pe－pH 关系仍可用双对数图表示。但对这种体系作图时要描述的内容较多，所以做出的图较单纯均相的平衡体系要复杂些。

6.5.1　$Fe(OH)_3(s)$、$Fe(OH)_2(s)$－Fe(Ⅲ)、Fe(Ⅱ)－H_2O 体系的 pe－pH 图

假定溶液中溶解性铁的总浓度为 1.0×10^{-7} mol/L，根据上面的讨论，Fe 的 pe－pH 图必须落在水的氧化还原限度范围之内。下面将根据各组分间的平衡方程将 pe－pH 的边界逐一推导。

（1）$Fe(OH)_3(s)$ 和 $Fe(OH)_2(s)$ 的边界。$Fe(OH)_3(s)$ 和 $Fe(OH)_2(s)$ 的平衡方程为

$$Fe(OH)_3(s) + H^+ + e \Longrightarrow Fe(OH)_2(s) + H_2O, \quad pe^{\ominus} = 4.62, \quad pe = 4.62 - pH$$

以 pH 对 pe 作图，可得图 6－7 中的直线 1，斜线上方为 $Fe(OH)_3(s)$ 稳定区，斜线下方为 $Fe(OH)_2(s)$ 稳定区。

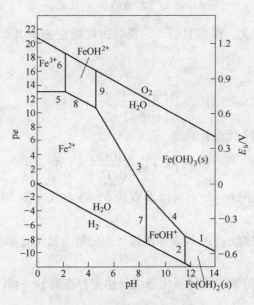

图 6－7　水中铁的 pe－pH 图
（总可溶性铁浓度为 1.0×10^{-7} mol/L）

（2）$Fe(OH)_2(s)$ 和 $FeOH^+$ 的边界。根据平衡方程

$$Fe(OH)_2(s) + H^+ \Longrightarrow FeOH^+ + H_2O, \quad \lg K = 4.6$$

得
$$pH = 4.6 - \lg[FeOH^+]$$

将边界条件 $[FeOH^+] = 1.0 \times 10^{-7}$ mol/L 代入，得

$$pH = 11.6$$

故可画出一条平行 pe 轴的垂直线，如图 6－7 中的直线 2 所示，表明 pH 与 pe 无关。直线左边为 $FeOH^+$ 稳定区，直线右边为 $Fe(OH)_2(s)$ 稳定区。

(3) $Fe(OH)_3(s)$ 与 Fe^{2+} 的边界。根据氧化还原反应

$$Fe(OH)_3(s) + 3H^+ + e \Longrightarrow Fe^{2+} + 3H_2O, \quad pe = 17.9$$

得
$$pe = pe^{\ominus} + lg \frac{[H^+]^3}{[Fe^{2+}]} = 17.9 - 3pH - lg[Fe^{2+}]$$

将边界条件 $[Fe^{2+}] = 1.0 \times 10^{-7} mol/L$ 代入，得

$$pe = 24.9 - 3pH$$

得到一条斜率为 -3 的直线，如图 6-7 中的直线 3 所示。斜线上方为 $Fe(OH)_3(s)$ 稳定区，斜线下方为 Fe^{2+} 稳定区。

(4) $Fe(OH)_3(s)$ 与 $FeOH^+$ 的边界。根据氧化还原反应

$$Fe(OH)_3(s) + 2H^+ + e \Longrightarrow FeOH^+ + 2H_2O, \quad pe^{\ominus} = 9.25$$

得
$$pe = pe^{\ominus} + lg \frac{[H^+]}{[FeOH^+]} = 9.25 - 2pH - lg[FeOH^+]$$

将边界条件 $[FeOH^+] = 1.0 \times 10^{-7} mol/L$ 代入，得

$$pe = 16.25 - 2pH$$

得到一条斜率为 -2 的直线，如图 6-7 中的直线 4 所示。斜线上方为 $Fe(OH)_3(s)$ 稳定区，下方为 $FeOH^+$ 稳定区。

(5) Fe^{3+} 与 Fe^{2+} 的边界。根据氧化还原反应

$$Fe^{3+} + e \Longrightarrow Fe^{2+}, \quad pe = 13.0$$

得
$$pe = pe^{\ominus} + lg \frac{[Fe^{3+}]}{[Fe^{2+}]} = 13.0 + lg \frac{[Fe^{3+}]}{[Fe^{2+}]}$$

边界条件为 $[Fe^{3+}] = [Fe^{2+}]$，则

$$pe = 13.0$$

因此可绘出一条平行于 pH 轴的直线，如图 6-7 中的直线 5 所示。表明 pe 与 pH 无关。当 $pe > 13.0$ 时，$[Fe^{3+}] > [Fe^{2+}]$；当 $pe < 13.0$ 时，$[Fe^{3+}] < [Fe^{2+}]$。

(6) Fe^{3+} 与 $FeOH^{2+}$ 的边界。根据平衡方程

$$Fe^{3+} + H_2O \Longrightarrow FeOH^{2+} + H^+, \quad lgK = -2.4$$

$$K = [FeOH^{2+}][H^+]/[Fe^{3+}]$$

边界条件为 $[Fe^{3+}] = [FeOH^{2+}]$，则

$$pH = 2.4$$

故可画出一条平行于 pe 的垂直线，如图 6-7 中的直线 6 所示。表明 pH 与 pe 无关，直线左边为 Fe^{3+} 稳定区，直线右边为 $FeOH^{2+}$ 稳定区。

(7) Fe^{2+} 与 $FeOH^+$ 的边界。根据氧化还原反应

$$Fe^{2+} + H_2O \Longrightarrow FeOH^+ + H^+, \quad lgK = -8.6$$

$$K = [FeOH^+][H^+]/[Fe^{2+}]$$

边界条件为 $[Fe^{2+}] = [FeOH^+]$，则

$$pH = 8.6$$

同样可得到一条平行于 pe 的垂直线，如图 6-7 中的直线 7 所示。直线左边为 Fe^{2+} 稳定区，直线右边为 $FeOH^+$ 的稳定区。

(8) Fe^{2+} 与 $FeOH^{2+}$ 的边界。根据氧化还原反应

$$Fe^{2+} + H_2O \Longleftrightarrow FeOH^{2+} + H^+ + e, \quad pe = -15.5$$

得
$$pe = pe^\ominus + \lg \frac{[FeOH^{2+}][H^+]}{[Fe^{2+}]} = 15.5 + \lg \frac{[FeOH^{2+}]}{[Fe^{2+}]} - pH$$

边界条件为 $[FeOH^{2+}] = [Fe^{2+}]$，则

$$pe = 15.5 - pH$$

得到一条斜线，如图6-7中的直线8所示。斜线上方为 $FeOH^{2+}$ 稳定区，斜线下方为 Fe^{2+} 稳定区。

(9) $FeOH^{2+}$ 与 $Fe(OH)_3(s)$ 边界。根据平衡方程

$$Fe(OH)_3(s) + 2H^+ \Longleftrightarrow FeOH^{2+} + 2H_2O, \quad \lg K = 2.4$$

$$K = [FeOH^{2+}]/[H^+]^2$$

边界条件 $[FeOH^{2+}] = 1.0 \times 10^{-7} mol/L$ 代入，得

$$pH = 4.7$$

可得一平行于 pe 的垂直线，如图6-7中的直线9所示，表明 pH 与 pe 无关。当 pH > 4.7 时，$Fe(OH)_3$ 将陆续析出。

(10) $FeOH^{2+}$ 与 $Fe(OH)_2^+$ 边界。根据平衡方程：

$$Fe(OH)_2^+ + H^+ \Longleftrightarrow FeOH^{2+} + H_2O, \quad \lg K = 4.7$$

$$K = \frac{[FeOH^{2+}]}{[Fe(OH)_2^+][H^+]}$$

边界条件为 $[FeOH^{2+}] = [Fe(OH)_2^+]$，则

$$pH = \lg K = 4.7$$

所以 $FeOH^{2+}/Fe(OH)_2^+$ 的平衡线与图6-7中的直线9重合。说明与本例所规定的条件下 $Fe(OH)_2^+$ 的稳定区域很小，无法在图上反映出来。

由图6-7可看出，当这个体系在一个相当高的 H^+ 活度及高电子活度时（酸性还原介质），Fe^{2+} 是主要形态（在大多数天然水体系中，由于 FeS 或 $FeCO_3$ 的沉淀作用，Fe^{2+} 的可溶性范围是很窄的），在这种条件下，一些地下水中含有相当水平的 Fe^{2+}；在很高的 H^+ 活度及低的电子活度时，固体的 $Fe(OH)_2$ 是稳定的。在通常水体 pH 值范围内（pH = 5~9），$Fe(OH)_3$ 或 Fe^{2+} 是主要的稳定形态。

6.5.2　$Pb(s) - PbO - H_2O$ 体系的 $pe - pH$ 图

$Pb(s) - PbO - H_2O$ 体系中的固相组分有金属 $Pb(s)$、$PbO(s)$ 和 $PbO_2(s)$，溶解态组分有 Pb^{2+} 和 $Pb(OH)_3^-$。假定体系中含铅化合物总量为 $10^{-4} mol/L$（25℃，$I \approx 0$）。

(1) $Pb(s)$ 和 Pb^{2+} 的边界。$Pb(s)$ 和 Pb^{2+} 的氧化还原方程为

$$Pb^+ + 2e \Longleftrightarrow Pb(s), \quad pe^\ominus = -2.13$$

$$pe = -2.13 + \frac{1}{2} \lg[Pb^{2+}] \tag{6-20}$$

将边界条件 $[Pb^{2+}] = 10^{-4} mol/L$ 代入式（6-20），得

$$pe = -4.13$$

将此结果绘于图6-8，可得平行于横坐标的直线1。直线的下方为金属铅的稳定区，

在直线上方为 Pb^{2+} 的稳定区。

(2) $PbO_2(s)$ 和 Pb^{2+} 的边界。$PbO_2(s)$ 和 Pb^{2+} 的氧化还原方程为

$$PbO_2(s) + 4H^+ + 2e =\!=\!= 2H_2O + Pb^{2+}, \quad pe = 24.6$$

$$pe = pe^\ominus + \frac{1}{2}\lg\frac{[H^+]^4}{[Pb^{2+}]} = 24.6 - 2pH - \frac{1}{2}\lg[Pb^{2+}] \qquad (6-21)$$

边界条件为 $[Pb^{2+}] = 10^{-4}\,mol/L$，则

$$pe = 26.6 - 2pH$$

以此作图，可得图 6-8 上斜率为 -2 的直线 2。斜线上方为 $PbO_2(s)$ 稳定区，斜线下方为 Pb^{2+} 的稳定区。

(3) $PbO_2(s)$ 和 $Pb(OH)_3^-$ 的边界。$PbO_2(s)$ 和 $Pb(OH)_3^-$ 氧化还原反应方程

$$PbO_2(s) + H_2O + H^+ + 2e =\!=\!= Pb(OH)_3^-$$

$$pe^\ominus = 10.55$$

$$pe = pe^\ominus + \frac{1}{2}\lg\frac{[H^+]}{[Pb(OH)_3^-]}$$

$$= 10.55 - \frac{1}{2}pH - \frac{1}{2}\lg[Pb(OH)_3^-] \quad (6-22)$$

将边界条件 $Pb(OH)_3^- = 10^{-4}\,mol/L$ 代入式 (6-22)，得

$$pe = 12.55 - \frac{1}{2}pH$$

以此作图，得图 6-8 上斜率为 $\frac{1}{2}$ 的直线 3。斜

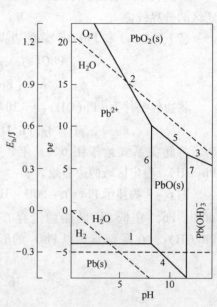

图 6-8 $Pb(s) - PbO - H_2O$ 体系的
pe - pH 图 $(Pb_T = 10^{-4}\,mol/L)$

线下方为 $Pb(OH)_3^-$ 稳定区，在其上方为 $PbO_2(s)$ 稳定区。

(4) $PbO(s)$ 和 $Pb(s)$ 的边界。$PbO(s)$ 和 $Pb(s)$ 的氧化还原方程为

$$PbO(s) + 2H^+ + 2e =\!=\!= Pb(s) + H_2O, \quad pe^\ominus = 4.22$$

$$pe = pe^\ominus + \frac{1}{2}\lg[H^+]^2 = 4.22 - pH \qquad (6-23)$$

将式 (6-23) 绘于图 6-8 上，得斜率为 -1 的直线 4，斜线上方为 PbO 的稳定区，斜线下方为金属铅的稳定区。

(5) $PbO_2(s)$ 和 $PbO(s)$ 的边界。$PbO_2(s)$ 和 $PbO(s)$ 的氧化还原反应方程为

$$PbO_2(s) + 2H^+ + 2e =\!=\!= H_2O + PbO(s), \quad pe = 18.25$$

$$pe = pe^\ominus + \frac{1}{2}\lg[H^+]^2 = 18.25 - pH \qquad (6-24)$$

把式 (6-24) 绘于图 6-8 上，得斜率为 -1 的直线 5，此线是 PbO_2 和 PbO 稳定区的分界线。

(6) $PbO(s)$ 和 Pb^{2+} 的边界。$PbO(s)$ 和 Pb^{2+} 的平衡方程为

$$PbO(s) + 2H^+ =\!=\!= Pb^+ + H_2O$$

$$K = \frac{[Pb^{2+}]}{[H^+]^2} = 10^{12.7} \qquad (6-25)$$

将边界条件 $[Pb^{2+}] = 10^{-4} mol/L$ 代入式（6-25），得

$$pH = \frac{1}{2}\lg K - \frac{1}{2}\lg[Pb^{2+}] = 6.35 + 2 = 8.35$$

将此关系式绘图，得图 6-8 上通过 pH = 8.35 的垂直线 6，此线表示 Pb^{2+} 和 PbO 稳定区的分界线。

（7）PbO(s) 和 $Pb(OH)_3^-$ 的边界。PbO(s) 和 $Pb(OH)_3^-$ 的平衡方程为

$$PbO(s) + 2H_2O \Longrightarrow Pb(OH)_3^- + H^+$$
$$K = [Pb(OH)_3^-][H^+] = 10^{-15.4} \qquad (6-26)$$

将边界条件为 $[Pb(OH)_3^-] = 10^{-4} mol/L$ 代入式（6-26），得

$$pH = \lg[Pb(OH)_3^-] - \lg K = -4 + 15.4 = 11.4$$

将此关系式绘于图 6-8 上，得通过 pH = 11.4 的垂直线 7，它表示 PbO(s) 和 $Pb(OH)_3^-$ 稳定区域的边界线。

图 6-8 描述了 $Pb(s) - PbO - H_2O$ 体系中各有关组分稳定存在的 pe-pH 条件。由图可知：Pb^{2+} 在低 pH 区能稳定存在，在中等碱性区转化为 PbO，在高 pH 区转化为 $Pb(OH)_3^-$，在高 pe 区则以 PbO_2 的形式存在；金属铅只能在低 pe 值环境中稳定存在。

6.6　金属腐蚀

金属的腐蚀是危害最大的氧化还原现象之一，每年由于腐蚀引起的损失不计其数，腐蚀使设备、管道、建筑、文物遭到破坏，使金属进入水体，这种情形随着空气和水的污染而更趋严重。

金属腐蚀是指金属及合金跟周围接触到的某些物质发生化学反应被氧化而消耗的过程，金属腐蚀过程的实质是金属原子失电子被氧化的过程。

根据其发生的条件及现象不同，金属腐蚀可分为化学腐蚀和电化学腐蚀两类（见表 6-2）。化学腐蚀是金属与气体等直接接触发生氧化还原反应而被消耗的过程；电化学腐蚀是不纯的金属或合金与电解质溶液接触发生氧化还原反应而被消耗的过程。

表 6-2　化学腐蚀与电化学腐蚀的异同

腐蚀类型	化学腐蚀	电化学腐蚀
条件	金属与非电解质直接接触	不纯的金属或合金与电解质溶液接触
现象	无电流产生	有微弱电流产生
本质	金属被氧化的过程	较活泼金属被氧化的过程
相互关系	化学腐蚀、电化学腐蚀往往同时发生，但电化学腐蚀更普遍，危害更严重	

根据其还原反应的不同，金属腐蚀可分为析氢腐蚀和吸氧腐蚀两类。以氢离子还原反应为阴极过程的金属腐蚀叫做析氢腐蚀；以氧的还原反应为阴极过程的腐蚀叫做吸氧

腐蚀。

在弱酸性或中性环境下的化学腐蚀一般表现为吸氧腐蚀；在强酸性环境下的电化学腐蚀一般表现为析氢腐蚀。

6.6.1 腐蚀电池

只能导致金属材料破坏而不能对外界做功的短路原电池，称为腐蚀电池。形成腐蚀电池的原因有：

(1) 金属方面：成分不均匀，表面状态不均匀，组织结构不均匀，应力和形变不均匀，"亚微观"不均匀；

(2) 环境方面：金属离子浓度差异，氧浓度的差异，温度差异。

按其形成机理，腐蚀电池可分为宏观腐蚀电池和微观腐蚀电池。宏观腐蚀电池指阴极区和阳极区的尺寸较大，区分明显。宏观腐蚀形态是局部腐蚀，腐蚀破坏主要集中在阳极区。微观腐蚀电池指阳极区和阴极区尺寸小，很难区分。当微电池的阴、阳极位置不断变化时，腐蚀形态是全面腐蚀；当阴、阳极位置固定不变时，腐蚀形态是局部腐蚀。

腐蚀电池的特点有：

(1) 阳极反应都是金属的氧化反应，造成金属材料的破坏；

(2) 反应最大限度的不可逆；

(3) 阴、阳极短路，不对外做功。

受腐蚀的金属表面是阳极，发生氧化还原反应，如以 M 表示金属，则阳极反应为

$$M \longrightarrow M^{n+} + ne$$

在强酸环境下，阴极反应是氢离子的还原反应：

$$2H^+ + 2e \longrightarrow H_2 \, (g)$$

此时即为析氢腐蚀。

在弱酸性或中性环境下，氧参与阴极反应

$$O_2 + 2H_2O + 2e \longrightarrow 2H_2O$$

$$O_2 + 2H_2O + 2e \longrightarrow 2OH^- + H_2O_2$$

此时即为吸氧腐蚀。吸氧腐蚀可使腐蚀加快，也可生成保护膜减缓腐蚀。

铁的电池腐蚀如图 6-9 所示。

阴极反应消耗 H^+，使溶液中 OH^- 浓度升高，OH^- 通过电解质向阳极迁移，阳极上发生如下反应：

$$Fe \Longrightarrow Fe^{2+} + 2e$$

$$Fe^{2+} + 2OH \Longrightarrow Fe(OH)_2(s)$$

在充氧水中，

$$4Fe^{2+} + 4H^+ + O_2(aq) \Longrightarrow 4Fe^{3+} + 2H_2O$$

$$Fe^{3+} + 3OH^- \Longrightarrow Fe(OH)_3(s)$$

$Fe(OH)_3(s)$ 脱水变成 Fe_2O_3，这就是我们熟悉的红棕色铁锈。

$$2Fe(OH)_3(s) \Longrightarrow Fe_2O_3 + 3H_2O$$

同时，由于 $[OH^-]$ 浓度升高，使 $[CO_3^{2-}]$ 也升高，可产生 $CaCO_3$ 沉淀，当 $CaCO_3$ 与 $Fe(OH)_2$ 一起沉淀时便形成腐蚀瘤，腐蚀瘤常发生在阳极周围，而阳极由于 Fe 的腐蚀

出现腐蚀坑，图6-10是铁管中形成腐蚀坑与腐蚀瘤的机理图。

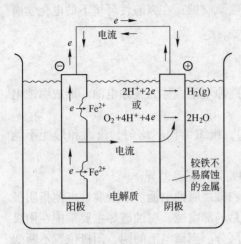

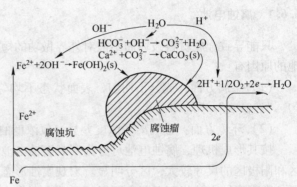

图6-9 铁的腐蚀电池示意图   图6-10 铁管中形成腐蚀坑与腐蚀瘤的机理图

6.6.2 浓差电池

由电池中存在浓度差而产生的电池称为浓差电池。浓差电池又分为两类：电解质浓度不同形成的浓差电池，称为离子浓差电池；另一类是电极浓差电池，电极材料相同但其浓度不同。

根据 Nernst 方程，同一种物质当浓度不同时也会产生电位差。例如，铁棒两段与不同 Fe^{2+} 浓度的电解质溶液接触时，便形成离子浓差腐蚀电池，如图 6-11 所示。

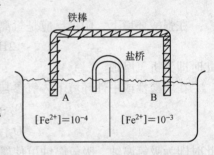

图6-11 铁浓差电池示意图

由于与 A 端接触的 [Fe^{2+}] 较稀，A 端的 Fe 因腐蚀作用倾向于溶解，使得两边浓度的差异减小。此时，A 端为阳极，B 端为阴极。

金属表面不同部位的溶解氧浓度不同，会形成电极浓差腐蚀电池。这种由于溶解氧浓度不同引起的腐蚀常称为"充氧差腐蚀"。

例如，附着在船体下的海贝类动物，使附着部分的溶解氧浓度低于周围船体直接与海水接触部分的溶解氧浓度，由于溶解氧参与以下阴极反应：

$$O_2 + 4H^+ + 4e \longrightarrow 2H_2O$$

溶解氧浓度高的部位倾向于发生阴极反应，以减小溶解氧浓度的差异。从溶解氧的阴极反应看到，H^+ 浓度也与该反应有关，因此 pH 值不同时也可形成浓差腐蚀电池，缓冲强度大的水不易形成 H^+ 浓度的差异，故不容易产生腐蚀。

6.6.3 腐蚀的控制

对腐蚀的控制无论从节约资源还是减轻环境污染都具有重要意义。酸雨因为提供了 $2H^+ + 2e \rightarrow H_2$ 的阴极反应使腐蚀更易发生。因此控制酸雨的发生也能减轻腐蚀问题，同时也能减轻因腐蚀溶出的重金属对环境的污染。海水是强电解质，为腐蚀电池提供了良好的内电路。因此船舶、码头和其他海上建筑构件极易发生腐蚀，由此产生的重金属以及涂料中的有机锡等将对海洋造成污染，对海洋水生物也会带来影响。因此，腐蚀和防腐蚀的研究是电化学家和环境化学家等共同关心的问题。

腐蚀的发生需要形成电化学电池，包括阳极、阴极、外电路和内电路。因此，只要阻止电化学电池的形成，便能控制腐蚀的发生。可以借助于消除阳极和阴极，消除或降低金属部位间的电位差，或者借助于断开内电路或外电路来对腐蚀进行控制。

6.6.3.1 材料的选择

尽量选用金属材料，或者是选用电位序低的材料。但是在某些条件下，一些在电位序中高的金属腐蚀产物，例如金属氧化物，可对金属起保护作用，使金属"钝化"。如在铝的表面总是存在着它的氧化物。铝锅在使用后是不光亮的，呈浅灰色，这是因为积累了保护性的氧化膜，而 Cl^- 可以穿透铝的氧化膜，并促使金属腐蚀。这很可能是由于形成了可溶性的氯合铝配合物，因此，在与海水接触的情况下，铝并不是一种好的选择。再例如，含12%铬的不锈钢在充氧的环境中能使钢表面形成氧化膜而钝化，电解质中的铬酸盐可促使在铁的表面上形成 $\gamma - Fe_2O_3$，使铁免遭腐蚀。

6.6.3.2 覆盖层

在金属表面覆盖涂料，如油漆、电镀保护层如镀铬、沉淀物如碳酸钙以及水泥或沥青材料等，通过使阳极或（和）阴极与外界隔离，可达到抗腐蚀的目的。

在金属结构物上覆盖保护层时，特别是在阳极区和阴极区的埋地管线中，应首先将阴极区保护起来。因为如果优先保护阳极区，则会出现一个小面积的阳极和一个巨大面积的阴极的局面，小面积阳极上产生的电子会被迅速地释放，电流密度大，因此阳极区的管线就会迅速地被腐蚀。

覆盖一层 $CaCO_3(s)$［或含铁盐的 $CaCO_3(s)$］来保护管道金属的内壁是市政供水处理的基本目标之一，这就要求在输配水之前，水的 Langelier 指数要稍微大于零。

6.6.3.3 绝缘

两种不同的金属相连接时，有时能形成腐蚀电池，使阳极金属腐蚀。在这种情况下，只要在两种金属之间插入一个绝缘的管接头即可阻止腐蚀电池的形成，绝缘的管接头能有效地将外电路切断。

6.6.3.4 化学药剂处理

利用各种化学药剂对水进行调节和处理是控制腐蚀的常用手段。缓蚀剂通常通过在金属表面的阳极或阴极的部位形成某种不透水层，这种不透水层能阻止在电极上的反应，从而减缓或抑制腐蚀反应。例如，各种碱金属的氢氧化物、碳酸盐、硅酸盐、硼酸盐、磷酸盐、铬酸盐和亚硝酸盐都能促使在金属上形成稳定的表面氧化物，或使金属表面氧化膜上的损坏得以修复。但是如果作阳极缓蚀剂的化学药剂使用的数量太少，就有可能促使局部的急剧腐蚀，因为可能在阳极上遗留下未加保护的区域，因此，电流密度会很大。当缓蚀剂为铬酸盐和聚磷酸盐时，这种情况需特别注意。

硫酸锌可以作阴极的缓蚀剂。溶液中的 Zn^{2+} 将与由阴极反应产生的 OH^- 作用，或者与碳酸盐作用，而形成微溶的锌沉淀物，这种锌沉淀物可将阴极覆盖住。

由于溶解氧的存在会引起一些腐蚀反应。例如充氧腐蚀中 O_2 与 H^+ 反应生成 H_2O 的阴极反应。从电解质溶液中消除溶解氧便可以防止这些问题的发生。对于热水和冷却水的循环系统以及锅炉用水来说，除去水中的氧气是常用的工业水处理法。

除氧是火电厂锅炉给水处理过程中一个非常关键的环节。给水溶氧量超标，短期内会使给水管路和省煤器出现点状腐蚀，粗糙度大增，既增加流动阻力，又易积聚沉淀物，加速垢下腐蚀。若氧腐蚀产物随给水进入锅炉，这些腐蚀产物在热负荷较高区域沉积，会造成管壁传热不良和溃疡性垢下腐蚀，严重时造成爆管。目前以亚硫酸钠法、联氨法除氧最为常见。亚硫酸钠除氧是一种炉内加药除氧法，用亚硫酸钠来进行化学除氧的基本条件是将水预热到较高的温度（80℃）和足够的反应时间。该方法由于亚硫酸钠价廉故而投资低，操作也较为简单。但此法加药量不易控制，除氧效果不可靠，无法保证达标，另外还会增加锅炉水含盐量，导致排污量增大，热量浪费，是不经济的。因此该方法一般用在小型工业锅炉。高压锅炉多采用联氨除氧，联氨与氧反应生成氮和水，有利于阻碍腐蚀的进一步发展。但联氨有毒，容易挥发，不能用于饮用水锅炉和生活用水锅炉除氧。

6.6.3.5　阴极保护

阴极保护是将需要保护的金属构件转化为阴极。因为金属的腐蚀总是发生在阳极上，而不会发生在阴极上。阴极保护可以有以下三种方式：

（1）牺牲阳极法。用一个所谓的"牺牲阳极"与要保护的材料相连接，牺牲阳极的材料较欲保护的材料更易受腐蚀，充当整系统的阳极，从而将要保护的材料转化为阴极。

通常用镁作牺牲阳极，镁很容易失去电子，镁的氧化反应 $Mg \rightarrow Mg^{2+} + 2e$ 其 E° 高达 2.37V。牺牲电极和欲保护结构之间必须用锡焊或铜焊，使接触良好。

（2）外加电流法。在系统上施加一个与腐蚀电流方向相反的直流电流，抵消腐蚀电池所产生的电流。此时，可以用一块金属（例如废铁或石墨）作阳极。

（3）镀锌法。镀锌是另一种形式的阴极保护。镀锌管是镀覆有一层薄层锌的钢管。由于锌对铁来说是阳极的，锌将比铁先腐蚀，从而保护了铁。锌的腐蚀产物（碳酸盐和氢氧化物）黏附在镀锌的表面上，也会使锌钝化。

6.7　高级氧化技术

高级氧化技术是相对于常规氧化技术而言的，指在体系中利用物理手段、催化氧化技术或者各种手段的联合产生具有高度反应活性的自由基（如羟基自由基，·OH），充分利用自由基的活性，快速彻底地氧化有机污染物的处理技术。羟基自由基具有如下重要性质：

（1）·OH 是一种很强的氧化剂，其氧化还原电位为 2.80V，在已知的氧化剂中仅次于氟；

（2）·OH 的能量为 502kJ/mol，有机物的主要化学键的能量分别为 C—C：347kJ/mol；C—H：414kJ/mol；C—N：305kJ/mol；C—O：351kJ/mol；O—H：464kJ/mol；N—H：389kJ/mol。因此从理论上讲，·OH 可以彻底氧化（矿化）所有的有机污染物；

（3）具有较高的电负性或电子亲和能（569.3kJ），容易进攻高电子云密度点，同时，·OH 的进攻具有一定的选择性；

（4）·OH 还具有加成作用，当有碳碳双键存在时，除非被进攻的分子具有高度活泼的碳氢键，否则，将在双键处发生加成反应；

（5）由于它是一种物理－化学处理过程，很容易加以控制以满足处理需要，甚至可以降解 10^{-9} 数量级的污染物；

（6）既可作为单独处理，又可与其他处理过程相匹配，如作为生化处理前的预处理，可降低处理成本。

它以一种近似于扩散的速率 $\left[K_{HO\cdot} > 10^9 mol/(L\cdot s)\right]$ 与污染物反应，反应彻底，不产生副产物。因此，深度氧化技术为解决传统化学和生物氧化法难以处理的污染问题开辟了一条新途径。

高级氧化技术内容广泛，各方法之间相互穿插交错。但根据产生自由基的方式和反应条件的不同，可将之分为化学氧化法、湿式空气氧化法、超临界水氧化法、光化学氧化法、声化学氧化法及结合催化剂产生的催化氧化法。

化学氧化法是以化学物质的强氧化性为主，结合其他手段产生自由基进一步提高氧化性，达到降低氧化选择性的一种氧化手段。目前，这个方面的研究主要集中在臭氧、过氧化氢等氧化性物质的研究。

湿式空气氧化法（简称湿式氧化法）是在高温（125～320℃）、高压（0.5～20MPa）条件下，以氧气或空气作为氧化剂使废水中的有机污染物直接氧化。在湿式氧化中加入催化剂产生的湿式催化氧化也受到了广泛的重视和研究。按催化剂在体系中存在的形式，可将湿式催化氧化法分为均相湿式催化氧化法和多相湿式催化氧化法。

超临界水氧化法实质上是湿式氧化的强化与改进，与湿式氧化法相比，其反应温度更高（$T_c > 374℃$）、压力更大（$P_c > 22.05MPa$）。它是利用水在超临界状态下其性质发生较大的变化，气体和有机物可完全溶解于水中，气液相界面消失，形成均相氧化体系，提高了反应速率。超临界水氧化技术具有反应迅速、氧化程度彻底的优点。

光化学氧化法是在可见光或紫外光作用下结合活性物质进行的反应过程，其反应条件温和（常温常压）、氧化能力强。光氧化可分为直接光氧化和加入活性物质的间接光氧化。间接光氧化又可细分为光敏化氧化、光激发氧化和光催化氧化。目前，对光催化氧化的研究居多，其中 TiO_2/UV 与 O_3/UV 是研究较多也是最有前途的两种光化学氧化技术。

声化学氧化法是利用超声空化效应所带来的高温（5000K）、高压（100MPa），几乎使所有污染物在此条件下完全氧化降解。

超声空化降解有机物的机理是当有一定功率的超声波辐射水溶液时，水中的微小气泡在超声负压和正压的作用下急剧膨胀和压缩、破裂和崩溃。由于气泡的寿命约为 $0.1\mu s$，气泡内的气体受压后急剧升温，高温使气泡内的气体和液体交界面的介质裂解产生自由基，从而造成超声空化效应。超声空化效应使污染物在高温下裂解为 $O\cdot$、$\cdot OH$、$HO_2\cdot$ 自由基，水中有机物被这些自由基氧化发生降解而形成稳定产物。

声化学处理废水效率很高，但其发生装置复杂，废水处理成本较高。本章将重点介绍臭氧的高级氧化技术和 Fenton 试剂的高级氧化技术。

6.7.1 臭氧高级氧化技术

6.7.1.1 臭氧性质与臭氧高级氧化技术的特点

臭氧在常温常压下是一种不稳定、具有特殊刺激性气味的浅蓝色气体，臭氧具有极强的氧化性能，在酸性介质中氧化还原电位为 2.07V，在碱性介质中为 1.27V，其酸性介质中氧化能力仅次于氟，高于氯和高锰酸钾。基于臭氧的强氧化性，且在水中可短时间内自行分解，没有二次污染，因此是理想的绿色氧化药剂。

臭氧高级氧化技术已在水处理中得到广泛的应用，如杀菌消毒、除臭、除味、除色、分解洗涤剂、农药等有机物及分解氰化物、亚硝酸等有毒无机物。但臭氧应用于污染处理还存在着一些问题，如臭氧的发生成本高，而利用率偏低，使臭氧处理的费用高；臭氧与有机物的反应选择性强，在低剂量和短时间内臭氧不可能完全矿化污染物，且分解生成的中间产物会阻止臭氧的进一步氧化。其他的一些问题还包括：

（1）臭氧在常温下呈气态，较难应用；

（2）由于经济等方面的原因，O_3 投加量不可能很大，将大分子有机物无机化时，这将导致 O_3 不可能将部分中间产物（如甘油、乙醇、乙酸等）完全氧化。同时，O_3 不能有效地去除氨氮，对水中有机氯化物无氧化效果；

（3）臭氧氧化会产生诸如饱和醛类、环氧化合物和次溴酸（当水中含有较多的溴离子时）等副产物，对生物有不良影响。

因此提高臭氧利用率和氧化能力就成为臭氧深度氧化技术的研究热点。

6.7.1.2　臭氧氧化的机理

臭氧氧化反应存在两条途径，即臭氧与溶解物的直接反应，或臭氧分解产生羟基自由基而引发的链反应（见图 6-12）。

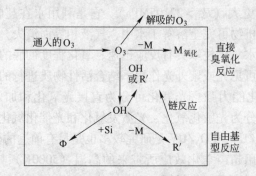

图 6-12　臭氧氧化机理示意图

M—溶解物；$M_{氧化}$—溶解物的氧化产物；Si—自由基净化剂；
Φ—对臭氧分解物催化作用的产物；R′—对臭氧分解起催化作用的产物

A　臭氧分子的直接氧化反应

臭氧的分子结构呈三角形，中心氧原子与其他两个氧原子间的距离相等，在分子中有一个离域 π 键，臭氧分子的特殊结构使得它可以作为偶极试剂、亲电试剂和亲核试剂。在直接氧化过程中，臭氧分子直接加到反应物分子上，形成过渡型中间产物，然后再转化成最终产物，臭氧与烯烃类物质的反应就属于此类型。臭氧能与许多有机物或官能团发生反应，如 C=C 、 C≡C 、芳香化合物、碳环化合物、 =C—N=S 、 C≡N 、C—Si、C—Si、—OH、—SH、—NH₂、—CHO、 —N=N 等。臭氧与有机物的反应是选择性的，而且不能将有机物彻底分解为 CO_2 和 H_2O，臭氧与芳烃类化合物发生反应，生成不稳定的中间产物，这些不稳定的中间产物很快地分解形成茶酚、苯酚和羧酸衍生物。苯酚能被臭氧进一步氧化为有机酸和醛。

臭氧与有机物的直接反应机理可以分为以下三类：

（1）打开双键发生加成反应。由于臭氧有一种偶极结构，因此可以同有机物的不饱和键发生1.3-偶极环加成反应，形成臭氧化的中间产物，并进一步分解形成醛、酮等羰基化合物和水。例如：

$$R_1R_2C = CR_3R_4 + O_3 \longrightarrow R_1COOR_2 + R_3R_4C = O$$

式中，R基团可以是烃基或氢。

（2）亲电反应。对于芳香族化合物，当取代基为给电子基团（—OH，—NH$_2$ 等）时，与它邻位或对位碳具有高的电子云密度，臭氧化反应发生在这些位置上；当取代基是吸电子基团（如—COOH，—NO$_2$ 等）时，臭氧化反应比较弱，反应发生在这类取代基的间位碳原子上，进一步与臭氧反应则形成醌打开芳环，形成带有羧基的脂肪族化合物。

（3）亲核反应。亲核反应只发生在带有吸电子基团的碳原子上。臭氧分子具有极强的选择性，仅限于同不饱和芳香族或脂肪族化合物或某些特殊基团发生反应。

B　臭氧分子自由基反应

臭氧在碱性环境等因素作用下，产生活泼的自由基，主要是羟基自由基（·OH），与污染物反应。当水中存在大量 OH^-、H_2O_2/HO_2^-、Fe^{2+}、紫外线等自由基激发剂或促进剂时，在自由基激发剂或促进剂的作用下，臭氧使反应体系中产生大量的羟基自由基，羟基自由基会发生链式反应产生更多的活性自由基，羟基自由基的链式反应促使臭氧氧化体系对水中有机物有很强的去除能力。

臭氧的羟基自由基的引发、产生和反应机理如下：

（1）臭氧自由基引发反应：

$$H_2O_2 \longrightarrow HO_2^- + H^+$$
$$H_2O^- + 2O_3 \longrightarrow 2HO_2 \cdot + O_3^- \cdot$$
$$O_3 \cdot + H^+ \longrightarrow HO_3^+ \cdot$$
$$HO_3 \cdot \longrightarrow \cdot OH + O_2$$

合并上式，可以写为：　　$H_2O_2 + 2O_3 \longrightarrow 2 \cdot OH + 3O_2$

（2）自由基产生反应：

$$O_3 + O_2 \cdot \longrightarrow \cdot O_3 + O_2$$
$$HO_3 \cdot \longrightarrow O_3^- \cdot + H^+$$
$$HO_3 \cdot \longrightarrow \cdot OH + O_2$$
$$\cdot OH + O_3 \longrightarrow HO_4 \cdot$$
$$HO_4 \cdot \longrightarrow O_2^- \cdot + HO_2^+ \cdot$$

（3）自由基与有机物的反应：

$$H_2R + \cdot OH \longrightarrow HR \cdot + H_2O$$
$$HR \cdot + O_2 \longrightarrow HRO_2 \cdot$$
$$HRO_2 \cdot \longrightarrow R + HO_2 \cdot$$

$$HRO_2 \cdot \longrightarrow RO + \cdot OH$$

6.7.2 Fenton 试剂高级氧化技术

6.7.2.1 过氧化氢性质与 Fenton 试剂高级氧化技术的特点

过氧化氢（H_2O_2）是一弱酸性的无色透明液体，它的许多物理性质和水相似，可与水以任意比例混合，过氧化氢的水溶液也叫双氧水。过氧化氢具有氧化还原性，其氧化还原性在不同的酸、碱和中性条件下会有所不同。使用过氧化氢溶液作为氧化剂，由于其分解产物为水和二氧化碳，不产生二次污染，因此它也是一种绿色氧化剂。过氧化氢不论在酸性或碱性溶液中都是强氧化剂，只有遇到如高锰酸根等更强的氧化剂时，它才起还原作用。过氧化氢在酸性溶液中的氧化反应往往很慢；而在碱性溶液中氧化反应是快速的。过氧化氢在水溶液中的氧化还原性由下列电位决定：

$$H_2O_2 + 2H^+ + 2e \Longrightarrow 2H_2O, \quad E = 1.77V$$

$$O_2 + 2H^+ + 2e \Longrightarrow H_2O_2, \quad E = 0.68V$$

$$H_2O_2 + 2e \Longrightarrow 2OH^-, \quad E = 0.88V$$

溶液中微量存在的杂质，如金属离子（Fe^{3+}，Cu^{2+}）、非金属、金属氧化物等都能催化过氧化氢的均相和非均相分解。

Fenton 试剂是指在天然、或人为添加的亚铁离子（Fe^{2+}）时，与过氧化氢发生作用，能够产生高反应活性的 $\cdot OH$ 的试剂。过氧化氢还可以在其他催化剂（如 Fe、UV_{254} 等）以及其他氧化剂（O_3）的作用下，产生氧化性极强的 $\cdot OH$，使水中有机物得以氧化而分解。Fenton 试剂高级氧化技术具有以下特点：

（1）Fenton 试剂反应中产生大量的羟基自由基，具有很强的氧化能力，和污染物反应时具有快速、无选择性的特点；

（2）Fenton 氧化是一种物理 - 化学处理过程，很容易加以控制，以满足其他处理的需要，对操作设备要求不是太高；

（3）它既可作为单独处理单元，又可与其他处理过程相匹配，如作为生化处理的前处理；

（4）典型的 Fenton 氧化反应需要在酸性条件下才能顺利进行，会对环境带来一定的危害；

（5）Fenton 反应是放热反应会产生大量的热量；

（6）Fenton 氧化对生物难降解的污染物具有极强的氧化能力，而对于一些生物易降解的小分子反而不具备优势。

6.7.2.2 Fenton 试剂反应路径

Fenton 试剂产生 $\cdot OH$ 的机理为：

$$Fe^{2+} + H_2O_2 \longrightarrow Fe^{3+} + OH^- + \cdot OH$$

$$\cdot OH + Fe^{2+} \longrightarrow Fe^{3+} + OH^-$$

$$Fe^{3+} + H_2O_2 \Longrightarrow Fe^{2+} + HO_2 \cdot + H^+$$

$$Fe^{3+} + HO_2 \cdot \longrightarrow Fe^{2+} + O_2 + H^+$$

$$Fe^{2+} + \cdot OH \longrightarrow Fe^{3+} + OH^-$$

产生羟基自由基的路径可由图 6-13 表示。

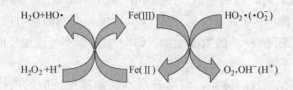

图 6-13 Fenton 反应体系中过氧化氢产生自由基反应

在水溶中的主要反应路径是生成具有高度氧化性和反应活性的 $\cdot OH$；但在过氧化氢过量情况下，还可生成 $HO_2 \cdot$（$\cdot O_2^-$）等具有还原活性的自由基；另外过氧化氢还可自行分解或直接发生氧化作用，哪种路径占主导取决于环境条件。

Fenton 反应生成的 $\cdot OH$ 能通过以下的反应快速地降解多种有机物：

$$RH + \cdot OH \longrightarrow H_2O + R \cdot$$

$$R \cdot + Fe^{3+} \longrightarrow Fe^{2+} + 产物$$

这种氧化反应速率极快，遵循二级动力学，在酸性 pH 值条件下效率最高，在中性到强碱性条件下效率较低。

6.7.2.3 Fenton 试剂反应影响因素

由 Fenton 试剂反应的机理可知，$\cdot OH$ 是氧化有机物的有效因子，而 $[Fe^{2+}]$、$[H_2O_2]$、$[OH^-]$ 决定了 $\cdot OH$ 的产量，因而决定了与有机物反应的程度。影响该系统的因素包括溶液 pH 值、反应温度、H_2O_2 投加量及投加方式、催化剂（Fe^{2+}）与 H_2O_2 投加量之比、反应温度等。

A　pH 值的影响

Fenton 试剂反应适宜的 pH 值范围一般为 3.0 ~ 5.0，因为 pH 值升高不仅抑制了 $\cdot OH$ 的产生，而且使溶液中的 Fe^{2+} 以氢氧化物的形式沉淀而失去催化能力；当 pH 值低于 3 时，溶液中的 H^+ 浓度过高，Fe^{3+} 不能被顺利地还原为 Fe^{2+}，催化反应受阻。

B　H_2O_2 投加量及投加方式的影响

随着 H_2O_2 用量的增加，COD 的去除率先增大，而后出现下降。当 H_2O_2 的浓度较低时，H_2O_2 的浓度增加，产生的 $\cdot OH$ 量增加；当 H_2O_2 浓度过高时，过量的 H_2O_2 不但不能通过分解产生更多的自由基，反而在反应一开始就将 Fe^{2+} 迅速氧化为 Fe^{3+}，并且过量的 H_2O_2 自身会分解。

保持 H_2O_2 总投加量不变，将 H_2O_2 均匀地分批投加，可提高废水的处理效果。其原因是：H_2O_2 分批投加时，$[H_2O_2]/[Fe^{2+}]$ 相对降低，即催化剂浓度相对提高，从而使 $\cdot OH$ 产率增大，提高了 H_2O_2 的利用率，进而提高了总的氧化效果。

C　催化剂种类和投加量的影响

能催化 H_2O_2 分解生成 $\cdot OH$ 的催化剂很多，Fe^{2+}、Fe^{2+}/TiO_2、Cu^{2+}、Mn^{2+}、Ag^+、活性炭等均有一定的催化能力，不同催化剂存在下 H_2O_2 对难降解有机物的氧化效果不同，不同催化剂同时使用时能产生良好的协同催化作用。

Fe^{2+}是催化 H$_2$O$_2$分解生成羟基自由基最常用的催化剂。一般情况下，随着 Fe^{2+}用量的增加，废水 COD 的去除率先增大，而后呈下降趋势。

当 Fe^{2+}的浓度过低时，自由基的产生量和产生速率都很小，降解过程受到限制；当 Fe^{2+}过量时，它能还原 H$_2$O$_2$且自身氧化为 Fe^{3+}，消耗药剂的同时增加出水色度。因此，当 Fe^{2+}浓度过高时，随着 Fe^{2+}的浓度增加，COD 去除率不再增加反而有减小的趋势。

D   反应温度的影响

对于一个 Fenton 试剂反应体系，温度升高不仅加速主反应的进行，同时也加速副反应和相关逆反应的进行，但其量化研究非常困难。一般而言，当温度低于 80℃时，温度对降解 COD 有正效应；当温度超过 80℃以后，则不利于 COD 成分的降解。适当的温度激活了自由基，而过高的温度就会导致 H$_2$O$_2$分解为 O$_2$和 H$_2$O。

〜〜〜〜〜〜〜〜〜〜〜〜〜〜〜〜〜〜〜〜〜〜〜〜〜〜〜

习 题

6-1   什么是电子活度 pe？它与 pH 有何区别？

6-2   O$_3$（臭氧）和 ClO$_2$（二氧化氯）都是强氧化剂，它们的半反应为：

$$O_3 + 2H^+ + 2e \rule[0.5ex]{1em}{0.4pt} O_2 + H_2O, \qquad E_H^\circ = 2.07V$$

$$ClO_2 + e \rule[0.5ex]{1em}{0.4pt} ClO_2^-, \qquad E_H^\circ = 1.15V$$

求解：（1）写出 O$_3$与 NaClO$_2$的反应方程式；

      （2）该反应式的平衡常数；

      （3）该反应式的 ΔG 值。

6-3   已知在酸性溶液中 Mn 的 Ⅱ、Ⅲ 和 Ⅳ 氧化态物种转化关系及平衡常数为：

$$Mn(Ⅲ) + e \rule[0.5ex]{1em}{0.4pt} Mn(Ⅱ), \quad lgK = 25$$

$$Mn(Ⅳ) + 2e \rule[0.5ex]{1em}{0.4pt} Mn(Ⅱ), \quad lgK = 40$$

求 Mn(Ⅳ) + e = Mn(Ⅲ) 氧化-还原电对的标准电极电位和 p$e$$^\circ$ 值。

6-4   氧化还原反应由两个半反应构成，若反应中发生一个电子转移，问半个半反应间的标准电位值差应有多大才能使全反应在标准状态下趋于完全（即 $K > 10^4$）？

6-5   有一个垂直湖水，pe 随湖的深度增加将起什么变化？

6-6   从湖中取出深层水，其 pH = 7.0，含溶解氧质量浓度为 0.32mg/L，请计算 pe 和 E_h。

（pe = 13.2，E_h = 0.78V）

6-7   25℃和 pH = 6.0 的水溶液中含铁浓度 $c_T = 10^{-5}$mol/L，该溶液与正常大气达成平衡，试计算其中 Fe^{2+}和 Fe^{3+}的浓度（忽略其他可溶状态铁的存在，且不计离子强度影响）。

6-8   在厌氧菌作用下，按下列反应在水中产生甲烷：

$$\frac{1}{8}CO_2 + H^+ + e \rule[0.5ex]{1em}{0.4pt} \frac{1}{8}CH_4 + \frac{1}{4}H_2O \quad (pe^\circ = 2.87)$$

若水的 pH = 7.0，又假定 $p_{CO_2} = p_{CH_4}$，求水面上氧气分压是多少？

6-9   在厌氧消化池中和 pH = 7.5 的水接触的气体含 65% 的 CH$_4$和 35% 的 CO$_2$，请计算 pe 和 E_h。

（pe = -4.16，E_h = -0.25V）

6-10   水中主要的含氮化合物有 NO$_3^-$、NO$_2^-$、NH$_4^+$ 和 NH$_3$，试画出这些物种的 pe-pH 优势区域图。

      已知：

$$NO_3^- + 2H^+ + 2e \rule[0.5ex]{1em}{0.4pt} NO_2^- + H_2O, \qquad pe = 14.2$$

$$NO_3^- + 10H^+ + 8e \Longrightarrow NH_4^+ + 3H_2O, \qquad pe = 14.9$$

$$NO_2^- + 8H^+ + 6e \Longrightarrow NH_4^+ + 2H_2O, \qquad pe = 15.0$$

$$NH_4^+ \Longrightarrow NH_3 + H^+, \qquad pK_a = 9.3$$

在一个 pH 值为 10.0 的 SO_4^{2-} – HS^- 体系中（25℃），其反应为

$$SO_4^{2-} + 9H^+ + 8e \longrightarrow HS^- + 4H_2O(1)$$

已知其标准自由能 $G_f^\ominus$ 值 SO_4^{2-}：–742.0kJ/mol；HS^-：12.6kJ/mol；H_2O：–273.2kJ/mol。水溶液中质子和电子的 $G_f^\ominus$ 值为零。

7 相间作用

本章内容提要：

天然水和废水中大部分重要的化学和生化现象都涉及相间的相互作用，有的还涉及三相间的相互作用。本章内容主要包括：气体在水中的溶解与挥发，固体在水中的沉淀与溶解，水中颗粒物的吸附作用，水中颗粒物的聚集。此外，还简要介绍目前在水处理和其他领域广泛应用的膜分离技术。

在天然水和废水中完全的均相反应是很少的，实际上水中大部分重要的化学和生化现象都涉及相间的相互作用，有的还涉及三相间的相互作用，在水化学中重要的相间相互作用如表 7-1 所示。

表 7-1   水化学中重要的相间相互作用

相间作用	界面	实例
气体的溶解	气－液	曝气、CO_2 平衡、复氧作用
气体的挥发	气－液	挥发性有机物以及厌氧条件下产生的 H_2S、CH_4 等的挥发
固体的溶解	固－液	岩石风化，底泥中重金属的溶出，酸雨、酸性矿排水对环境的影响
固体的沉淀	固－液	沉积物的形成，用絮凝剂进行水处理
固体表面的吸附作用	固－液	水中悬浮颗粒对污染物的吸附，黏土颗粒对水中磷酸盐的吸附，用活性炭、沸石等进行水处理
胶体颗粒的聚集作用	固－液	河口地区有较多沉积物
有机物的憎水作用	液－液	油、农药等形成不溶膜浮在水面上
膜的渗透作用	固－液 液－液	生物体的生命活动，用膜进行水处理

7.1 表面张力和表面自由能

表面张力和表面自由能是从不同角度描述液体表面性质的一对物理量。表面张力是从力的平衡来考虑，表面自由能则从能量变化来考虑。

表面张力，是垂直地通过液体表面任一单位长度并沿着与液面相切方向收缩表面的力。通常，由于环境不同，处于界面的分子与处于相本体内的分子所受力是不同的。在水内部的一个水分子受到周围水分子的作用力的合力为 0，但在表面的一个水分子却不如此。因上层空间气相分子对它的吸引力小于内部液相分子对它的吸引力，所以该分子所受合力不等于零，其合力方向垂直指向液体内部，结果导致液体表面具有自动缩小的趋势，这种收缩力即为表面张力。由于表面张力的作用，液体表面总是趋向于尽可能缩小，因此空气中的小液滴往往呈圆球形状。

表面张力的大小跟分界线的长度成正比，其比值叫做表面张力系数（σ），表面张力系数是物质的特性，其大小与温度和界面两相物质的性质有关。

一般说来液体表面张力系数随压力变化不大，随温度上升而下降，例如20℃时1大气压力下水的表面张力系数为72.88mN/m，25℃时是72.14mN/m，30℃时是71.40mN/m。表面张力系数随液体性质不同可有很大差别。例如20℃时有机液体苯的表面张力系数是28.88mN/m，而液体金属汞的表面张力系数则是486.5mN/m。

与表面张力系数相关的作用力可以分为两类：

（1）化学力，有离子键（如熔盐中）、金属键（如水银及其他液体金属或合金中）、氢键（如水及其他多羟基液体中）；

（2）物理力，有色散力（存在于一切分子间）、取向力（存在于极性分子间）、诱导力（存在于极性分子间、极性分子与非极性分子间）。

一般说来，化学力比物理力要强，故液体金属的表面张力系数较高，总在100mN/m以上；生成氢键的液体比不形成氢键的液体表面张力系数高。物理作用力与物质分子的大小、结构密切相关。

液体表面张力系数的性质表现为：

（1）液体不同表面张力系数不同，例如，密度小、容易蒸发的液体表面张力系数小，如液氢和液氮；已熔化的金属表面张力系数则很大；

（2）表面张力系数随温度的升高而减小，近似地为一线性关系；

（3）表面张力系数的大小还与相邻物质的化学性质有关；

（4）表面张力系数还与杂质有关，加入杂质可促使液体表面张力系数增大或减小。一般说来醇、酸、醛、酮等有机物质大都是表面活性物质，比水的表面张力系数小得多。例如，在钢液结晶时，加入少量的硼，就是为了促使液态金属加快结晶的速度。

表面自由能是在恒温恒压条件下使体系增加单位表面积外界对体系所做的功。在热力学中表面自由能为等温条件下能转变为机械能的表面内能部分。

表面张力系数 σ 在数值上等于增加单位表面积时所增加的表面能。如果液体表面积增大 ΔS，液体表面自由能增加 ΔE，则表面张力系数 σ 等于增加单位表面积时，外力所需做的功，即 $\sigma = \Delta E/\Delta S$。

表面张力系数和表面自由能在解释水的性质、各种毛细现象、润湿作用、表面活性剂的功能、膜水处理等界面作用中具有重要作用。

7.2 气体在水中的溶解与挥发

7.2.1 亨利定律与气体在水中的溶解度

7.2.1.1 亨利定律

溶解在水中的气体对水生生物有重要的意义，例如鱼需要溶解氧，在污染水体许多鱼的死亡,不是由于污染物的直接毒性致死,而是由于在污染物的生物降解过程中大量消耗水体中的溶解氧,导致它们无法生存。

大气中的气体分子与溶液中同种气体分子间的平衡为

$$X(g) \Longrightarrow X(aq) \tag{7-1}$$

它服从亨利(Henry)定律,即一种气体在液体中的溶解度正比于与液体所接触的该种气体的分压。但必须注意,由 Henry 定律计算得到的气体溶解度,并不包括由于化学反应而进入水体的气体,例如

$$CO_2 + H_2O \Longrightarrow H^+ + HCO_3^-$$

$$SO_2 + H_2O \Longrightarrow H^+ + HSO_3^-$$

因此,溶解于水中的实际气体的量,可以大大高于 Henry 定律表示的量。Henry 定律的表达式为

$$[X(aq)] = K_H \cdot p_G \tag{7-2}$$

式中　　$[X(aq)]$——各种气体在水中的溶解度;

　　　　K_H——各种气体在一定温度下的 Henry 定律常数(见表 7-2);

　　　　p_G——各种气体的分压。

在计算气体的溶解度时,需要对水蒸气的分压加以校正,表 7-3 给出了水在不同温度下的分压。根据这些参数,就可按 Henry 定律计算出气体在水中的溶解度。

表 7-2　25℃时一些气体在水中的 Henry 定律常数

气　体	$K_H/\text{mol} \cdot (L \cdot Pa)^{-1}$	气　体	$K_H/\text{mol} \cdot (L \cdot Pa)^{-1}$
O_2	1.26×10^{-8}	N_2	6.40×10^{-9}
O_3	9.16×10^{-8}	NO	1.97×10^{-8}
CO_2	3.34×10^{-7}	NO_2	9.74×10^{-8}
CH_4	1.32×10^{-8}	HNO_2	4.84×10^{-4}
C_2H_4	4.84×10^{-8}	HNO_3	2.07
H_2	7.80×10^{-9}	NH_3	6.12×10^{-4}
H_2O_2	7.01×10^{-1}	SO_2	1.22×10^{-5}

表 7-3　水在不同温度下的分压

$t/℃$	0	5	10	15	20	25
$p_{H_2O}/10^5 Pa$	0.00611	0.00872	0.01228	0.01705	0.02337	0.03167
$t/℃$	30	35	40	45	50	100
$p_{H_2O}/10^5 Pa$	0.04241	0.05621	0.07374	0.09581	0.12330	1.0130

7.2.1.2　气体在水中的溶解度

A　氧的溶解度

氧在干燥空气中的含量为 20.95%,水体中大部分元素氧来自大气,因此水体与大气接触再复氧的能力是水体的一个重要特征。藻类的光合作用会放出氧气,但这个过程仅限于白天。

氧在水中的溶解度与水的温度、氧在气体中的分压及水中含盐量有关。氧在 1.0130

$\times 10^5$Pa、25℃饱和水中的溶解度，可按下面步骤计算。首先从表 7 – 3 可查出水在 25℃时的蒸汽压为 0.03167×10^5Pa，由于干空气中氧的含量为 20.95%，所以氧的分压为

$$p_{O_2} = (1.0130 - 0.03167) \times 10^5 Pa \times 0.2095 = 0.2056 \times 10^5 Pa$$

代入 Henry 定律即可求出氧在水中的浓度为

$$[O_2(aq)] = K_H \cdot p_{O_2} = (1.26 \times 10^{-8} \times 0.2056 \times 10^5) mol/L = 2.6 \times 10^{-4} mol/L$$

氧的摩尔质量为 32g/mol，因此其溶解度为 8.32mg/L。

气体的溶解度随温度升高而降低，这种影响可由 Clausius – Clapeyron 方程表示

$$\lg \frac{c_2}{c_1} = \frac{\Delta H}{2.303R} \left(\frac{1}{T_1} - \frac{1}{T_2} \right) \tag{7-3}$$

式中 c_1，c_2——热力学温度 T_1 和 T_2 时，气体在水中的浓度；

ΔH——溶解热，J/mol；

R——摩尔气体常数，8.314J/(mol·K)。

因此，若温度从 0℃ 上升到 35℃ 上时，氧在水中的溶解度将从 14.74mg/L 降低到 7.03mg/L。由此可见，与其他溶质相比，溶解氧的水平是不高的，一旦发生氧的消耗反应，则溶解氧浓度可以很快地降至零。

B CO₂ 的溶解度

25℃时二氧化碳在水中的溶解度可用 Henry 定律来计算。已知干空气中 CO_2 的含量为 0.0314%（体积分数），水在 25℃ 蒸汽压为 0.03167×10^5Pa，CO_2 的 Henry 定律常数为 3.34×10^{-7} mol/(L·Pa)（25℃）。溶解于水中的 CO_2 存在形态有 $CO_2(aq)$、H_2CO_3、HCO_3^- 和 CO_3^{2-}。根据本书4.3节可知天然水中 H_2CO_3 和 CO_3^{2-} 可以忽略不计，所以仅需计算 $CO_2(aq)$ 和 HCO_3^- 的浓度。根据已知条件，得

$$p_{CO_2} = (1.0130 - 0.03167) \times 10^5 Pa \times 3.14 \times 10^{-4} = 30.8 Pa$$

$$[CO_2(aq)] = (3.34 \times 10^{-7} \times 30.8) mol/L = 1.028 \times 10^{-5} mol/L$$

HCO_3^- 的浓度可从 H_2CO_3（$[CO_2(aq)] \approx H_2CO_3$）的解离常数（$K_1$）计算出

$$\frac{[H^+][HCO_3^-]}{[H_2CO_3]} = K_1 = 4.45 \times 10^{-7}$$

$$[H^+] = [HCO_3^-]$$

$$\frac{[HCO_3^-]^2}{[CO_2(aq)]} = K_1$$

$$[HCO_3^-] = (1.028 \times 10^{-5} \times 4.45 \times 10^{-7})^{1/2} mol/L = 2.14 \times 10^{-6} mol/L$$

故 CO_2 在水中的溶解度应为

$$[CO_2(aq)] + [HCO_3^-] = (1.208 + 0.214) \times 10^{-5} mol/L = 1.24 \times 10^{-5} mol/L$$

7.2.2 双膜理论与水中有机污染物的挥发作用

挥发作用是有机物质从水中溶解态转入气相的一种重要迁移过程。在自然环境中，需要考虑许多有毒物质的挥发作用。挥发速率依赖于有毒物质的性质和水体的特征。

有机毒物的挥发速率可以根据以下关系得到

$$\frac{\partial c}{\partial t} = -K_v(c - p/K_H)/Z = -K_v'(c - p/K_H) \tag{7-4}$$

式中　c——溶解相中有机毒物的浓度；

　　K_v——挥发速率常数；

　　K'_v——单位时间混合水体的挥发速率常数；

　　Z——水体的混合深度；

　　p——有机毒物在水面上大气中的分压；

　　K_H——Henry 定律常数。

在许多情况下，化合物的大气分压是零，所以方程式（7-4）可简化为

$$\frac{\partial c}{\partial t} = -K'_v c \qquad (7-5)$$

根据总污染物浓度（c_T）计算时，则式（7-5）可改写为

$$\frac{\partial c_T}{\partial c} = -K_{v,m} c_T \qquad (7-6)$$

$$K_{v,m} = -\frac{K_v \alpha_w}{Z}$$

式中　α_w——有机毒物可溶解相分数。

水中有机污染物的挥发速率可根据双膜理论来估算。双膜理论是基于化学物质从水中挥发时必须克服来自近水表层和空气层的阻力而提出的。这种阻力控制着化学物质由水向空气迁移的速率。某化学物质从水中挥发时的质量迁移过程可用图 7-1 表示。由图可见，化学物质在挥发过程中要分别通过一个薄的"液膜"和"气膜"。在气膜和液膜的界面上，液相浓度为 c_i，气相分压为 p_{c_i}，假设化学物质在气液界面上达到平衡并且遵循 Henry 定律，则

$$p_{c_i} = K_H c_i \qquad (7-7)$$

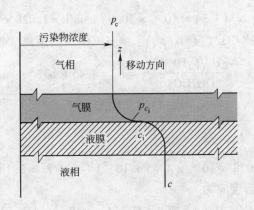

图 7-1　双膜理论示意图

若在界面上不存在净积累，则一个相的质量通量必须等于另一个相的质量通量。因此，化学物质在 z 方向的通量（F_z）可表示为

$$F_z = \frac{K_{gi}}{RT} \cdot (p_c - p_{c_i}) = K_{Li}(c - c_i) \qquad (7-8)$$

式中　K_{gi}——在气相通过气膜的传质系数；

　　K_{Li}——在液相通过液膜的传质系数；

$c - c_i$——从液相挥发时存在的浓度梯度；

$p_c - p_{c_i}$——在气相一侧存在的浓度梯度。

根据式（7-8）可得

$$c_i = -\frac{K_{Li}c + K_{gi}p_c/(RT)}{K_{Li} + K_{gi}K_H/(RT)}$$

若以液相为主时，气相的浓度 p_c 为零，将 c_i 代入后得

$$F_z = K_{Li}(c - c_i) = \frac{K_{Li}K_{gi}K_H/(RT)}{K_{Li} + K_{gi}K_H/(RT)} \cdot c$$

$$K_{vL} = \frac{K_{Li}K_{gi}K_H/(RT)}{K_{Li} + K_{gi}K_H/(RT)}$$

由于所分析的污染物是在水相，因而方程可写为

$$\frac{1}{K_v} = \frac{1}{K_L} + \frac{RT}{K_gK_H} \tag{7-9}$$

或

$$\frac{1}{K_v} = \frac{1}{K_L} + \frac{RT}{K_gK_H} \tag{7-10}$$

由式（7-10）可知，挥发速率常数依赖于 K_L、K'_H 和 K_g。当 Henry 定律常数大于 $1.013 \times 10^2 \text{Pa} \cdot \text{m}^3/\text{mol}$ 时，挥发作用主要受液膜控制；当 Henry 定律常数小于 $1.013 \text{Pa} \cdot \text{m}^3/\text{mol}$ 时，挥发作用主要受气膜控制，此时可将式（7-10）简化为 $K_v = K_L$ 或 $K_v = K'_H K_g$。如果 Henry 定律常数介于两者之间，则式中两项都是重要的。表7-4列出了地表水中污染物挥发速率的典型值。

表7-4 地表水中污染物挥发速率的典型值

$K_H/\text{Pa} \cdot \text{m}^3 \cdot \text{mol}^{-1}$	K'_H	$K_v^{①}/\text{cm} \cdot \text{h}^{-1}$	$K_{vm}^{②}/\text{d}^{-1}$
1.013×10^5	41.6	20	4.8
1.013×10^4	4.2	20	4.8（液膜控制）
1.013×10^3	4.2×10^{-1}	19.7	4.7
1.013×10^2	4.2×10^{-2}	17.3	4.2
10.13	4.2×10^{-3}	1.7	1.8
1.013	4.2×10^{-4}	1.2	0.3
0.1013	4.2×10^{-5}	0.1	0.02
0.01013	4.2×10^{-6}	0.01	0.02（气膜控制）

① $K_g = 3000\text{cm/h}$，$K_L = 20\text{cm/h}$；②水深1m。

挥发作用的半衰期是指污染物浓度减少到一半所需的时间，通常用下式计算

$$t_{1/2} = 0.693Z/K_v \tag{7-11}$$

如果体系中有悬浮固体存在时，则式（7-11）可改写为

$$t_{1/2} = 0.693Z(1 + K_pc_p)/K_v = 0.693Z/(a_wK_v) \tag{7-12}$$

式中 K_p——分配系数；

c_p——悬浮物的浓度；

a_w——有机污染物水溶态分数。

由式（7-12）可知，沉积物对有机污染物的吸着作用使得其挥发作用的半衰期延长了。

7.3　固体的沉淀与溶解

固体物质在水中的溶解和沉淀是水溶液化学中常见的物理化学现象。自然界沉积岩的形成，天然水中无机矿物质的由来，水与废水的各种化学处理（如水的软化、除铁、凝聚处理和磷酸盐防垢处理等）都有固体物质的溶解或沉淀过程。

沉淀－溶解作用是属于非均相体系的化学过程，通常这类反应的速度较酸碱反应或配合反应都要慢一些。采用动力学方法处理简单的非均相体系中溶解沉淀过程的速度问题，一般可以得到满意的结果。但是对于复杂的反应体系或真实环境中溶解和沉淀的反应速度，由于影响因素多，有时还要引用地质化学等方面的数据（目前掌握的不多），因此，应用动力学的方法常常遇到困难。

运用热力学化学平衡理论可以预测溶解或沉淀作用进行方向，计算到达平衡时的溶解或沉淀的量。但是经常发现用平衡计算所得结果与实际观测值之间有较大差别，造成这种差别的原因很多，但主要是自然环境中非均相沉淀溶解过程影响因素较为复杂所致。例如：（1）某些非均相平衡进行得缓慢，在动态环境下不易达到平衡；（2）根据热力学对于一组给定条件预测的稳定固相不一定就是所形成的相，例如，硅在生物作用下可沉淀为蛋白石，它可进一步转变为更稳定的石英，但是这种反应进行得十分缓慢且需要高温；（3）可能存在过饱和现象，即出现物质的溶解量大于溶解度极限值的情况；（4）固体溶解所产生的离子可能在溶液中产生副反应；（5）引自不同文献的平衡常数有差异等。

7.3.1　沉淀与溶解动力学

在固－液体系中，固体物质的溶解和溶解溶质沉淀析出（结晶）是两个方向相反的过程。当体系中固体物质的溶解速度和结晶速度相等时，即达到如下的动态平衡：

$$溶解的固体物质（溶质）\underset{溶解}{\overset{结晶}{\rightleftharpoons}}溶液中已溶解的溶质$$

这种平衡状态是暂时的，有条件的。如果条件改变，则平衡点可能向溶解方向或结晶方向移动。

7.3.1.1　沉淀过程（或结晶过程）

溶液中沉淀过程一般可分为三个阶段：（1）晶核形成；（2）晶体生长；（3）晶体聚集（即熟化）。

　　A　晶核形成

晶核是结晶过程中从母相中最初形成的可以稳定存在的新相的胚胎，是新晶体生长的核心。若溶液起初无任何固相存在，结晶核心是由溶液中一种溶质组分聚集形成的，则所形成的结晶核心称为均相晶核；若在晶核形成过程溶液中已含有其他固相微粒，或所形成的晶核含有结晶物质以外的组分的称为非均相晶核。天然水或工业用水中常含有多种杂质组分，因此在此条件下生成的晶核一般多属于非均相的。

晶核的形成是溶液中无规则运动的溶质组分整齐地排列于固体表面的过程，这一过程需要消耗能量，溶液的过饱和度是晶核形成的驱动力，溶液过饱和度越大对晶核生长越有利。非均相晶核较均相的容易生成，因为溶质组分既可以互相聚集形成晶核，又可吸附在其他溶质微粒表面形成晶核，从而增大了晶核生成的几率。

    B   晶体生长

溶液中相关离子不断整齐排列于晶核表面的过程为晶核生长过程，晶核生长的速度决定于溶液的浓度、温度、晶核粒度大小、表面状况等因素。按扩散动力学结晶生长速率方程可表示为

$$\frac{\mathrm{d}c}{\mathrm{d}t} = - Ks(c - c^*)^n \qquad (7-13)$$

式中 $\dfrac{\mathrm{d}c}{\mathrm{d}t}$——结晶生长速率；

    K——结晶生长速率常数；

    s——单位容积中具有一定表面积的晶核量；

    n——常数，若结晶生长速度受表面离子扩散速度控制时，则 n 取 1；

    c^*——结晶溶质的饱和浓度；

    c——结晶溶质的实际浓度。

在实际中，由于客观的影响因素很多，此方程不一定适用。在水或废水处理工艺中，有时需要应用某些化学过程的反应速度确定若干工艺流程的设计参数（如防垢处理设计需掌握在特定条件下 $CaCO_3$ 生长速度等），对此应根据能反映该工艺特点的试验数据，提出专用的计算反应速度的数学模型。

    C   晶体聚集

在沉淀过程中，初期所形成的固相往往是不稳定的，按热力学观点它是属于亚稳态的。通常都要经过一定时间，沉淀物才逐渐转化为稳定的固相。稳定固相的溶解度一般比亚稳态固相的低，所以随着稳定固相不断出现，溶液中溶质的浓度也随之下降，使沉淀趋向更完全。这种沉淀物固相转向稳定的过程称为"陈化"或"熟化"。此过程完成所需时间，决定于沉淀物性质和温度等条件。此外，配合物的生成、不纯物质在晶粒表面吸附以及混晶现象等对结晶的生成都有一定的影响。

7.3.1.2 晶体溶解过程

固体物质的溶解是沉淀（或结晶）的逆过程，其溶解速率与固体物质性质、接触界面、溶剂性质、搅拌强度及温度等条件有关。溶解速率一般是由溶质组分扩散过程控制的，其动力学方程式为

$$\frac{\mathrm{d}c}{\mathrm{d}t} = Ks(c^* - c) \qquad (7-14)$$

式中 $\dfrac{\mathrm{d}c}{\mathrm{d}t}$——溶解速率；

    K——溶解速率常数；

    s——单位体积中含一定粒度固体物的量；

    c^*——固体物质溶解度；

    c——溶液中固体物溶质的实际浓度。

7.3.2 固体物质的溶解度、溶度积和条件溶度积

7.3.2.1 固体物质的溶解度、溶度积和条件溶度积的概念

固体物质在水中的溶解度指在一定的温度下，固体物质在单位体积纯水中达到饱和状

态时所能溶解的质量。

难溶固体物质（A_xB_y）溶于纯水过程可用反应式表示为

$$A_xB_y(s) \Longrightarrow xA^{y+} + yB^{x-}$$

式中 A^{y+}——电荷数为 y 的阴离子；

    B^{x-}——电荷数为 x 的阴离子。

该反应的平衡常数表达式为

$$-K_{sp}^0 = \frac{\{A^{y+}\}^x\{B^{x-}\}^y}{\{A_xB_y(s)\}} \tag{7-15}$$

因纯固体物质活度为 1，所以式（7-15）改写为

$$K_{sp}^0 = \{A^{y+}\}^x\{B^{x-}\}^y \tag{7-16}$$

式中 K_{sp}——难溶物质的活度积；

    $\{A^{y+}\}$——阳离子活度，mol/L；

    $\{B^{x-}\}$——阴离子活度，mol/L。

若使用浓度计算则应用活度系数校正，即

$$\frac{K_{sp}^0}{\gamma_A^x \gamma_B^y} = [A^{y+}]^x[B^{x-}]^y = K_{sp} \tag{7-17}$$

式中 K_{sp}——恒电解质条件时的条件溶度积；

    γ_A，γ_B——分别为阳、阴离子的活度系数。

7.3.2.2   固体物质溶解度的计算

A   利用条件溶度积计算溶解度

条件溶度积是难溶物质水溶液中各离子浓度乘积的极限值，是沉淀与溶解到达平衡的标志。在固体物质的水溶液中或固体物质溶解于含有与该固体物质相同组分的水溶液中，除了溶解的溶质产生电离作用外，没有其他副反应，如 CaF_2、$BaSO_4$ 的水溶液、$CaF_2(s)$ 溶于含有 Ca^{2+} 的水溶液以及 $CaCO_3(s)$ 溶于含 CO_3^{2-} 的水溶液，则可以用条件溶度积关系直接计算溶解度。

【例7-1】 已知 25℃时 CaF_2 条件溶度积 K_{sp} 为 5×10^{-11}，求 CaF_2 固体在纯水中的溶解度（用 mg/L 单位，计算时忽略离子强度影响）。

解： $K_{sp} = [Ca^{2+}][F^-]^2 = 5 \times 10^{-11}$

设溶解 1mol 的 CaF_2，溶液中含有 1mol 的 Ca^{2+} 和 2mol 的 F^-，因此溶解到达平衡时溶液中含 $x$mol/L 的 Ca^{2+}，则 F^- 浓度应为 $2x$mol/L。

代入条件浓度积表达式计算

$$[x][2x]^2 = 4x^3 = 5 \times 10^{-11}$$

$$x = 2.32 \times 10^{-4} \text{mol/L}$$

因 CaF_2 分子式量为 78，则 CaF_2 的溶解度为

$$2.32 \times 10^{-4} \times 78 \times 1000 = 18.1 \text{mg/L}$$

温度对沉淀-溶解平衡及其反应速度均有影响。由于物质的溶解过程通常为吸热过程，所以物质的溶解度是随温度升高而增大的，如 KNO_3、KI、$AgNO_3$、$MgCl_2$ 等。但也有随温度上升而减小的，如 $CaCO_3$、$Ca_3(PO_4)_2$、$CaSO_4$ 和 $FePO_4$ 等物质，本书所列的均

为25℃的数据。因此，当应用条件溶度积于非25℃温度计算溶解度时，需进行温度变换计算。

【例 7-2】已知在25℃时 $FePO_4$ 的条件溶度积为 $10^{-17.92}$，其溶解反应 $FePO_4(s) \rightleftharpoons Fe^{3+} + PO_4^{3-}$ 焓变化值（$\Delta H^{\ominus}$）为 $-78.24kJ/mol$，求50℃时的溶度积。

解：用 Van't Hoff 关系式计算

$$\ln \frac{K_1}{K_2} = \frac{\Delta H^{\ominus}}{R} \left(\frac{1}{T_2} - \frac{1}{T_1} \right)$$

$$T_1 = 273 + 50 = 323K \quad T_2 = 298K$$

令 $$K_1 = K_{sp50℃}$$

代入计算

$$\ln \frac{K_{sp50℃}}{K_{sp25℃}} = \frac{-78.24}{8.314 \times 10^{-3}} \left(\frac{1}{298} - \frac{1}{323} \right) = -2.44$$

解得50℃时

$$K_{sp} = 1.03 \times 10^{-19} = 10^{-18.98}$$

计算结果表明，由于其溶解反应为放热反应，磷酸铁（$FePO_4$）的溶解度随温度上升而降低。

【例 7-3】已知在20℃时 $SnF_2(s)$ 的溶解度为 $0.12g/L$，求 $SnF_2(s)$ 溶于含有 $0.08mol/L$ NaF 溶液中的溶解度（计算时忽略离子强度的影响）。

解：（1）计算20℃时 SnF_2 的条件溶度积：

先将溶解度的单位换算为 mol/L（SnF_2 分子量为125.6）

$$0.12 \times \frac{1}{125.6} = 9.6 \times 10^{-4} mol/L$$

则 $$K_{sp} = [Sn^{2+}][F^-]^2 = (9.6 \times 10^{-4}) \times (2 \times 9.6 \times 10^{-4})^2 = 3.5 \times 10^{-9}$$

（2）求 SnF_2 溶于含有 $0.08mol/L$ NaF 溶液中的溶解度：

设 x 为 SnF_2 的溶解度，因此，溶液中

$$[F^-] = [8 \times 10^{-2} + 2x], \quad [Sn^{2+}] = [x]$$

则 $$[8 \times 10^{-2} + 2x]^2 [x] = 3.5 \times 10^{-9}$$

又因 $2x \ll 8 \times 10^{-2}$，故上式可省略 $2x$

即 $$[8 \times 10^{-2}]^2 [x] = 3.5 \times 10^{-9}$$

$$x = 5.5 \times 10^{-7} mol/L$$

所以，SnF_2 在此条件下的溶解度为 $5.5 \times 10^{-7} mol/L$。

B 利用双对数作图法估算溶解度

用双对数图（pc-pH）可以描述沉淀-溶解平衡体系中各有关组分分配情况，亦可应用图计算溶解度。现以水处理工作中常见化学物质 $Ca(OH)_2$ 和 $Mg(OH)_2$ 的溶液为例说明作图方法及其应用。

$Ca(OH)_2(s)$ 或 $Mg(OH)_2(s)$ 的溶解反应式及其（25℃）条件溶度积分别为

$$Ca(OH)_2(s) \longrightarrow Ca^{2+} + 2OH^-, \quad \lg K_{sp} = -5.3 \tag{7-18}$$

$$Mg(OH)_2(s) \longrightarrow Mg^{2+} + 2OH^-, \quad \lg K_{sp} = -10.74 \tag{7-19}$$

设该体系活度系数均为 1，则按条件溶度积表达式并取负对数后得式（7－20）和式（7－21）：

$$[Ca^{2+}][OH^-]^2 = 10^{-5.3}$$

$$p[Ca^{2+}] + 2p[OH^-] = 5.3 \qquad (7-20)$$

$$[Mg^{2+}][OH^-]^2 = 10^{-10.74}$$

$$p[Mg^{2+}] + 2p[OH^-] = 10.74 \qquad (7-21)$$

然后用组分浓度的负对数值（pc）为纵坐标，以溶液的 pH 值为横坐标作图。将式（7－20）、式（7－21）关系绘于图 7－2 上，得出斜率为 2 的直线 1 和直线 2，它分别表示溶液中 $p[Ca^{2+}]$－pH 及 $p[Mg^{2+}]$－pH 的关系。在各条直线右上方分别表示 $Ca(OH)_2$ 或 $Mg(OH)_2$ 的过饱和区，直线左下方分别表示 $Ca(OH)_2$ 或 $Mg(OH)_2$ 的未饱和区。对角线 3 和另一条对角线 4 分别表示溶液中 $[H^+]$、$[OH^-]$ 与 pH 的关系。

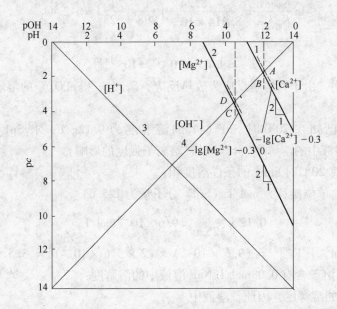

图 7－2　$Ca(OH)_2(s)$、$Mg(OH)_2(s)$ 水溶液的 pc－pH 的关系

以下说明 $Ca(OH)_2$ 或 $Mg(OH)_2$ 溶于纯水到达饱和时，在图 7－2 上表示各组分浓度关系的位置。

$Ca(OH)_2(s)$ 溶于纯水到达平衡时，按电荷平衡方程为

$$2[Ca^{2+}] + [H^+] = [OH^-] \qquad (7-22)$$

因溶液呈碱性 $[H^+] \ll [OH^-]$，忽略式（7－22）中 $[H^+]$ 得

$$2[Ca^{2+}] = [OH^-] \qquad (7-23)$$

将式（7－23）取负对数得

$$p[OH^-] = p[Ca^{2+}] - 0.3 \qquad (7-24)$$

然后在直线 1 和直线 4 交点的右边，量取 1、4 两直线间垂直距离为 0.3 单位的位置，即图上 A、B 点。图解结果点 A 纵坐标为 2，表示 $[Ca^{2+}] = 10^{-2}$ mol/L；点 B 纵坐标值为 1.65 表示 $[OH^-] = 10^{-1.65}$ mol/L（或 $[H^+] = 10^{-12.3}$ mol/L）。

用同样方法亦可求得 $Mg(OH)_2(s)$ 溶于纯水到达平衡时各组分浓度。图解结果即图上点 C，表示 $[Mg^{2+}] = 10^{-3.8}$ mol/L。点 D 表示 $[OH^-] = 10^{-3.5}$ mol/L（或 pH = 10.5）。

此类双对数图还可表示与 $[H^+]$（或 OH^-）离子无直接关系的物质溶解－沉淀平衡。下面以 $CaCO_3$、$MgCO_3$ 为例作图 7-3（$pc-pCO_3^{2-}$ 图）。

$CaCO_3(s)$、$MgCO_3(s)$ 的溶解平衡反应式为

$$CaCO_3(s) \Longrightarrow Ca^{2+} + CO_3^{2-}, \quad lgK_{sp} = -8.34 \qquad (7-25)$$

$$MgCO_3(s) \Longrightarrow Mg^{2+} + CO_3^{2-}, \quad lgK_{sp} = -5 \qquad (7-26)$$

假设以上碳酸盐溶解后阴离子没有发生质子加合反应，将碳酸钙、碳酸镁条件浓度积的表达式取负对数

$$p[Ca^{2+}] + p[CO_3^{2-}] = 8.34 \qquad (7-27)$$

$$p[Mg^{2+}] + p[CO_3^{2-}] = 5 \qquad (7-28)$$

将式（7-27）和式（7-28）绘于 $pc-p[CO_3^{2-}]$ 图上（见图 7-3），得 $p[Ca^{2+}]-p[CO_3^{2-}]$ 和 $p[Mg^{2+}]-p[CO_3^{2-}]$ 关系直线 1 和直线 2。按图 7-3 的坐标值方向，在该直线的上方为饱和区，右下方为未饱和区。对角线 3 表示 $[CO_3^{2-}]$ 浓度的负对数值。以下举例说明该图的应用。

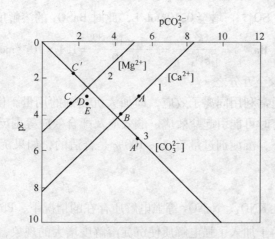

图 7-3 $CaCO_3(s)$、$MgCO_3(s)$ 溶解平衡的 $pc-pCO_3^{2-}$ 关系

【例 7-4】某地表水（1）$[Ca^{2+}] = 10^{-3} mol/L$（相当于图 7-3 上点 A）；（2）$[Mg^{2+}] = 5 \times 10^{-4} mol/L$（即图 7-3 上点 C）。求该水样为碳酸盐饱和溶液时，$[CO_3^{2-}]$ 应为多少？

解：（1）$[Ca^{2+}] = 10^{-3} mol/L$，相当于图 7-3 上点 A，经点 A 作垂直线与直线 3 相交于 A'，此点的横坐标值为 $p[CO_3^{2-}] = 5.3$，即 $[CO_3^{2-}] = 10^{-5.3} mol/L$。

（2）$[Mg^{2+}] = 10^{-3.3} mol/L$ 相当于图 7-3 上点 C，经点 C 作垂直线与直线 3 相交于 C'，此点的横坐标值为 $p[CO_3^{2-}] = 1.7$，即此时 $[CO_3^{2-}] = 10^{-1.7} mol/L$。

【例 7-5】某水样 $[Ca^{2+}] = 10^{-3} mol/L$，$[Mg^{2+}] = 5 \times 10^{-4} mol/L$，全碱度为 3×10^{-3} mol/L，若用 NaOH 溶液调节使水的碱度成分全部转为 CO_3^{2-}，问此时溶液的碳酸盐离子浓度乘积是否达到其极限值？

解：$[Ca^{2+}] = 10^{-3} mol/L$ 相当于图 7-3 上的纵坐标值 $pc = 3$ 处。当全碱度成分均转化为 CO_3^{2-}，即 $[CO_3^{2-}] = 3 \times 10^{-3} mol/L = 10^{-2.5} mol/L$ 时，它相当于横坐标值 $p[CO_3^{2-}] = 2.5$ 处，按此组分浓度关系应为图 7-3 上点 D。因点 D 落在直线 1 的左上方区，属于

$CaCO_3$过饱和区，说明该水样碳酸钙的离子浓度乘积已超过条件溶度积，有可能生成 $CaCO_3$ 沉淀。

因 $[Mg^{2+}] = 5 \times 10^{-4} mol/L = 10^{-3.3} mol/L$，$[CO_3^{2-}] = 10^{-2.5} mol/L$，按此浓度值应为图 7-3 上点 E。因该点落于线 2 的下方（属于 $MgCO_3$ 未饱和区），说明水中碳酸镁离子浓度乘积小于溶度积，故不会生成 $MgCO_3$ 沉淀。

7.3.2.3　影响固体物质溶解度的因素

影响沉淀溶解度的因素很多，如同离子效应、盐效应、酸效应、配合效应等，此外，温度、介质、晶体结构和颗粒大小也对溶解度有影响。

A　同离子效应

组成沉淀晶体的离子称为构晶离子。当沉淀反应达到平衡后，如果向溶液中加入适当过量的含有某一构晶离子的试剂或溶液，则沉淀的溶解度减小，这就是同离子效应。

例如，25℃时，$BaSO_4$ 在水中的溶解度为：

$$S = [Ba^{2+}] = [SO_4^{2-}] = \sqrt{K_{sp}} = \sqrt{1.1 \times 10^{-10}} = 1.0 \times 10^{-5} mol/L$$

如果该溶液中的 $[SO_4^{2-}]$ 增至 $0.10 mol/L$，此时 $BaSO_4$ 的溶解度为：

$$S = [Ba^{2+}] = \frac{K_{sp}}{[SO_4^{2-}]} = \frac{1.1 \times 10^{-10}}{0.10} = 1.1 \times 10^{-9} mol/L$$

即 $BaSO_4$ 的溶解度减少至万分之一。

在实际工作中，通常利用同离子效应，即加大沉淀剂的用量，使被测组分沉淀完全。但沉淀剂加得太多，有时可能引起盐效应、酸效应及配合效应等副反应，反而使沉淀的溶解度增大。一般情况下，沉淀剂过量 50%～100% 是合适的，如果沉淀剂不易挥发，则以过量 20%～30% 为宜。

B　盐效应

实验结果表明，在 KNO_3、$NaNO_3$ 等强电解质存在的情况下，$PbSO_4$ 和 $AgCl$ 的溶解度比在纯水中大。这种由于加入了强电解质使沉淀溶解度增大的现象，称为盐效应。盐效应可用条件溶度积与溶度积之间的关系来解释。

由本书 2.2.5.1 节可知，当溶液中存在强电解质时，溶液离子强度 I 增大，构晶离子的活度系数 α 减少，根据式（7-17）可得，固体物质的活度积 K_{sp}^0 不变，所以其溶度积随活度系数 γ 的减少而增大，即盐效应增大了固体物质的溶解度。

【例 7-6】计算浓度为 $0.0080 mol/L$ 的 $MgCl_2$ 溶液中 $BaSO_4$ 的溶解度。

解：
$$I = \frac{1}{2} \sum c_i z_i^2$$

$$I = \frac{1}{2} \times (c_{Mg^{2+}} \times 2^2 + c_{Cl^-} \times 1^2 + c_{Ba^{2+}} \times 2^2 + c_{SO_4^{2-}} \times 2^2)$$

$$\approx \frac{1}{2} \times (0.0080 \times 2^2 + 0.016 \times 1^2) = 0.024 mol/L$$

由表 2-2 查得 Ba^{2+} 的 $\overset{\circ}{a}$ 值为 500，SO_4^{2-} 的 $\overset{\circ}{a}$ 值为 400，活度系数为

$$\gamma_{Ba^{2+}} \approx 0.56; \quad \gamma_{SO_4^{2-}} \approx 0.55$$

设 $BaSO_4$ 在 $0.0080 mol/L$ $MgCl_2$ 溶液中的溶解度为 S，则

$$S = [Ba^{2+}] = [SO_4^{2-}] = \sqrt{K_{sp}} = \sqrt{\frac{K_{sp}^0}{\gamma_{Ba^{2+}}\gamma_{SO_4^{2-}}}}$$

$$= \sqrt{\frac{1.1 \times 10^{-10}}{0.56 \times 0.55}} = 1.9 \times 10^{-5} \text{mol/L}$$

盐效应增大了沉淀的溶解度，构晶离子的电荷愈高，影响也愈严重。这是因为高价离子的活度系数受离子强度的影响较大的缘故。

由于盐效应的存在，利用同离子效应降低沉淀溶解度，应考虑到盐效应的影响，即沉淀剂不能过量太多，否则将使沉淀的溶解度增大，不能达到预期的效果。

C 酸效应

溶液酸度对沉淀溶解度的影响，称为酸效应。酸度对沉淀溶解度的影响是比较复杂的。

例如，二元酸 H_2A 形成的盐 MA，在溶液中有下列平衡

$$MA_{(固)} \Longleftrightarrow M^{2+} + A^{2+}$$

$$Ka_2 \Big\Uparrow H^+$$

$$HA^- \xrightarrow[Ka_1]{H^+} H_2A$$

当溶液中的 H^+ 浓度增大时，平衡向右移动，生成 HA^-；H^+ 浓度更大时，甚至生成 H_2A，破坏了 MA 的沉淀平衡，使 MA 进一步溶解，甚至全部溶解。

设 MA 溶解度为 S（mol/L），则

$$[M^{2+}] = S$$

$$[A^{2-}] + [HA^-] + [H_2A] = c_{A^{2-}} = S$$

$$\alpha_{A(H)} = 1 + \beta_1^H[H^+] + \beta_1^H[H^+]^2 = 1 + \frac{[H^+]}{K_{a_2}} + \frac{[H^+]^2}{K_{a_1}K_{a_2}}$$

根据溶度积计算公式，得到

$$K'_{sp} = K_{sp}\alpha_{A(H)}$$

$$S = [M^{2+}] = c_{A^{2-}} = \sqrt{K'_{sp}}$$

【例7-7】 比较 CaC_2O_4 在 pH 为 4.00 和 2.00 的溶液中的溶解度。

解：设 CaC_2O_4 在 pH = 4.00 的溶液中的溶解度为 S，已知 $K_{sp} = 2.0 \times 10^{-9}$，$H_2C_2O_4$ 的 $K_{a_1} = 5.9 \times 10^{-2}$，$K_{a_2} = 6.4 \times 10^{-5}$，此时

$$\alpha_{C_2O_4^{2-}(H)} = 1 + \beta_1^H[H^+] + \beta_1^H[H^+]^2$$

$$= 1 + \frac{10^{-4}}{6.4 \times 10^{-5}} + \frac{10^{-8}}{5.9 \times 10^{-2} \times 6.4 \times 10^{-5}} = 2.56$$

故 $\qquad S' = \sqrt{2.0 \times 10^{-9} \times 2.56} = 7.2 \times 10^{-5} \text{mol/L}$

同理，设 CaC_2O_4 在 pH = 2.00 的溶液中的溶解度为 S'，由计算求得

$$\alpha_{C_2O_4^{2-}(H)} = 185$$

故 $\qquad S' = \sqrt{2.0 \times 10^{-9} \times 185} = 6.1 \times 10^{-4} \text{mol/L}$

由以上计算可知 CaC_2O_4 在 pH = 2.00 的溶液中的溶解度比在 pH = 4.00 的溶液中的溶

解度约大 10 倍。

【例 7 - 8】 计算在 pH = 3.00, $C_2O_4^{2-}$ 总浓度为 0.010mol/L 的溶液中 CaC_2O_4 的溶解度。

解： 在这种情况下，需同时考虑酸效应和同离子效应的影响。设 CaC_2O_4 的溶解度为 S，则

$$[Ca^{2+}] = S$$

$$c_{C_2O_4^{2-}} = 0.010 + S \approx 0.010\text{mol/L}$$

通过计算求得 pH = 3.00 时，$\alpha_{C_2O_4^{2-}(H)} = 1 + \beta_1^H[H^+] + \beta_1^H[H^+]^2 = 17.2$，故

$$K'_{sp} = K_{sp} \cdot \alpha_{C_2O_4^{2-}} = 2.0 \times 10^{-9} \times 17.2 = 3.4 \times 10^{-8}$$

$$K'_{sp} = [Ca^{2+}] \cdot c_{C_2O_4^{2-}} = S \times 0.010$$

$$S = \frac{K'_{sp}}{0.010} = \frac{3.4 \times 10^{-8}}{0.010} = 3.4 \times 10^{-6}\text{mol/L}$$

【例 7 - 9】 考虑 S^{2-} 的水解，计算 Ag_2S 在纯水中的溶解度。

$$K_{sp} = 2.0 \times 10^{-49}, \quad H_2S \text{ 的 } K_{a_1} = 1.3 \times 10^{-7}, \quad K_{a_2} = 7.1 \times 10^{-15}$$

解： 已知 Ag_2S 在水溶液中按下式解离

$$Ag_2S \Longleftrightarrow 2Ag^+ + S^{2-}$$

Ag_2S 溶解出来的 S^{2-} 在溶液中有下列平衡关系

$$S^{2-} + H_2O \Longleftrightarrow HS^- + OH^-$$

$$HS^- + H_2O \Longleftrightarrow H_2S + OH^-$$

由于 Ag_2S 的溶解度很小，所以 S^{2-} 的浓度也很小，S^{2-} 水解产生的 OH^- 浓度可以忽略不计，溶液的 pH 就是纯水的 pH，等于 7。设 Ag_2S 溶解度为 S，则

$$[Ag^+] = 2S$$

$$c_{S^{2-}} = [S^{2-}] + [HS^-] + [H_2S] = S$$

$$\alpha_{S(H)} = 1 + \beta_1^H[H^+] + \beta_2^H[H^+]^2 = 2.5 \times 10^7$$

$$K'_{sp} = [Ag^+]^2 c_{S^{2-}} = (2S)^2 \cdot S = K_{sp} \cdot \alpha_{S(H)}$$

$$S = \sqrt[3]{\frac{K_{sp} \cdot \alpha_{S(H)}}{4}} = \sqrt[3]{\frac{2.0 \times 10^{-49} \times 2.5 \times 10^7}{4}} = 1.1 \times 10^{-14}\text{mol/L}$$

D 配合效应

进行沉淀反应时，若溶液中存在有能与构晶离子生成可溶性配合物的配合剂，则反应向沉淀溶解的方向进行，影响沉淀的完全程度，甚至不产生沉淀，这种影响称为配合效应。

配合效应对沉淀溶解度的影响，与配合剂的浓度及配合物的稳定性有关。配合剂的浓度愈大，生成配合物愈稳定，沉淀的溶解度愈大。

对于微溶化合物 MA 的沉淀平衡，如溶液中同时有配合剂 L 存在，并能形成逐级配合物 ML_1、ML_2、…、ML_n 则根据物料平衡，得到

$$S = [M] + [ML] + [ML_2] + \cdots + [ML_n]$$

$$= [M] + \beta_1[M][L] + \beta_2[M][L]^2 + \cdots + \beta_n[M][L]^n$$

$$= \frac{K_{sp}}{S}(1 + \beta_1[\mathrm{L}] + \beta_2[\mathrm{L}]^2 + \cdots + \beta_n[\mathrm{L}]^n) \tag{7-29}$$

故
$$S = \sqrt{K_{sp}(1 + \beta_1[\mathrm{L}] + \beta_2[\mathrm{L}]^2 + \cdots + \beta_n[\mathrm{L}]^n)} = \sqrt{K_{sp}\alpha_{\mathrm{M(L)}}} \tag{7-30}$$

【例 7–10】 计算 AgI 在浓度为 0.010mol/L 的 NH_3 溶液中的溶解度。

解: 已知 $K_{sp} = 9.0 \times 10^{-17}$，$Ag(NH_3)_2^+$ 的 $\lg K_1 = 3.2$，$\lg K_2 = 3.8$。由于生成 $Ag(NH_3)^+$ 及 $Ag(NH_3)_2^+$，使 AgI 溶解度增大。设其溶解度为 S，则

$$[\mathrm{I}^-] = S$$
$$[\mathrm{Ag}^+] + [\mathrm{Ag(NH_3)}^+] + [\mathrm{Ag(NH_3)_2}^+] = c_{\mathrm{Ag}^+} = S$$

由于 AgI 的溶解度很小，而 $Ag(NH_3)_2^+$ 的稳定常数又不是很大，因此在形成配合物时消耗 NH_3 的浓度很小，可以忽略不计，所以有

$$\alpha_{\mathrm{Ag(NH_3)}} = \frac{c_{\mathrm{Ag}^+}}{[\mathrm{Ag}^+]} = 1 + K_1[\mathrm{NH_3}] + K_1 K_2[\mathrm{NH_3}]^2$$
$$= 1 + 10^{3.2} \times 10^{-2.00} + 10^{3.2+3.8} \times (10^{-2.00})^2 = 1.0 \times 10^3$$
$$S = \sqrt{K_{sp}\alpha_{\mathrm{Ag(NH_3)}}} = \sqrt{9.0 \times 10^{-17} \times 1.0 \times 10^3} = 3.0 \times 10^{-7}\mathrm{mol/L}$$

a 生成羟基配合物对沉淀溶解度的影响

对于氢氧化物沉淀，若只有单核羟基配合物形成时，可按式（7–30）计算其溶解度。但对于 Fe^{3+}、Al^{3+}、Th^{4+} 等容易形成多核羟基配合物的离子，情况更复杂一些。

下面介绍用图解法表示 $Fe(OH)_3$ 和 $Al(OH)_3$ 固体物质溶解度的方法。

（1）$Fe(OH)_3$ 的 pc–pH 图。三价金属离子容易生成羟基配合物，所以它的溶解度受配合反应的影响显著。现在用 pc–pH 图描述 $Fe(OH)_3(s)$ 在纯水中的溶解度与 pH 值的关系。

Fe^{3+} 与水反应生成的主要配合物反应式及其平衡常数分列如下：

$$\mathrm{Fe^{3+}} + \mathrm{H_2O} \Longrightarrow \mathrm{Fe(OH)^{2+}} + \mathrm{H^+}, \quad \lg K_1 = -2.16 \tag{7-31}$$
$$\mathrm{Fe^{3+}} + 2\mathrm{H_2O} \Longrightarrow \mathrm{Fe(OH)_2^+} + 2\mathrm{H^+}, \quad \lg K_2 = -6.74 \tag{7-32}$$
$$\mathrm{Fe(OH)_3(s)} \Longrightarrow \mathrm{Fe^{3+}} + 3\mathrm{OH^-}, \quad \lg K_{sp} = -38 \tag{7-33}$$
$$\mathrm{Fe^{3+}} + 4\mathrm{H_2O} \Longrightarrow \mathrm{Fe(OH)_4^-} + 4\mathrm{H^+}, \quad \lg K_4 = -23 \tag{7-34}$$
$$2\mathrm{Fe^{3+}} + 2\mathrm{H_2O} \Longrightarrow \mathrm{Fe_2(OH)_2^{4+}} + 2\mathrm{H^+}, \quad \lg K_{22} = -2.91 \tag{7-35}$$

因为这里是讨论 $Fe(OH)_3(s)$ 的溶解平衡，为计算作图方便，将以上各反应式变换为都有 $Fe(OH)_3(s)$ 固相参加反应的形式。

将反应式（7–31）、式（7–33）和

$$\mathrm{H^+} + \mathrm{OH^-} \Longrightarrow \mathrm{H_2O}, \quad \lg \frac{1}{K_w} = 14$$

相加得

$$\mathrm{Fe(OH)_3(s)} \Longrightarrow \mathrm{Fe(OH)^{2+}} + 2\mathrm{OH^-}, \quad \lg K_{s_1} = -26.16 \tag{7-36}$$

分别将反应式（7–32）、式（7–34）和式（7–35）按上述方法变换，得到反应式（7–37）、式（7–38）和式（7–39）。

$$\mathrm{Fe(OH)_3(s)} \Longrightarrow \mathrm{Fe(OH)_2^+} + \mathrm{OH^-}, \quad \lg K_{s_2} = -16.74 \tag{7-37}$$
$$\mathrm{Fe(OH)_3(s)} + \mathrm{OH^-} \Longrightarrow \mathrm{Fe(OH)_4^-}, \quad \lg K_{s_4} = -5 \tag{7-38}$$

$$2Fe(OH)_3(s) \rightleftharpoons Fe_2(OH)_2^{4+} + 4OH^-, \quad lgK_{s_{22}} = -50.91 \qquad (7-39)$$

再对反应式 (7-36) ~式 (7-39) 和式 (7-33) 的平衡常数表达式取对数得

$$K_{s_1} = [Fe(OH)^{2+}][OH^-]^2, \qquad lg[Fe(OH)^{2+}] = 1.84 - 2pH \qquad (7-40)$$

$$K_{s_2} = [Fe(OH)_2^+][OH^-], \qquad lg[Fe(OH)_2^+] = -2.74 - pH \qquad (7-41)$$

$$K_{s_0} = [Fe^{3+}][OH^-]^3, \qquad lg[Fe^{3+}] = 4 - 3pH \qquad (7-42)$$

$$K_{s_4} = [Fe(OH)_4^-]/[OH^-], \qquad lg[Fe(OH)_4^-] = pH - 19 \qquad (7-43)$$

$$K_{s_{22}} = [Fe_2(OH)_2^{4+}][OH^-]^4, \qquad lg[Fe_2(OH)_2^{4+}] = 5.09 - 4pH \qquad (7-44)$$

将式 (7-40) ~式 (7-44) 绘在 pc-pH 图 (图 7-4) 上, 得不同斜率的直线 1、2、3、4、5, 它分别表示不同的含铁物种和 $Fe(OH)_3(s)$ 的平衡关系。图上各直线所组成的包围区 (阴线) 表示 $Fe(OH)_3$ 的过饱和区, 即 $Fe(OH)_3(s)$ 固相稳定区。组成此稳定区的边界线表示该体系在不同 pH 条件下 Fe(Ⅲ) 的总溶解度 (Fe_T)。

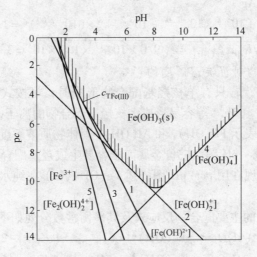

图 7-4　在 25℃ 时 $Fe(OH)_3(s)$ 在纯水中溶解度与 pH 关系

如求 pH = 4 时上述体系的各溶解组分浓度和总浓度。先在横坐标 pH = 4 处作一垂直线并与各直线相交, 然后查各交点相应的纵坐标 pc 值, 即得各组分的浓度。

$$[Fe(OH)_4^-] = 10^{-15} mol/L$$

$$[Fe_2(OH)_2^{4+}] = 10^{-10.8} mol/L$$

$$[Fe^{3+}] = 10^{-9} mol/L$$

$$[Fe(OH)_2^+] = 10^{-6.36} mol/L$$

$$[Fe(OH)^{2+}] = 10^{-6.16} mol/L$$

则总浓度为

$$Fe_T = [Fe^{3+}] + [Fe(OH)^{2+}] + [Fe(OH)_2^+] + 2[Fe_2(OH)_2^{4+}] + [Fe(OH)_4^-]$$
$$= 10^{-9} + 10^{-6.16} + 10^{-6.36} + 2 \times 10^{-10.8} + 10^{-15} = 10^{-5.67} mol/L$$

图 7-4 还表明随着 pH 的变化, 主要支配溶解平衡的溶解组分也在变化。如当 pH>9 时体系中的溶解组分以 $Fe(OH)_4^-$ 为主, pH 在 4.5~8 时以 $Fe(OH)_2^+$ 为主, pH<2.5 时以 Fe^{3+} 为主, 而 $Fe_2(OH)_2^{4+}$ 只是在较低 pH 时才能出现。

（2）$Al(OH)_3$ 的 pc – pH 图。三价铝离子在水中发生的羟基配合作用和 Fe^{3+} 相似，但它更易于生成多核配合物。$Al(OH)_3(s)$ 在水中溶解生成羟基配合物的主要反应有

$$Al^{3+} + H_2O \Longrightarrow Al(OH)^{2+} + H^+, \qquad \lg K_1 = -5$$

$$7Al^{3+} + 17H_2O \Longrightarrow Al_7(OH)_{17}^{4+} + 17H^+, \qquad \lg K = -48.8$$

$$13Al^{3+} + 34H_2O \Longrightarrow Al_{13}(OH)_{34}^{5+} + 34H^+, \qquad \lg K = -97.4$$

$$Al(OH)_3(s) \Longrightarrow Al^{3+} + 3OH^-, \qquad \lg K_{s_0} = -33$$

$$Al(OH)_3(s) + H_2O \Longrightarrow Al(OH)_4^- + H^+, \qquad \lg K_{s_1} = 1.3$$

$$2Al^{3+} + 2H_2O \Longrightarrow Al_2(OH)_2^{4+} + 2H^+, \qquad \lg K = -6.3$$

将以上各反应式均变换为 $Al(OH)_3(s)$ 直接参加的反应式后，再对各反应式的平衡常数表达式取对数，然后用 pc – pH 作图，即得图 7 – 5（a）。

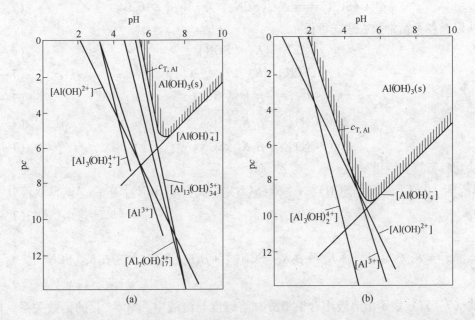

图 7 – 5　25℃ $Al(OH)_3(s)$ 溶解于纯水时总溶解度（Al_T）与 pH 变化的关系

图 7 – 5（a）为新生成的 $Al(OH)_3$ 溶解平衡体系，图 7 – 5（b）为三水矾土的溶解平衡体系。三水矾土［$Al(OH)_3$］的溶度积小于新生 $Al(OH)_3$，说明它比新生的氢氧化铝稳定。

$$Al(OH)_3(s) \Longrightarrow Al^{3+} + 3OH^-, \quad \lg K_{s_0} = -36.3 \tag{7 – 45}$$

图 7 – 5（a）表明氢氧化铝的溶解度在 pH = 6.5 时达到最低值，约为 $10^{-5.6}$ mol/L，在 pH 上升至 9，则 Al_T 几乎提高两个数量级（$10^{-3.5}$ mol/L）。因此水处理工艺用铝盐作凝聚剂时，应严格控制 pH，这样既能控制铝盐溶解度，又能发挥较好的凝聚效果。

　　b　生成弱酸阴离子配位体配合物对沉淀溶解度的影响

　　难溶电解质的阴离子若为弱酸性，在溶解时常常可以与溶解的金属离子生成络离子，同时这种阴离子又能同 H^+ 结合成为含质子型的离子，因此溶液的 pH 值和弱酸阴离子的浓度都影响这类物质的溶解度。

（1）阴离子浓度对难溶电解质溶解度的影响。当水中已含有的一种阴离子与难溶电解质中阴离子相同时（它又是配合物的配位体），则该溶质的溶解过程既有同种离子效应，又有配合反应，因此这些过程都影响固体物质的溶解度。下面以 AgSCN 在不同浓度的 KSCN 溶液中溶解为例进行说明（设溶解过程溶液的 pH 固定不变）。

假设溶解到达平衡时，溶液中含阴物种 Ag^+、$AgSCN$、$Ag(SCN)_2^-$、$Ag(SCN)_3^{2-}$ 和 $Ag(SCN)_4^{3-}$ 等。各种配合物反应式及其平衡常数列如下：

$$AgSCN(s) \Longrightarrow Ag^+ + SCN^-, \quad lgK_{s_0} = -11.17 \tag{7-46}$$

$$AgSCN(s) \Longrightarrow AgSCN(aq), \quad lgK_{s_1} = -7 \tag{7-47}$$

$$Ag^+ + 2SCN^- \Longrightarrow Ag(SCN)_2^-, \quad lg\beta_2 = 7.56 \tag{7-48}$$

$$Ag^+ + 3SCN^- \Longrightarrow Ag(SCN)_3^{2-}, \quad lg\beta_3 = 9.06 \tag{7-49}$$

$$Ag^+ + 4SCN^- \Longrightarrow Ag(SCN)_4^{3-}, \quad lg\beta_4 = 10.04 \tag{7-50}$$

从以上各平衡常数表达式可得

$$[Ag^+] = K_{s_0}/[SCN] \tag{7-51}$$

$$[AgSCN] = K_{s_1} \tag{7-52}$$

$$Ag(SCN)_2^- = \beta_2 K_{s_0}[SCN] \tag{7-53}$$

$$Ag(SCN)_3^{2-} = \beta_3 K_{s_0}[SCN]^2 \tag{7-54}$$

$$Ag(SCN)_4^{3-} = \beta_4 K_{s_0}[SCN]^3 \tag{7-55}$$

从物料衡算关系得

$$Ag_T = [Ag^+] + [Ag(SCN)] + [Ag(SCN)_2^-] + [Ag(SCN)_3^{2-}] + [Ag(SCN)_4^{3-}] \tag{7-56}$$

即

$$Ag_T = K_{s_0}/[SCN^-] + K_{s_1} + \beta_2 K_{s_0}[SCN^-] + \beta_3 K_{s_0}[SCN^-]^2 + \beta_4 K_{s_0}[SCN^-]^3 \tag{7-57}$$

式（7-57）表示出溶液中含银组分总溶解度与溶液中［SCN^-］的函数关系。即在一定温度和 pH 条件下，$Ag(SCN)$ 的溶解度决定于溶液中［SCN^-］的浓度。此例还可以用双对数图（$pc - p[SCN^-]$）表示，作图时先将式（7-51）～式（7-55）取对数：

$$lg[Ag^+] = -11.17 - lg[SCN^-] \tag{7-58}$$

$$lg[Ag(SCN)] = -7 \tag{7-59}$$

$$lg[Ag(SCN)_2^-] = -3.6 + lg[SCN^-] \tag{7-60}$$

$$lg[Ag(SCN)_3^{2-}] = -2.09 + 2lg[SCN^-] \tag{7-61}$$

$$lg[Ag(SCN)_4^{3-}] = -1.13 + 3lg[SCN^-] \tag{7-62}$$

然后将式（7-58）～式（7-62）直线方程绘于 $pc - p[SCN^-]$ 图（见图7-6）上，得出五条不同斜率的直线，它们分别表示含银组分与［SCN^-］关系。各条直线组成包围线（虚线）为银盐总浓度曲线。曲线形状表明银盐的溶解度（Ag_T）先是随［SCN^-］增加而降低，经过最低值后其溶解度又转向增大。这种溶解度的变动规律反映了在 SCN^- 浓度较低时，溶解过程主要受到同离子效应影响；当 SCN^- 浓度增大后，其溶解过程中配合

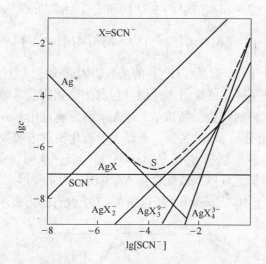

图 7-6 不同含量 $K(SCN)$ 溶液对硫氰化银溶解度的影响

作用的影响又占主要地位。

（2）pH 对难溶物质溶解度的影响。前面叙述了阴离子浓度对难溶物质溶解度的影响，这里只讨论因溶液的 pH 变化，引起弱酸质子型阴离子组分变化对溶质溶解度的影响问题。下面以 Ag_2S 溶解于含一定量硫化物溶液的例子来说明。

设溶液中硫化物总含量为 s_T，即 $s_T = [H_2S] + [HS^-] + [S^{2-}]$，$Ag_2S$ 溶解于该溶液，溶解的含银组分有：Ag^+、$AgSH$、$Ag(SH)_2^-$ 和 $Ag_2S_3H_2^{2-}$。已知各有关配合物反应式及其平衡常数为

$$Ag_2S(s) \Longrightarrow 2Ag^+ + S^{2-}, \quad \lg K_{s_0} = -49.7 \qquad (7-63)$$

$$Ag^+ + SH^- \Longrightarrow AgSH, \qquad \lg K_1 = 13.3 \qquad (7-64)$$

$$AgSH + SH^- \Longrightarrow Ag(SH)_2^-, \quad \lg K_2 = 3.87 \qquad (7-65)$$

$$Ag_2S(s) + 2HS^- \Longrightarrow Ag_2S_3H_2^{2-}, \quad \lg K_3 = -4.82 \qquad (7-66)$$

$$\alpha_1 = \frac{[HS^-]}{s_T} = \left(\frac{[H^+]}{K_{H_2S}} + 1 + \frac{K_{HS}}{[H^+]} \right)^{-1} \qquad (7-67)$$

$$\alpha_2 = \frac{[S^{2-}]}{s_T} = \left(1 + \frac{[H^+]}{K_{HS}} + \frac{[H^+]^2}{K_{H_2S} \cdot K_{HS}} \right)^{-1} \qquad (7-68)$$

根据以上各平衡常数表达式得

$$[Ag^+] = (K_{s_0}/s_T\alpha_2)^{1/2} \qquad (7-69)$$

$$[AgSH] = K_1 s_T \alpha_1 \left(\frac{K_{s_0}}{s_T\alpha_2} \right)^{1/2} \qquad (7-70)$$

$$[Ag(SH)_2^-] = K_2 K_1 s_T^2 \alpha_1^2 \left(\frac{K_{s_0}}{s_T\alpha_2} \right)^{1/2} \qquad (7-71)$$

$$[Ag_2S_3H_2^{2-}] = K_3 s_T^2 \alpha_1^2 \qquad (7-72)$$

从物料衡算方程得

$$Ag_T = [Ag^+] + [AgSH] + [Ag(SH)_2^-] + 2[Ag_2S_3H_2^{2-}] \qquad (7-73)$$

将式 (7 – 69)、式 (7 – 70)、式 (7 – 71) 和式 (7 – 72) 代入式 (7 – 73)

$$Ag_T = \left(\frac{K_{s_0}}{s_T \alpha_2}\right)^{1/2} + K_1 s_T \alpha_1 \left(\frac{K_{s_0}}{s_T \alpha_2}\right)^{1/2} + K_2 K_1^2 s_T^2 \alpha_1^2 \left(\frac{K_{s_0}}{s_T \alpha_2}\right)^{1/2} + K_3 s_T^2 \alpha_1^2 \qquad (7 – 74)$$

式 (7 – 74) 中, α_1 和 α_2 都是 [H^+] 的函数, 因此确定 [H^+] 值后可得 α_1 和 α_2 的具体数值, 代入式 (7 – 74) 可算出 Ag_T 值 (但其中硫化物总含量 s_T 应为已知值)。由于各溶液组分均为 [H^+] 的函数, 所以 pH 对 Ag_T 的影响可用 pc – pH 图表示, 图 7 – 7 中各线即表示各种含银组分与 pH 的关系。点线表示硫化银总溶解度, 此溶解度曲线表明溶液 pH < 5 时, 体系中溶解组分主要是 AgSH; pH = 5 ~ 9 时, 银盐溶解组分主要是 $Ag(SH)_2^-$, pH > 10 时溶解组分以双核配合物 $Ag_2S_3H_2^{2-}$ 为主要形态。由于在 pH 值为 1 ~ 14 范围内 Ag^+ 含量均小于 10^{-13} mol/L, 所以图 7 – 7 中没有绘出表示 Ag^+ 组分的曲线。

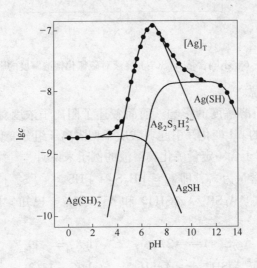

图 7 – 7   pH 对硫化银溶解度的影响

E   影响沉淀溶解度的其他因素

(1) 温度的影响。沉淀的溶解反应绝大部分是吸热反应, 因此, 沉淀的溶解度一般随温度的升高而增大。

(2) 溶剂的影响。无机物沉淀大部分是离子型晶体, 它们在水中的溶解度一般比在有机溶剂中大一些。例如, $PbSO_4$ 沉淀在水中的溶解度为 4.5mg/100mL, 而在 30% 乙醇的水溶液中, 溶解度降低为 0.23mg/100mL。应该指出, 当采用有机沉淀剂时, 所得沉淀在有机溶剂中的溶解度一般较大。

(3) 沉淀颗粒大小的影响。同一种沉淀, 晶体颗粒大, 溶解度小; 晶体颗粒小, 溶解度大。例如, $SrSO_4$ 沉淀, 晶粒直径为 0.05μm 时, 溶解度为 6.7×10^{-4} mol/L; 当晶粒直径减小至 0.01μm 时, 溶解度 9.3×10^{-4} mol/L, 增大 50%。

(4) 沉淀析出形式的影响。有许多沉淀, 初形成时为 "亚稳态", 放置后逐渐转化为 "稳定态"。亚稳态沉淀的溶解度比稳定态大, 所以沉淀能自发地由亚稳态转化为稳定态。例如, 初生的 CoS 沉淀为 α 型, 其 K_{sp} 为 4×10^{-20}, 放置后, 转化为 β 型, K_{sp} 为 7.9×10^{-24}。

7.3.3　两种固体在水中的平衡转化

水溶液中可能有几种固 – 液平衡同时存在时，按热力学观点，体系在一定条件下建立平衡状态时只能以一种固 – 液平衡占主导地位，因此，可在选定条件下，判断何种固体作为稳定相存在而占优势。下面以 $Fe(\text{II})$ 为例，讨论在一种条件下，何种固体占优势。如在封闭的碳酸盐溶液中（$c_T = 10^{-3}\,\text{mol/L}$），可能发生 $FeCO_3$ 及 $Fe(OH)_2$ 沉淀，可以根据以下一些平衡式绘出两种沉淀的溶解区域图。

(1) $Fe(OH)_2(s) \Longrightarrow Fe^{2+} + 2OH^-$, $\lg K_s = -14.5$

$Fe(OH)_2(s) + 2H^+ \Longrightarrow Fe^{2+} + 2H_2O$, $\lg K'_s = 13.5$

$$p[Fe^{2+}] = -13.5 + 2pH \tag{7-75}$$

(2) $Fe(OH)_2(s) \Longrightarrow FeOH^+ + OH^-$, $\lg K_s = -9.4$

$Fe(OH)_2(s) + H^+ \Longrightarrow FeOH^+ + H_2O$, $\lg K'_s = 4.6$

$$p[FeOH^+] = -4.6 + pH \tag{7-76}$$

(3) $Fe(OH)_2(s) + OH^- \Longrightarrow Fe(OH)_3^-$, $\lg K_s = -5.1$

$Fe(OH)_2(s) + H_2O \Longrightarrow Fe(OH)_3^- + H^+$, $\lg K'_s = -19.1$

$$p[Fe(OH)_3^-] = 19.1 - pH \tag{7-77}$$

根据以上三式可以绘出 $Fe(OH)_2(s)$ 的溶解区域图，如图 7 – 8 右边部分所示。

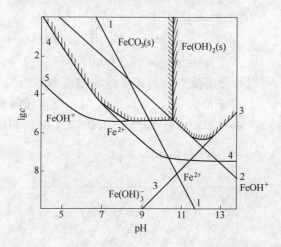

图 7 – 8　$FeCO_3(s)$ 和 $Fe(OH)_2(s)$ 的溶解区域图

(4) $FeCO_3(s) \Longrightarrow Fe^{2+} + 2CO_3^{2-}$, $\lg K_s = -10.6$

$H^+ + CO_3^{2-} \Longrightarrow HCO_3^-$, $\lg K_{a_2} = 10.3$

$FeCO_3(s) + H^+ \Longrightarrow Fe^{2+} + HCO_3^-$, $\lg K_s^* = -0.3$

$$p[Fe^{2+}] = 0.3 + pH + \lg[HCO_3^-] \tag{7-78}$$

(5) $FeCO_3(s) + OH^- \Longrightarrow FeOH^+ + CO_3^{2-}$, $\lg K_s = -5.6$

$FeCO_3(s) + H_2O \Longrightarrow FeOH^+ + H^+ + CO_3^{2-}$, $\lg K_s^* = -19.6$

$$p[FeOH^+] = 19.6 - pH + \lg[CO_3^{2-}] \tag{7-79}$$

(6) $FeCO_3(s) + 3OH^- \rightleftharpoons Fe(OH)_3^- + CO_3^{2-}$, $lgK_s = -1.3$

$FeCO_3(s) + 3H_2O \rightleftharpoons Fe(OH)_3^- + 3H^+ + CO_3^{2-}$, $lgK_s^* = -43.3$

$$p[Fe(OH)_3^-] = 43.3 - 3pH + lg[CO_3^{2-}] \tag{7-80}$$

以上三式可以绘出 $FeCO_3(s)$ 的溶解区域图，如图7-8左边部分。由图可看出，当 $pH < 10.5$ 时，$FeCO_3$ 优先发生沉淀，控制着溶液中 $Fe(II)$ 的浓度；当 $pH > 10.5$ 以后，则转化为 $Fe(OH)_2$ 优先沉淀，控制着溶液中 $Fe(II)$ 的浓度；而当 $pH = 10.5$ 时，则两种沉淀可同时发生。

7.3.4　几种典型固体物质的溶解-沉淀平衡

7.3.4.1　金属氧化物和氢氧化物的溶解-沉淀平衡

金属氢氧化物沉淀有多种形态，金属氧化物可看成是氢氧化物脱水而成。由于这类化合物直接与pH有关，实际涉及水解和羟基配合物的平衡过程，该过程往往复杂多变，这里用强电解质的最简单关系式表述

$$Me(OH)_n(s) \rightleftharpoons Me^{n+} + nOH^- \tag{7-81}$$

根据溶度积

$$K_{sp} = [Me^{n+}][OH^-]^n$$

可转换为

$$[Me^{n+}] = K_{sp}/[OH^-]^n = K_{sp}[H^+]^n/K_w^n$$

$$-lg[Me^{n+}] = -lgK_{sp} - nlg[H^+] + nlgK_w$$

$$pc = pK_{sp} - nK_w + npH \tag{7-82}$$

根据式 (7-82)，可以给出溶液中金属离子饱和浓度对数值与pH的关系图（见图7-9），直线斜率等于 n。当离子价为 +3、+2、+1 时，则直线斜率分别为 -3、-2 和 -1。直线横轴截距是 $-lg[Me^{n+}] = 0$ 或 $[Me^{n+}] = 1.0mol/L$ 时的pH。

$$pH = 14 - \frac{1}{n}pK_{sp} \tag{7-83}$$

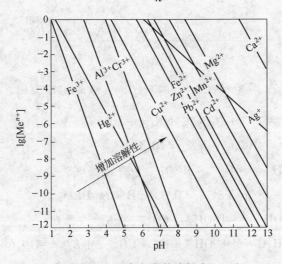

图7-9　氢氧化物溶解度

各种金属氢氧化物的溶度积数值列于表7-5。根据其中部分数据给出的对数浓度图（见图7-9）可看出，同价金属离子的各线均有相同的斜率，靠图右边斜线代表的金属氢氧化物的溶解度大于靠图左边的溶解度。根据此图大致可查出各种金属离子在不同pH溶液中所能存在的最大饱和浓度。

表7-5 金属氢氧化物溶度积

氢氧化物	K_{sp}	pK_{sp}	氢氧化物	K_{sp}	pK_{sp}
Ag(OH)	1.6×10^{-8}	7.80	Fe(OH)$_3$	3.2×10^{-38}	37.5
Ba(OH)$_2$	5×10^{-3}	2.3	Mg(OH)$_2$	1.8×10^{-11}	10.74
Ca(OH)$_2$	5.5×10^{-6}	5.26	Mn(OH)$_2$	1.1×10^{-13}	12.96
Al(OH)$_3$	1.3×10^{-33}	32.9	Hg(OH)$_2$	4.8×10^{-26}	25.32
Cd(OH)$_2$	2.2×10^{-14}	13.66	Ni(OH)$_2$	2.0×10^{-15}	14.70
Co(OH)$_2$	1.6×10^{-15}	14.80	Pb(OH)$_2$	1.2×10^{-15}	14.93
Cr(OH)$_3$	6.3×10^{-31}	30.2	Th(OH)$_4$	4.0×10^{-45}	44.4
Cu(OH)$_2$	5.0×10^{-20}	19.30	Ti(OH)$_3$	1×10^{-40}	40
Fe(OH)$_2$	1.0×10^{-15}	15.0	Zn(OH)$_2$	7.1×10^{-18}	17.15

不过图7-9和式（7-82）所表征的关系，并不能充分反映出氧化物或氢氧化物的溶解度，应该考虑这些固体与羟基金属离子配合物 $[Me(OH)_n^{z-n}]$ 之间的平衡。如果考虑到羟基配合作用的情况，可以把金属氧化物或氢氧化物的溶解度（M_{ε_T}）表示为

$$M_{\varepsilon_T} = [M_\varepsilon^{z+}] + \sum_1^n [Me(OH)_n^{z-n}] \qquad (7-84)$$

图7-10给出考虑到固相还能与羟基金属离子配合物处于平衡时溶解度的例子。在25℃固相与溶质化合态之间所有可能的反应如下

$$PbO(s) + 2H^+ \Longrightarrow Pb^{2+} + H_2O, \qquad \lg K_{s_0}^* = 12.7 \qquad (7-85)$$

$$PbO(s) + H^+ \Longrightarrow PbOH^+, \qquad \lg K_{s_1}^* = 5.0 \qquad (7-86)$$

$$PbO(s) + H_2O \Longrightarrow Pb(OH)_2^0, \qquad \lg K_{s_2} = -4.4 \qquad (7-87)$$

$$PbO(s) + 2H_2O \Longrightarrow Pb(OH)_3^- + H^+, \qquad \lg K_{s_3}^* = -15.4 \qquad (7-88)$$

根据式（7-85）~式（7-88），Pb^{2+}、$PbOH^+$、$Pb(OH)_2^0$ 和 $Pb(OH)_3^-$ 作为pH函数的特征线分别有斜率 -2、-1、0 和 $+1$，把所有化合态都结合起来，可以得到图7-10中包围着阴影区域的线。因此，$[Pb(II)_T]$ 在数值上可由下式得出

$$[Pb(II)_T] = [Pb^{2+}] + [PbOH^+] + [Pb(OH)_2^0] + [Pb(OH)_3^-]$$

$$= K_{s_0}^*[H^+]^2 + K_{s_1}^*[H^+] + K_{s_2} + K_{s_3}^*[H^+]^{-1} \qquad (7-89)$$

图7-10表明金属固体氧化物和氢氧化物具有两性的特征。它们和质子或羟基离子都发生反应，存在一个pH值，在此pH值下溶解度为最小值，在碱性或酸性更强的pH区域内，溶解度都变得更大。

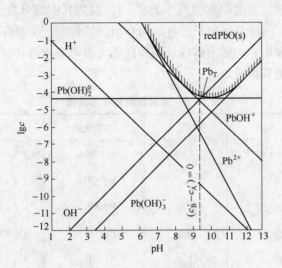

图 7 – 10　PbO 的溶解度

7.3.4.2　金属硫化物的溶解 – 沉淀平衡

金属硫化物是比氢氧化物溶度积更小的一类难溶沉淀物，重金属硫化物在中性条件下实际上是不溶的，在盐酸中 Fe、Mn 和 Cd 的硫化物是可溶的，而 Ni 和 Co 的硫化物是难溶的。Cu、Hg 和 Pb 的硫化物只有在硝酸中才能溶解。表 7 – 6 列出重金属硫化物的溶度积。

表 7 – 6　重金属硫化物的溶度积

分子式	K_{sp}	pK_{sp}	分子式	K_{sp}	pK_{sp}
Ag_2S	6.3×10^{-50}	49.20	HgS	4.0×10^{-53}	52.40
CdS	7.9×10^{-27}	26.10	MnS	2.5×10^{-13}	12.60
CoS	4.0×10^{-21}	20.40	NiS	3.2×10^{-19}	18.50
Cu_2S	2.5×10^{-48}	47.60	PbS	8×10^{-28}	27.90
CuS	6.3×10^{-36}	35.20	SnS	1×10^{-25}	25.00
FeS	3.3×10^{-18}	17.50	ZnS	1.6×10^{-24}	23.80
Hg_2S	1.0×10^{-45}	45.00	Al_2S_3	2×10^{-7}	6.70

由表 7 – 6 可看出，只要水环境中存在 S^{2-}，几乎所有重金属均可从水体中除去。在饱和水溶液中，H_2S 浓度为 0.1mol/L，溶于水中的 H_2S 呈二元酸状态，其分级电离为

$$H_2S \Longrightarrow H^+ + HS^-,\quad K_1 = 8.9 \times 10^{-8}$$

$$HS^- \Longrightarrow H^+ + S^{2-},\quad K_2 = 1.3 \times 10^{-15}$$

所以　　$[H^+]^2[S^{2-}] = K_1 K_2[H_2S] = 1.16 \times 10^{-22} \times 0.1 = 1.16 \times 10^{-23} = K'_{sp}$

在任一 pH 值的水中，则

$$[S^{2-}] = K'_{sp}/[H^+]^2$$

溶液中促成硫化物沉淀的是 S^{2-}，若溶液中存在二价金属离子 Me^{2+}，则有

$$[Me^{2+}][S^{2-}] = K_{sp}$$

因此在硫化氢和硫化物均达到饱和的溶液中，可算出溶液中金属离子的饱和浓度为

$$[Me^{2+}] = K_{sp}/[S^{2-}] = K_{sp}[H^+]^2/K'_{sp} = K_{sp}[H^+]^2/(0.1K_1K_2) \qquad (7-90)$$

7.3.4.3 磷酸铵镁的溶解 – 沉淀平衡

磷酸铵镁在水中有以下平衡

$$MgNH_4PO_4(s) \rightleftharpoons Mg^{2+} + NH_4^+ + PO_4^{3-}, \quad K_{sp} = 10^{-12.6}$$

磷酸铵镁的条件溶度积为

$$K_{sp} = c_{T,Mg}c_{T,NH_3}c_{T,PO_4} = \frac{K_{sp}^0}{\alpha_{Mg^{2+}}\alpha_{NH_4^+}\alpha_{PO_4^{3-}}}$$

以 pH 值为变量,以相应 α 值计算得到的 K_{sp} 为应变量作图得如图 7 – 11 所示的曲线,从图中可知,当 pH 值约为 10.7 时有最小的 K_{sp}。

在污泥厌氧消化池中一般会产生磷酸铵镁沉淀,从表 7 – 7 中可看到,生污泥被消化后,$c_{T,Mg}$ 没有变化,而 c_{T,NH_3} 和 c_{T,PO_4} 都有增高,特别是氨氮增高约 20 倍。消化污泥中有

$$c_{T,Mg}c_{T,NH_3}c_{T,PO_4} = 5 \times 10^{-3} \times 10^{-1} \times 7 \times 10^{-2}$$
$$= 3.5 \times 10^{-5}$$

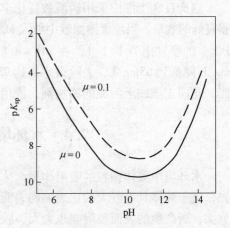

图 7 – 11 磷酸铵镁在不同 pH 值条件下的条件溶度积 K_{sp}

大大超过 pH = 7.5 时的 K_{sp} 值(约 10^{-7}),因此会产生沉淀堵塞问题,经稀释后的消化污泥有

$$c_{T,Mg}c_{T,NH_3}c_{T,PO_4} = 10^{-3} \times 2.5 \times 10^{-2} \times 2 \times 10^{-2} = 5 \times 10^{-7}$$

虽然仍略高于 pH = 7.5 时的 K_{sp},但如果考虑离子强度的影响,实际已处于未饱和状态。利用二级处理后的出水对消化污泥进行稀释,可以避免管道和筛网被磷酸铵镁堵塞(见图 7 – 12)。

表 7 – 7 污泥在不同工段时的 $c_{T,Mg}$、c_{T,NH_3} 和 c_{T,PO_4} mol/L

种 类	生污泥	消化污泥	稀释后的消化污泥
$c_{T,Mg}$	5×10^{-3}	5×10^{-3}	约 1×10^{-3}
c_{T,NH_3}	5×10^{-3}	1×10^{-1}	约 2.5×10^{-2}
c_{T,PO_4}	4×10^{-2}	7×10^{-2}	约 2×10^{-2}
pH	5.5	7.5	7.5

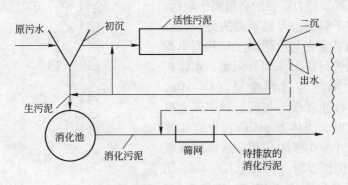

图 7 – 12 稀释法防止磷酸铵镁堵塞的流程图

对于氨氮含量较高的废水，可以利用生成磷酸铵镁沉淀的方法去除废水中的氨氮。向含 NH_4^+ 废水中投加 Mg^{2+} 和 PO_4^{3-}，使之和 NH_4^+ 生成 $MgNH_4PO_4 \cdot 6H_2O$ 结晶，通过重力沉淀，使磷酸铵镁从废水中分离。该法具有沉淀快速，常温反应，产物可作为长效复合肥料等优点。

赵庆良和李湘中采用磷酸铵镁化学沉淀法处理香港新界两卫生填埋场垃圾渗滤液，取得良好的效果。当垃圾渗滤液中加入 $MgCl_2 \cdot 6H_2O$ 和 $Na_2HPO_4 \cdot 12H_2O$ 并使 Mg^{2+} : NH_4^+ : PO_4^{3-} 的摩尔比为 1 : 1 : 1，在 pH = 8.5 ~ 9.0 条件下，可使原垃圾渗滤液中氨氮由 5618 mg/L 降低到 65mg/L，去除效率高达 98% 以上。生成的 $MgNH_4PO_4 \cdot 6H_2O$ 沉淀可作为堆肥、花园土壤或干污泥的添加剂，或用作结构制品的阻火剂。

7.4　水环境中颗粒物的吸附作用

水环境中胶体颗粒的吸附作用大体可分为表面吸附、离子交换吸附和专属吸附等。首先，由于胶体具有巨大的比表面和表面能，因此固液界面存在表面吸附作用，胶体表面积愈大，所产生的表面吸附能也愈大，胶体的吸附作用也就愈强，它属于物理吸附；其次，由于水环境中大部分胶体带负电荷，容易吸附各种阳离子，在吸附过程中，胶体每吸附一部分阳离子，同时也放出等量的其他阳离子，因此将这种吸附称为离子交换吸附，它属于物理化学吸附。离子交换吸附是一种可逆反应，而且能够迅速地达到平衡。该反应不受温度影响，在酸碱条件下均可进行，其交换吸附能力与溶质的性质、浓度及吸附剂性质等有关。

专属吸附是指吸附过程中，除了化学键的作用外，尚有加强的憎水键和范德华力或氢键在起作用。专属吸附作用不但可使表面电荷改变符号，而且可使离子化合物吸附在同号电荷的表面上。在水环境中，配合离子、有机离子、有机高分子和无机高分子的专属吸附作用特别强烈。例如，简单的 Al^{3+}、Fe^{3+} 等高价离子并不能使胶体电荷因吸附而变号，但其水解产物却可达到这点。这就是发生专属吸附的结果。

水合氧化物胶体对重金属离子有较强的专属吸附作用，这种吸附作用发生在胶体双电层的 Stern 层（见图 7-13）中，被吸附的金属离子进入 Stern 层后，通常不能被交换性阳离子提取剂提取，只能被亲和力更强的金属离子取代，或在强酸性条件下解吸。专属吸附的另一特点是它在中性表面甚至在与吸附离子带相同电荷符号的表面也能进行吸附作用。例如，水锰矿对碱金属（K，Na）与过渡金属（Co，Cu，Ni）离子的吸附特性就很不相同。对于碱金属离子，在低浓度时，当体系 pH 值在水锰矿零电位点以上时，才发生吸附作用。这说明该吸附作用属于离子交换吸附。而对于 Co、Cu、Ni 等过渡金属离子的吸附则不相同，当体系 pH

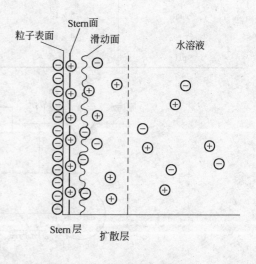

图 7-13　Stern 双电层模型

值等于或小于水锰矿零点电位时,都能进行吸附作用,这表明水锰矿不带电荷或带正电荷均能吸附过渡金属离子,这种吸附作用属于专属吸附。表7-8列出水合氧化物对金属离子的专属吸附与非专属吸附的区别。

表7-8 水合氧化物对金属离子的专属吸附与非专属吸附的区别

项 目	非专属吸附	专属吸附
发生吸附的表面净电荷的符号	-	-,0,+
金属离子所起的作用	反离子	配位离子
吸附时所发生的反应	阳离子交换	配位体交换
发生吸附时要求体系的 pH 值	>零电位点	任意值
吸附发生的位置	扩散层	内层(Stern 层)
对表面电荷的影响	无	负电荷减少,正电荷增加

7.4.1 吸附等温线和等温式

吸附是指溶液中的溶质在界面层浓度升高的现象。水体中颗粒物对溶质的吸附是一个动态平衡过程,在固定的温度条件下,当吸附达到平衡时,颗粒物表面上的吸附量(G)与溶液中溶质平衡浓度 c 之间的关系,可用吸附等温线来表达。水体中常见的吸附等温线有三类,即 Henry 型、Freundlich 型和 Langmuir 型,简称为 H 型、F 型和 L 型,见图7-14。

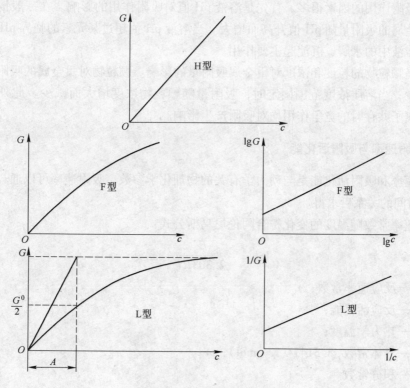

图7-14 常见吸附等温线

（1）H 型等温线为直线型，其等温式为

$$G = kc \tag{7-91}$$

式中 k——分配系数。

该等温式表明溶质在吸附剂与溶液之间按固定比值分配。

（2）F 型等温式为

$$G = kc^{1/n} \tag{7-92}$$

若两侧取对数，则有

$$\lg G = \lg k + \frac{1}{n}\lg c \tag{7-93}$$

该等温线不能给出饱和吸附量。

（3）L 型等温式为

$$G = G^0 c/(A + c) \tag{7-94}$$

式中 G^0——单位表面上达到饱和时的最大吸附量；

      A——常数，为吸附量达到 $G^0/2$ 时溶液的平衡浓度。

两侧取倒数，则有

$$1/G = 1/G^0 + A/G^0(1/c) \tag{7-95}$$

等温线在一定程度上反映了吸附剂与吸附物的特性，其形式在许多情况下与实验所用溶质浓度区段有关。当溶质浓度甚低时，可能在初始区段中呈现 H 型，当浓度较高时，曲线可能表现为 F 型，但统一起来仍属于 L 型的不同区段。

影响吸附作用的因素很多，首先是溶液 pH 值对吸附作用的影响。在一般情况下，颗粒物对重金属的吸附量随 pH 值升高而增大。当溶液 pH 值超过某元素的临界 pH 值时，则该元素在溶液中的水解、沉淀起主要作用。

其次是颗粒物的粒度和浓度对重金属吸附量的影响。颗粒物对重金属的吸附量随粒度增大而减少；当溶质浓度范围固定时，吸附量随颗粒物浓度增大而减少。此外，温度变化、几种离子共存时的竞争作用均对吸附产生影响。

7.4.2 吸附速率与吸附活化能

吸附速率和吸附活化能是与动力学有关的物理化学参数，吸附速率可以通过实验测定 $c_0 - c_t$ 对时间的关系后求得。

反应速率常数随温度的变化符合阿伦尼乌斯公式：

$$\lg k = -\frac{E_a}{2.303RT} + \lg A \tag{7-96}$$

式中 k——反应速率常数；

     E_a——反应活化能；

     T——热力学温度；

     R——气体常数，$8.314\text{J}/(\text{K}\cdot\text{mol})$；

   $\lg A$——积分常数。

而吸附过程初期的速率 v 可用下式表示：

$$v = kc$$

式中 c——吸附物瞬时浓度。

即
$$\lg v = \lg k + \lg c$$

将上式代入式（7-96），得

$$\lg v = -\frac{E_a}{2.303RT} + \lg(Ac) \qquad (7-97)$$

因此，在相同吸附物浓度 c 下，求得不同温度的吸附速率后，根据式（7-97），从 $\lg v - 1/T$ 直线的斜率可算得吸附活化能。

从式（7-97）看出，在其他条件相同下活化能越大的吸附过程其速率越小；温度较低时，温度对吸附速率影响较大；相反，温度较高时，其对吸附速率的影响较小。

由于天然水的状况是在时刻变化的，而解吸速率又往往显著地慢于吸附速率。所以水中微粒的吸附过程从根本上讲，是不处在热力学平衡状态的，因而决定吸附效率的主要因素大多不是吸附平衡时的吸附量，而是吸附速率。

7.4.3 沉积物中重金属的释放

重金属从悬浮物或沉积物中重新释放属于二次污染问题，不仅对于水生生态系统，而且对于饮用水的供给都是很危险的。诱发释放的主要因素有如下几种：

（1）盐浓度的升高。碱金属和碱土金属阳离子可将被吸附在固体颗粒上的重金属离子交换出来，这是金属从沉积物中释放出来的主要途径之一。例如水体中 Ca^{2+}、Na^+、Mg^{2+} 离子对悬浮物中铜、铅和锌的交换释放作用。在 0.5mol/L Ca^{2+} 离子作用下，悬浮物中的铅、铜、锌可以解吸出来，这三种金属被钙离子交换能力的顺序为 $Zn > Cu > Pb$。

（2）氧化还原条件的变化。在湖泊、河口及近岸沉积物中一般均有较多的耗氧物质，使一定深度以下沉积物中的氧化还原电位急剧降低，并将使铁、锰氧化物被还原而部分或全部溶解，被其吸附或与之共沉淀的重金属离子也同时释放出来。

（3）pH 值的降低。pH 值降低导致碳酸盐和氢氧化物的溶解，H^+ 的竞争作用还可以增加金属离子的解吸量。在一般情况下，沉积物中重金属的释放量随着反应体系 pH 值的升高而降低（见图 7-15）。其原因既有 H^+ 离子的竞争吸附作用，也有金属在低 pH 值条件下致使金属难溶盐以及配合物的溶解等。因此，在受纳酸性废水排放的水体中，水中金属的浓度往往较高。

（4）水中配合剂含量的增加。天然或合成的配合剂使用量增加，能和重金属形成可溶性配合物，如果这种配合物稳定性较大，则以溶解态形态存在，使重金属从固体颗粒上解吸下来。

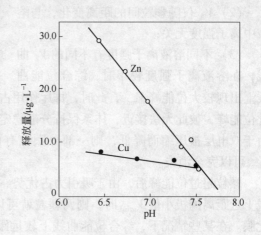

图 7-15 美国 White 河中 Zn 和 Cu 释放量与 pH 值的关系（1982 年 7 月）

7.5 水中颗粒物的聚集

地表水常含有大量能使水体呈现出浊度和色度的胶体混合物，浊度通常是由于土壤受侵蚀后形成的胶体颗粒所致，色度可能是由含铁和锰的胶体、腐殖质所致。这些产生色度和浊度的胶体颗粒很难从水中除去，因为胶体颗粒体积很小，能通过一般的滤料空隙，所以很难通过重力沉淀及过滤除去，要去除胶体，就必须使其聚集成大颗粒，胶体聚集是一个相当复杂的过程。

7.5.1 胶体颗粒凝聚的基本原理和方式

胶体颗粒的聚集可分为凝聚和絮凝两大类，由电介质促成的聚集称为凝聚，由聚合物促成的聚集称为絮凝。

典型胶体的相互作用以胶体稳定性理论（DLVO 理论）为定量基础。DLVO 理论将胶体之间的作用简化为范德华（Van der Waals）吸引力和扩散双电层排斥力，适用于不存在化学专属吸附作用的电解质溶液中，前提是假设颗粒是粒度均等、球体形状的理想状态。颗粒在溶液中进行热运动，其平均动能为 $\frac{3}{2}kT$，两颗粒在相互接近时产生多分子范德华力、静电排斥力和水化膜阻力，这几种力相互作用的综合位能随颗粒间相隔距离所发生的变化如图 7-16 所示。

总的综合作用位能为

$$V_T = V_R + V_A$$

式中　V_A——由范德华力所产生的位能；

　　　V_R——由静电排斥力所产生的位能。

由图中曲线可见：

（1）不同溶液离子强度有不同 V_R 曲线，V_R 随颗粒间的距离按指数律下降；

（2）V_A 仅随颗粒间的距离变化，与溶液中离子强度无关；

（3）不同溶液离子强度有不同的 V_T 曲线，在溶液离子强度较小时，综合位能曲

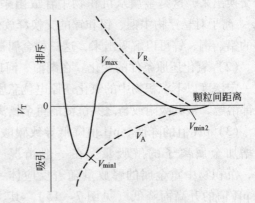

图 7-16　综合位能曲线

线上出现较大位能峰 V_{max}，此时，排斥作用占较大优势，颗粒借助于热运动能量不能超越此位能峰，彼此无法接近，体系保持分散稳定状态；当离子强度增大到一定程度时，V_{max} 由于双电层被压缩而降低，则一部分颗粒有可能超越该位能峰；当离子强度相当高时，V_{max} 可以完全消失。

颗粒超过位能峰后，由于吸引力占优势，促使颗粒间继续接近，当其达到综合位能曲线上近距离的极小值 V_{min1} 时，则两颗粒就可以结合在一起。不过，此时颗粒间尚隔有水化膜。在某些情况下，综合位能曲线上较远距离也会出现一个极小值 V_{min2}，成为第二极小值，它有时也会使颗粒相互结合。

凝聚物理理论说明了凝聚作用的因素和机理，但仅适用于电解质浓度升高压缩扩散层

造成颗粒聚集的典型情况，即一种理想化的最简单的体系，而天然水或其他实际体系中的情况则要复杂得多。

异体凝聚理论适用于处理物质本性不同、粒径不等、电荷符号不同、电位高低不等之类的分散体系。异体凝聚理论的主要论点为：如果两个电荷符号相异的胶体微粒接近时，吸引力总是占优势；如果两颗粒电荷符号相同但电性强弱不等，则位能曲线上的能峰高度总是取决于荷电较弱而电位较低的一方。因此，在异体凝聚时，只要其中有一种胶体的稳定性甚低而电位达到临界状态，就可以发生快速凝聚，而与另一种胶体的电位高低无关。天然水环境和水处理过程中所遇到的颗粒聚集方式，大体可概括如下：

（1）压缩双电层凝聚，由于水中电解质浓度增大而离子强度升高，压缩扩散层，使颗粒相互吸引结合凝聚；

（2）专属吸附凝聚，胶体颗粒专属吸附异电的离子化合态，降低表面电位，即产生电中和现象，使颗粒脱稳而凝聚，这种凝聚可以出现超电荷状况，使胶体颗粒改变电荷符号后，又趋于稳定分散状况；

（3）胶体相互凝聚，两种电荷符号相反的胶体相互中和而凝聚，或者其中一种荷电很低而相互凝聚，都属于异体凝聚；

（4）"边对面"絮凝，黏土矿物颗粒形状呈板状，其板面荷负电而边缘荷正电，各颗粒的边与面之间可由静电引力结合，这种聚集方式的结合力较弱，且具有可逆性，因而，往往生成松散的絮凝体；"边对面"再加上"边对边"和"面对面"是水中黏土颗粒自然絮凝的主要方式；

（5）第二极小值絮凝，若颗粒较粗或在某一维方向上较长，有可能产生较强的第二极小值，使颗粒相互聚集，这种聚集属于较远距离的接触，颗粒本身并未完全脱稳，因而比较松散，具有可逆性；

（6）聚合物黏结架桥絮凝，胶体微粒吸附高分子电解质而凝聚，属于专属吸附类型，主要是异电中和作用，此外，聚合物具有链状分子，它也可以同时吸附在若干个胶体微粒上，在微粒之间架桥黏结，使它们聚集成团；如果聚合物同时可发挥电中和及黏结架桥作用，就表现出较强的絮凝能力；

（7）无机高分子的絮凝，无机高分子化合物的尺度远低于有机高分子，它们除对胶体颗粒有专属吸附电中和作用外，也可结合起来在较近距离起黏结架桥作用；

（8）絮团卷扫絮凝，已经发生凝聚或絮凝的聚集体絮团物，在运动中以其巨大表面吸附卷带胶体微粒，生成更大絮团，使体系失去稳定而沉降；

（9）颗粒层吸附絮凝，水溶液透过颗粒层过滤时，由于颗粒表面的吸附作用，使水中胶体颗粒相互接近而发生凝聚或絮凝，吸附作用强烈时，可对凝聚过程起强化作用，使在溶液中不能凝聚的颗粒得到凝聚；

（10）生物絮凝，藻类、细菌等微小生物在水中也具有胶体性质，带有电荷，可以发生凝聚，特别是它们往往可以分泌出某种高分子物质，发挥絮凝作用，或形成胶团状物质。

在实际水环境中，以上各种凝聚、絮凝方式并不是单独存在的，往往是数种方式同时发生，综合发挥聚集作用。悬浮沉积物是最复杂的综合絮凝体，其中的矿物微粒和黏土矿物、水合金属氧化物和腐殖质、有机物等相互作用，几乎囊括了上述的十种聚集方式。

7.5.2 胶体颗粒絮凝动力学

絮凝动力学讨论的是絮凝速度问题。胶体颗粒通过扩散层压缩、表面电位降低、排斥力减少，使综合位能曲线上的能峰降低到必要的程度，或者产生具有远距离吸引力以及存在黏结架桥物质等条件，是发生凝聚和絮凝的前提。另一方面，颗粒之间的相互碰撞也是产生凝聚和絮凝的必要条件。当位能峰 V_{max} 为零时，每次碰撞必导致聚沉，称为快速絮凝；若位能峰 V_{max} 不为零，则仅有部分碰撞会引起聚沉，称为慢速絮凝。

颗粒之间的相互碰撞是由其相对运动所引起的。由颗粒的热运动即布朗（Brown）运动推动下发生碰撞而产生的絮凝称为异向凝聚。由水流速率梯度的剪切作用导致不同速率的颗粒碰撞而产生的絮凝称为同向絮凝。由颗粒之间沉降速率不同发生的碰撞而导致的絮凝称为差速沉降絮凝。异向絮凝、同向絮凝和差速沉降絮凝是水中颗粒相互碰撞产生絮凝的主要机理。

7.5.2.1 异向絮凝

在异向絮凝中微粒的碰撞是由其布朗运动造成的，碰撞频率决定于微粒的热扩散运动。在颗粒粒径均一的体系中，颗粒数目衰减的速率可以用二级速率公式来表示

$$- dN/dt = k_p N^2$$

或

$$\frac{1}{N} - \frac{1}{N_0} = k_p t$$

式中　N——颗粒数目，个/cm^3；

$\quad\quad k_p$——速率常数。

按 Von Smoluchowski 所给出的 k_p 表达式，可获得絮凝速率公式

$$- \frac{dN}{dt} = \alpha_p \frac{4kTN^2}{3\eta} \tag{7-98}$$

式中　α_p——有效碰撞系数；

$\quad\quad k$——Boltzmann 常数，$k = 1.38 \times 10^{-23} \text{J/K}$；

$\quad\quad \eta$——绝对黏度，g/(cm·s)。

由此可见，此时絮凝速率与颗粒数目的平方成比例。在 20℃ 水中，k_p 一般约为 $2 \times 10^{-12} \text{cm}^3/\text{s}$，当 $\alpha_p = 1$ 时，$N = 10^6$ 个/cm^3 的浑浊水中，其半衰期大约为 $5 \times 10^5 \text{s}$，即 6 天。

依靠布朗运动的异向絮凝速度一般很慢，不能单独应用，特别是当微粒相互碰撞聚集变得较大后，布朗运动就会减弱甚至停止，絮凝作用就会减弱甚至不再发生。

7.5.2.2 同向絮凝

同向絮凝的絮凝速率可表示为

$$- \frac{dN}{dt} = \frac{2}{3} \alpha_0 G d^3 N^2 = \frac{4}{\pi} \alpha_0 \varphi G N \tag{7-99}$$

$$\varphi = \frac{\pi}{6} d^3 N$$

式中　φ——体积分数；

$\quad\quad d$——颗粒粒径，μm；

G——速率梯度，s^{-1}。

如果颗粒数目仍为 10^6 个/cm^3，而 $d = 1\mu m$，则 φ 约为 5×10^{-7}，设 $\alpha_0 = 1\mu m$，而 $G = 5/s$，则半衰期为 3.7 天。

当水中同时存在异向和同向两种絮凝过程时，絮凝速率将为两者之和，即

$$-\frac{\mathrm{d}N}{\mathrm{d}t} = \alpha_p \frac{4kTN^2}{3\eta} + \frac{4}{\pi}\alpha_0\varphi GN \qquad (7-100)$$

当颗粒直径 $d > 1\mu m$ 时，异向絮凝可忽略不计，而当粒径 $d < 1\mu m$ 时，异向絮凝占有重要地位，若 $d = 1\mu m$ 而 $G = 10/s$，则两种速率相等。

7.5.2.3　差速沉降絮凝

差速沉降絮凝可以看作为一种特殊的同向絮凝，设溶液中粒径 d_1 和 d_2 的颗粒数目分别为 N_1 和 N_2，则差速沉降絮凝为

$$-\frac{\mathrm{d}N}{\mathrm{d}t} = \frac{\alpha_s\pi g(\rho-1)}{72\gamma}(d_1+d_2)^3(d_1-d_2)N_1N_2 \qquad (7-101)$$

式中　g——重力加速度，cm/s^2；

　　　ρ——颗粒密度，g/cm^3；

　　　γ——动力黏度，cm^2/s。

在絮凝动力学中，颗粒的粒度起着很重要作用。上述三种絮凝机理在溶液中以哪种为主也取决于其粒径分布状况（见图 7-17），对于粒径为 d_1、d_2 的颗粒，则三种絮凝的速率常数分别为：

异向絮凝　　　　　　　$$k_b = \frac{2kT(d_1+d_2)^2}{3\eta d_1 d_2}$$

同向絮凝　　　　　　　$$k_{sh} = \frac{1}{6}(d_1+d_2)^3 G$$

差速沉降絮凝　　$$k_s = \frac{1}{72\lambda}\pi g(\rho-1)(d_1+d_2)^3(d_1-d_2)$$

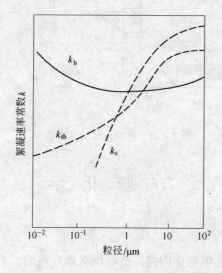

图 7-17　颗粒物粒径与不同絮凝公式的絮凝速率常数的关系示意图

7.5.2.4　天然水体和水处理中絮凝沉淀的统一动力学解释

天然水体和水处理中的絮凝常以同向絮凝为主，颗粒的传输和颗粒间的碰撞对颗粒物的絮凝沉淀起决定性作用，其基本动力学方程为

$$-\frac{\mathrm{d}N}{\mathrm{d}t} = \frac{4}{\pi}\alpha G\varphi N$$

或

$$\ln\frac{N}{N_0} = -\frac{4}{\pi}\alpha G\varphi t$$

影响絮凝过程的主要参数是有效碰撞系数 α、速率梯度 G 和颗粒体积分数 φ。

图 7-18 是一个三维坐标图，分别以 α、G、φ 为变量，由此给出各种不同水体在坐标中的位置，借以说明其絮凝条件。在淡水湖泊或水库中，水体相对平静而扰动少，其 G 值在 1/s 左右；悬浮颗粒相应较少，φ 在 10^{-7} 左右；含盐量低，α 值为 $10^{-4} \sim 10^{-5}$。所以，湖泊中的絮凝在各种水体中处于最不利条件下。深海环境条件在 G 和 φ 方面与湖泊相似，水的含盐量高，α 值达到 0.1~1.0 范围，故絮凝较湖泊容易进行。河流的 G 值达到 10/s 左右，而 φ 为 $10^{-7} \sim 10^{-5}$，含盐量高于湖泊，α 值在 10^{-3} 左右，其絮凝条件远超过湖泊。河口地区由于海潮回流的影响，含盐量高而 α 值较大，φ 比一般河流高，因此，在天然水体中，它处于最佳的絮凝环境。对于水和废水处理系统，可以通过人为的方法形成有利于颗粒物絮凝的条件，如投加药剂提高 α 值，增强扰动加大 G 值等，对于污水特别是有较高污泥含量的污水，具有很显著的絮凝效果。

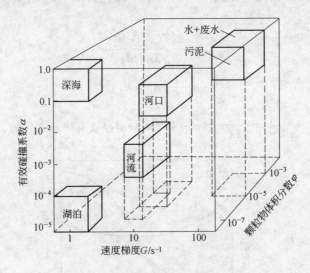

图 7-18　各种水体的絮凝条件

7.6　膜　化　学

7.6.1　膜及膜传递

膜在自然界中，特别是生物体内是广泛而恒久地存在的，它与生命起源和生命活动密切相关。膜过程在许多自然现象中也扮演着重要的角色。20 世纪中叶后，由于物理化学、

聚合物化学、生物学、医学和生理学等学科的深入发展，新型膜材料及制膜技术的不断开拓，各种膜分离技术相继出现和发展。近年来膜分离技术在水处理和其他领域中得到越来越广泛的应用。

反渗透技术已成功地用于海水脱盐、饮用水和纯水生产、废水处理（如电镀废水、放射性废水）等，在电镀废水处理中可回收几乎全部重金属，还可将处理后的水回用。

纳滤是可在较低压力下运行的反渗透技术，是介于反渗透与超滤之间的分离技术。纳滤膜具有纳米级的膜孔径，允许低分子盐分通过而截留较高分子量的有机物和多价离子，可应用于水的软化、水的脱色等净化处理，也可应用于含石油海水、化工废水的处理，可对有机物进行回收。

超滤和微滤都是在静压力的作用下利用膜的筛分作用进行分离的过程。超滤可分离直径大约为 $0.01 \sim 0.1\,\mu m$ 的组分，微滤分离直径大约为 $0.08 \sim 10\,\mu m$ 的组分。超滤可应用于对含油废水中油的回收，从金属电泳涂漆废水中回收漆，还可应用于食品工业废水和纺织工业脱浆水的处理等，可回收淀粉酶以及聚乙烯醇等。微滤可截留细菌、重金属及其他固体悬浮物。

膜技术的研究与发展正方兴未艾，随着存在问题的不断克服以及与其他理化技术和生物技术相结合，膜技术在水处理和其他领域中的应用将大有作为。

膜是两相之间的选择性屏障。选择性是膜或膜过程的固有特性，根据其性质可将膜分成生物膜和合成膜两大类。生物膜是镶嵌有蛋白质和糖类的磷脂双分子层，起着划分和分隔细胞和细胞壁的作用。生物膜又可分成有生命的和无生命的。无生命生物膜（由磷脂形成的脂质体和小泡）在实际分离过程中日益引起重视，特别是在药物和生物药类方面。合成膜可以分为有机膜（聚合的或液体）和无机膜（陶瓷、金属）。

根据结构和分离原理，合成膜可以分成：多孔膜（微滤、超滤）、无孔膜（气体分离、全蒸发、透析）和载体膜三大类。

图 7-19 给出三种膜的示意图。这种分类虽然很粗，但是十分有益，因为这种分类清楚地表明了结构形态、传递特点及应用的差异。

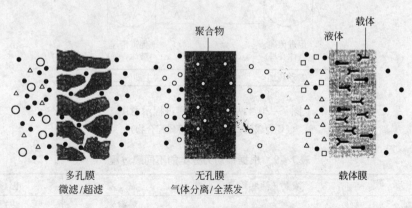

聚合物　　　　　液体　载体

多孔膜　　　　　无孔膜　　　　　载体膜
微滤/超滤　　气体分离/全蒸发

图 7-19　三种基本类型膜示意图

对于多孔膜，其分离特性主要取决于孔的大小，膜材料的种类对于化学稳定性、耐热性和机械稳定性十分重要，但对通量和截留率并不重要；对于无孔膜，分离性能主要取决于膜材料的固有特征。这三类膜的主要特征如下：

（1）多孔膜。这类膜根据溶质颗粒大小而实现分离，主要用于微滤和超滤。当溶质或颗粒尺寸大于膜孔径时，可以得到很高的选择性。

（2）无孔膜。这类膜可以用来分离尺寸大致相同的分子，它是利用溶解度或扩散系数的差异而实现分离。这类膜用于全蒸发、蒸汽渗透、气体分离和透析。

（3）载体膜。这类膜的传递性能由特定的载体分子决定而不受膜本身（或膜材料）的影响，可以分为两种情况，一种是载体固定在膜的母体上，另一种则是载体溶于液体中因而可以迁移。对于后者，含有液体的载体位于多孔膜的孔内，膜对某一组分的选择渗透性主要取决于载体分子的专一性。通过使用特制的载体，可以实现很高的选择性，通过膜的组分可以是气体、液体、离子或非离子。这种膜的性能在一定程度上接近细胞膜。

膜传递过程可以是被动传递过程，也可以是主动传递过程（见图 7-20）。被动传递过程的推动力可以是压力差、浓度差、温度差或电位差（见表 7-9）。被动传递又分为被动扩散传递和被动促进传递。在被动扩散传递过程中，组分或颗粒从高位向低位传递，推动力为位梯度。被动促进传递又称为载体介导传递，组分通过膜的传递由于某种（流动）载体的存在而被强化，载体能与原料中一种或几种特定组分发生特异性选择，最终导致传递过程加快。主动传递也是一种载体介导传递，此时组分逆其化学位梯度传递，只有在体系引入能量时才会发生，如通过化学反应。主动传递主要发生在细胞膜中，此时能量由 ATP 提供。

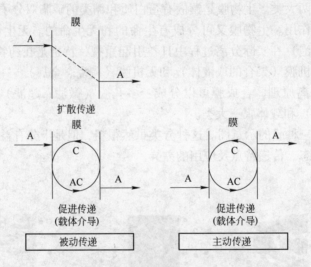

图 7-20　两种基本传递过程示意图

（C 为载体，AC 为载体溶质配合物）

表 7-9　根据推动力分类的不同膜过程

压　差	浓度（活度）差	温　差	电　位　差
微滤	全蒸发	热渗透	电渗析
超滤	气体分离	膜蒸馏	电渗透
纳滤	蒸汽渗透		膜电解
反渗透	透析		
加压透析	扩散透析		
	载体介导		

7.6.2 膜极化和膜污染、劣化

在实际膜分离中，膜的性能随时间有很大的变化，一种典型的行为就是通常看到的通量随时间的变化，即时间延长，通量减小，造成这种现象的主要原因是浓差极化和膜污染。对微滤和超滤，通量下降非常严重，实际通量通常低于纯水通量的5%。相反，对气体分离和全蒸发这个问题则不严重。对于膜蒸馏和热渗透，由于热量传递可以导致另一种与浓差极化类似的现象。在这些过程中膜两侧均存在温差，由此产生通过膜的热量传递导致温差极化。

7.6.2.1 浓差极化

在压力驱动膜过程中，被截留的溶质在膜表面处累积，导致溶质向原料主体的反向扩散流动，经过一定时间后会达到平衡。其结果是导致膜通量下降，并对截留率产生影响：

（1）截留率下降。由于膜表面处的溶质浓度增高，实测的截留率会低于真实或本征截留率，当溶质为盐等低分子量物质时通常如此；

（2）截留率升高。对于大分子溶质混合物，尤其会出现截留率升高的情况，此时浓差极化对选择性有显著影响，被完全截留的高分子量溶质会形成一种次级膜或动态膜，从而使得小分子量溶质的截留率升高。

表7-10总结了各种膜过程浓差极化的原因和影响程度。在微滤和超滤过程中通量 J 高和大分子溶质、小颗粒、胶体及乳液等的扩散系数很低（数量级为 $10^{-12} \sim 10^{-11} \mathrm{m}^2/\mathrm{s}$ 或更低）而导致传质系数 $k(k = D/\delta)$ 很小，所以，其浓差极化的影响非常严重。在反渗透过程中浓差极化的影响要小一些，因为通量较低和传质系数比较大（数量级为 10^{-9} m^2/s）。在气体分离和全蒸发中，浓差极化的影响很小或可以忽略。气体分离中通量小，传质系数高（数量级为 $10^{-4} \sim 10^{-5} \mathrm{m}^2/\mathrm{s}$）。全蒸发过程中通量比较低，但传质系数却比气体分离过程小，因此，浓差极化会略严重些。

表 7 – 10   浓差极化的影响

膜过程	影 响	原 因
反渗透	中等	k 大
超滤	严重	J 小，k 大
微滤	严重	J 小，k 大
气体分离	（非常）低	J 大，k 小
全蒸发	低	J 大，k 小
电渗析	严重	—
透析	低	J 小
扩散透析	低	J 小，k 大
载体介导传递	中等	J 大[①]，k 大

①与非载体介导传递过程相比，此通量较大。

透析和扩散透析过程的浓差极化一般不严重，这是因为这些过程通量较反渗透过程低，而低分子溶质的传质系数与反渗透过程中数量级相同。在载体介导传递和膜接触器中，由于通量不太大，所以浓差极化不太严重。此外，电渗析过程中浓差极化的影响可能

会非常严重。

7.6.2.2　温差极化

与等温膜过程相比,目前对非等温膜过程中的极化现象注意得比较少。在膜蒸馏、热渗透等非等温过程中,在温差的作用下发生通过膜的传递,传热与传质过程共同作用导致了温差极化。

在膜蒸馏过程中,水蒸气通过膜孔从热侧传向冷侧,水在热侧蒸发,水蒸气在冷侧冷凝。蒸发所需热量由主体溶液提供,更多的热量以导热形式通过固体聚合物及孔进行传递。热侧液体的温度会逐渐下降,直到稳态,主体溶液提供的热量等于传过膜的热量。主体溶液和膜表面间的温差称为温差极化。膜两侧温差增加,固体(聚合物)的导热率增大会使温差极化增强。在热渗透中使用均质膜。液体膜界面上不发生相变,热量以传导形式传过膜本体。

膜的导热率 λ_m 对温差极化影响较大,比较膜蒸馏和热渗透中的温差极化,当膜两侧温差相同且使用同样的膜材料时,膜蒸馏中温差极化的影响总是比热渗透中严重。

7.6.2.3　膜污染和劣化

对于包括反渗透、纳滤、超滤、微滤、电渗析、渗析等液体分离膜过程而言,人们通常把用膜的透过流速、盐的截留率、截留分子量及膜的孔径等来表示的膜组件性能发生变化的现象称为膜的污染或劣化。膜污染是指由于在膜表面上形成了附着层或膜孔堵塞等外部因素导致了膜性能变化,根据其具体原因采用某种清洗方法,可以使膜性能得以恢复。膜劣化是指膜自身发生了不可逆转的变化导致了膜性能变化。导致膜的劣化的原因可分为化学、物理及生物三个方面。化学性劣化是指由于处理料液 pH 值超出膜的允许范围而导致膜材质的水解或氧化反应等化学因素造成的劣化;而物理性劣化则是指膜结构在很高的压力下导致致密化或在干燥状态下发生不可逆转性变形等物理因素造成的劣化;生物性劣化通常是由于处理料液中的微生物的存在导致膜发生生物降解反应等生物因素造成的劣化。

膜污染主要发生在微滤和超滤过程中,这些过程所使用的多孔膜对污染有着固有的敏感性。对于使用致密膜的全蒸发和气体分离,一般不发生污染。

7.6.2.4　防止或减轻膜污染和劣化的方法

为了防止膜污染和劣化的发生可采用的方法和措施主要有如下几种。

A　预处理法

防止膜组件性能变化的最简单的方法是预处理法,如通过调整料液 pH 值或加入抗氧剂等防止膜的化学性劣化,通过预先除去或杀死料液中的微生物等防止膜的生物性劣化。

对于蛋白质,pH 值的调节是很重要的。当 pH 值对应于蛋白质的等电点时,即蛋白质为电中性时,污染最少。

B　膜的选择

选择合适的膜可以减少污染。多孔膜(微滤、超滤)的污染一般比致密膜(全蒸发、反渗透)严重得多。孔径分布窄有助于减少污染。采用亲水膜而不是疏水膜也可以有利于减少污染,一般蛋白质在疏水膜上比在亲水膜表面上更容易吸附且不易除去。用带(负)电膜也可能有利于减少污染,特别是当原料中含有带(负)电微粒时。

C　操作方法的优化

污染现象随浓差极化减少而减少。通过提高传质系数（高流速）和使用较低通量的膜可以减少浓差极化。采用不同形式的湍流强化器也可以减少污染。

D　膜组件的清洗

尽管上述方法均可在某种程度上减少污染，但在实际应用中总要采用适当的清洗方法。清洗方法可以分为水力学清洗、机械清洗、化学清洗、电清洗。

清洗方法的选择主要取决于膜的构型、膜种类和耐化学试剂能力以及污染物的种类。

（1）水力学清洗。水力学清洗方法主要是反洗（只适用于微滤膜和疏松的超滤膜），即以一定频率交替加压、减压和改变流向。

（2）机械清洗。机械清洗只适用于采用超型海绵球的管式系统。

（3）化学清洗。化学清洗是减少污染的最重要的方法，可选用的化学试剂很多，既可单独使用，也可以以组合形式使用。化学试剂（如活性氯）的浓度和清洗时间对于膜的耐化学试剂能力也是十分重要的。较重要的化学试剂包括：酸（较强的如 H_3PO_4 或较弱的如乳酸）、碱（NaOH）、洗涤剂（碱性及非离子型）、酶（如蛋白酶或淀粉酶以及葡聚糖酶）、配合剂（包括：EDTA 或聚丙烯酸酯以及六偏磷酸钠）、消毒剂（H_2O_2 和 NaOCl）、蒸汽和气体（环氧乙烷）消毒。

（4）电清洗。电清洗是一种十分特殊的清洗方法，在膜上施加电场，则带电粒子或分子将沿电场方向迁移，通过在一定时间间隔内施加电场且在无需中断操作的情况下从界面上去除粒子或分子。这种方法的缺点是需使用导电膜及安装有电极的特殊膜器。

E　抗劣化及污染膜的制备

针对具体的处理体系，可以有的放矢地进行，如使用膜表面改性法引入亲水基团，或在膜表面复合一层亲水性分离层等。此外，对进水水质的仔细分析对防止膜污染与劣化具有重要作用。例如 Ca^{2+}、HCO_3^- 浓度较高会引起碳酸钙沉淀污染，这时需添加酸或晶体生长抑制剂来加以控制。其他如铁、锰、磷酸根、TDS、浊度、TOC、游离氯等都是重要的分析指标。

习　题

7-1　已知25℃时，水蒸气在空气中的摩尔分数为0.03123，氧气在干空气中的摩尔分数为20.95%，氧气的亨利定律常数 $K_H = 1.26 \times 10^{-8}\,mol/(L \cdot Pa)$，求标准条件（298K，$1.013 \times 10^5 Pa$）下氧气在纯水中的溶解度。

7-2　利用上题计算结果，求15℃时氧气在水中的溶解度，已知氧气在水中的溶解生成焓变 ΔH 为 $-12kJ/mol$，并假定其值不随温度（15~25℃范围）变化。

7-3　温度为25℃近中性水中含硫总浓度 $c_T = 2\mu g/L$（以 H_2S 的形态计），求水面上方空气中 H_2S 的分压。已知 H_2S 的一级电离常数 $K_1 = 10^{-7.1}$，亨利定律常数 $K_H = 1.0 \times 10^{-6}\,mol/(L \cdot Pa)$。

7-4　含镉废水通入 H_2S 达到饱和并调整 pH 值为 8.0，请计算水中剩余镉离子浓度（已知 CdS 的溶度积为 7.9×10^{-27}）。

$$([Cd^{2+}] = 6.8 \times 10^{-20}\,mol/L)$$

7-5　某有机污染物排入 pH=8.0，$T=20℃$ 的江水中，假设该江水中悬浮颗粒物可忽略不计。

（1）若该污染物相对分子质量为 129，溶解度为 611mg/L，饱和蒸汽压为 1.21Pa（20℃），请计算该化合物的 Henry 定律常数，并判断挥发速率是受液膜控制还是受气膜控制。

$$（K_H = 2.60 \times 10^{-1}\,Pa \cdot m^3/mol，受气膜控制）$$

（2）假定 $K_g = 2800cm/h$，求该污染物在水深 1.0m 处挥发速率常数 K_v。

$$（K_v = 0.05/d）$$

7-6　计算碳酸钙在纯水中的溶解度和平衡时溶液的 pH 值。

$$（8.0 \times 10^{-5}\,mol/L；9.90）$$

7-7　计算 CaC_2O_4 在下列溶液中的溶解度。

（1）在 pH = 4.0 的 HCl 溶液中；

（2）在 pH = 3.0 的草酸总浓度为 0.010mol/L 的溶液中。

$$[（1）\ 7.2 \times 10^{-5}\,mol/L；（2）\ 3.4 \times 10^{-5}\,mol/L]$$

7-8　考虑盐效应，计算下列微溶化合物的溶解度。

（1）$BaSO_4$ 在浓度为 0.10mol/L 的 NaCl 溶液中；

（2）$BaSO_4$ 在浓度为 0.10mol/L 的 $BaCl_2$ 溶液中。

$$[（1）\ 2.8 \times 10^{-3}\,mol/L；（2）\ 1.9 \times 10^{-8}\,mol/L]$$

7-9　考虑酸效应，计算下列微溶化合物的溶解度。

（1）CaF_2 在 pH = 2.0 的溶液中；

（2）CuS 在 pH = 0.5 的饱和 H_2S 溶液中（$[H_2S] \approx 0.1mol/L$）。

$$[（1）\ 1.2 \times 10^{-3}\,mol/L；（2）\ 6.5 \times 10^{-15}\,mol/L]$$

7-10　计算 $CaCO_3$ 的条件溶度积：$P_s = c_{T,Ca} \cdot c_{T,CO_3}$，此处 $c_{T,Ca}$ 和 c_{T,CO_3} 分别代表 $I = 10^{-2}mol/L$，pH = 8.7，温度 = 25℃ 时溶液中物种的浓度。考虑离子强度的影响，假设可溶性钙物种只有 Ca^{2+}。

7-11　在过量 Cl^- 存在下，Ag^+ 与 Cl^- 不仅生成了 AgCl 沉淀，而且可进一步生成配合物（仅考虑生成 AgCl 与 $AgCl_2^-$ 两种配合物），试求在 $[Cl^-] = 0.50mol/L$ 时，AgCl 的溶解度有多大？而当 $[Cl^-]$ 控制合适时，AgCl 的最小溶解度是多少（AgCl 的 $K_{sp} = 1.81 \times 10^{-10}$，$AgCl_2^-$ 配合物的累积稳定常数 $\lg \beta_1 = 3.04$，$\lg \beta_2 = 5.04$）？

7-12　如将 50mg 的 AgCl 溶解在 10mL 浓度为 3mol/L 的 $NH_3 \cdot H_2O$ 溶液中，再加入 10mL 浓度为 0.05mol/L 的 KI 溶液，有无 AgI 沉淀产生？（已知 $K_{sp}(AgI) = 8.3 \times 10^{-17}$，$Ag(NH_3)_2^+$ 的 $\lg K$ 为 7.40，$M_{AgCl} = 143.3g/mol$）

$$（有 AgI 沉淀生成）$$

7-13　50mL 浓度为 $1.0 \times 10^{-4}mol/L$ 的 Zn^{2+} 溶液，加入 10mL 浓度为 0.025% 的 8-羟基喹啉（HO_x）溶液，在 pH = 6 时，Zn^{2+} 未沉淀的百分数为多少？若此时有 $1.0 \times 10^{-4}mol/L$ 柠檬酸（H_3L）与 Zn^{2+} 共存，可否阻止 Zn^{2+} 的沉淀？（已知 $Zn(O_x)_2$ 的 $K_{sp} = 5 \times 10^{-25}$，$H_2O_x^+$ 的 $pK_{a_1} = 4.91$，$pK_{a_2} = 9.81$，H_3L 的 $pK_{a_1} = 3.13$，$pK_{a_2} = 4.76$，$pK_{a_3} = 6.40$，HO_x 的 $M = 145.19g/mol$，ZnL 的 $\lg K_{稳} = 11.40$）

$$（未沉淀 Zn^{2+} 为 3.6 \times 10^{-4}\%，故 1.0 \times 10^{-4}\,mol/L 柠檬酸将阻止 Zn^{2+} 的沉淀）$$

7-14　某溶液含有 Ba^{2+}、EDTA 和 SO_4^{2-}。已知某分析浓度分别为 $c_{Ba^{2+}} = 0.10mol/L$，$c_Y = 0.11mol/L$，$c_{SO_4^{2-}} = 1.0 \times 10^{-4}mol/L$。欲利用 EDTA 的酸效应阻止沉淀生成，则溶液的 pH 值至少应大于多少？已知 $BaSO_4$ 的 K_{sp} 为 1.0×10^{-10}，K_{BaY} 为 $10^{7.8}$，pH 与 $\lg \alpha_{Y(H)}$ 的有关数据如下（pH > 9.5）：

pH	8.9	9.7	9.3	9.5	9.7	10.0
$\lg \alpha_{Y(H)}$	1.38	1.2	1.0	0.80	0.70	0.45

7-15　试计算具有下列特性的水的 Langelier 指数：总碱度 = $8 \times 10^{-4}mol/L$，$[Ca^{2+}] = 3 \times 10^{-4}mol/L$， pH = 9.6，总溶解固体为 250mg/L。考虑离子强度的影响，温度为 25℃。

7-16　假定悬浮物吸附某一溶质可以用 Langmuir 吸附模型描述。若溶液中溶质的平衡浓度是 3.00×10^{-3} mol/L，溶液中每克悬浮固体吸附的溶质为 0.5×10^{-3} mol/g，当溶质的平衡浓度降至 1×10^{-3} mol/L，每克吸附剂吸附溶质的量为 0.25×10^{-3} mol/g，那么每克吸附剂最多能吸附多少摩尔的溶质（即吸附剂的饱和吸附量是多少）？

7-17　某农药意外排到河水中，在下游 1km 处有一水厂，水处理厂拟用活性炭去除农药。通过吸附试验测试了活性炭的吸附性能，得到如下结果：

试　验	活性炭用量/mg	体　积	吸附平衡时农药浓度/mg·L^{-1}
1	804	200	4.7
2	668	200	7.0
3	512	200	9.3
4	393	200	16.6
5	313	200	32.5
6	238	200	62.8
7	0	200	250

（1）计算并比较 Freundlich 和 Langmuir 等温吸附线；

（2）因事故而排放到河中的农药估计共有 10t，以每小时 50kg 的速率流入河水。该河水的流速是每秒 1.5m^3。请计算：河水中农药含量低于 0.05μg/g 所需活性炭的用量。

7-18　湖泊和河口沉积物经常受到多氯联苯（PCBs）的污染。研究已经建立了这些沉积物中 PCBs 浓度随时间变化的数学模型。下面是两个湖泊沉积物中 PCBs 浓度随时间变化的经验公式：湖甲：$c = 71.85e^{-0.33t} + 22.51$；湖乙：$c = 35.59e^{-0.13t} + 0.01e^{0.49t}$，式中，$t$ 表示 1978 年以后的年数；c 为沉积物中 PCBs 的浓度。请计算：（1）何时湖甲沉积物中的 PCBs 浓度可达到相对稳定？（2）湖乙沉积物中 PCBs 预计最低浓度是多少？

7-19　什么是表面吸附作用、离子交换吸附作用和专属吸附作用？并说明水合氧化物对金属离子的专属吸附和非专属吸附的区别。

7-20　说明胶体的凝聚和絮凝之间的区别。

7-21　请叙述水中颗粒物可以哪些方式进行聚集。

7-22　请叙述水环境中促成颗粒物絮凝的机理。

附　录

附表1　一些物质的标准摩尔生成焓、标准摩尔生成吉布斯函数和标准摩尔熵的数据

物　质	$\Delta_f H_m^\ominus/kJ \cdot mol^{-1}$	$\Delta_f G_m^\ominus/kJ \cdot mol^{-1}$	$S_m^\ominus/J \cdot (mol \cdot K)^{-1}$
Ag(s)	0	0	42.55
AgCl(s)	−127.07	−109.80	96.2
AgI(s)	−61.84	−66.19	115.5
Al(s)	0	0	28.33
$AlCl_3$(s)	−704.2	−628.9	110.66
Al_2O_3(s,a,刚玉)	−1675.7	−1582.4	50.92
Br_2(l)	0	0	152.23
Br_2(g)	30.91	3.142	245.35
C(s,金刚石)	1.8966	2.8995	2.377
C(s,石墨)	0	0	5.740
CCl_4(l)	−135.44	−65.27	216.40
CO(g)	−110.52	−137.15	197.56
CO_2(g)	−393.50	−394.36	213.64
Ca(s)	0	0	41.42
$CaCO_3$(s,方解石)	−1206.92	−1128.84	92.9
CaO(s)	−635.09	−604.04	39.75
$Ca(OH)_2$(s)	−986.09	−898.56	83.39
$CaSO_4$(s)	−1434.11	−1321.85	106.7
$CaSO_4 \cdot 2H_2O$(s)	−2022.63	−1797.45	194.1
Cl_2(g)	0	0	222.96
Co(s,a)	0	0	30.04
$CoCl_2$(s)	−312.5	−269.9	109.16
Cr(s)	0	0	23.77
Cr_2O_3(s)	−1139.7	−1058.1	81.2
Cu(s)	0	0	33.15
$CuCl_2$(s)	−220.1	−175.7	108.07
CuO(s)	−157.3	−129.7	42.63
Cu_2O(s)	−168.6	−146.0	93.14
CuS(s)	−53.1	−53.6	66.5

物　质	$\Delta_f H_m^\ominus/kJ \cdot mol^{-1}$	$\Delta_f G_m^\ominus/kJ \cdot mol^{-1}$	$S_m^\ominus/J \cdot (mol \cdot K)^{-1}$
$F_2(g)$	0	0	202.67
$Fe(s,a)$	0	0	27.28
$Fe_{0.947}O(s,方铁矿)$	-266.3	-246.4	57.49
$FeO(s)$	-272.0	—	—
$Fe_2O_3(s,赤铁矿)$	-824.2	-742.2	87.40
$Fe_3O_4(s,磁铁矿)$	-1118.4	-1015.5	146.4
$Fe(OH)_2(s)$	-569.0	-486.6	88
$H_2(g)$	0	0	130.574
$H_2CO_3(aq)$	-699.65	-623.16	187.4
$HCl(g)$	-92.307	-95.299	186.80
$HF(g)$	-271.1	-273.2	173.67
$HNO_3(l)$	-174.10	-80.79	155.60
$H_2O(g)$	-241.82	-228.59	188.72
$H_2O(l)$	-285.83	-237.18	69.91
$H_2O_2(l)$	-187.78	-120.42	—
$H_2S(g)$	-20.63	-33.56	205.69
$Hg(g)$	61.317	31.853	174.85
$Hg(l)$	0	0	76.02
$HgO(s,红)$	-90.83	-58.555	70.29
$I_2(g)$	62.438	19.359	260.58
$I_2(s)$	0	0	116.14
$K(s)$	0	0	64.18
$KCl(s)$	-436.747	-409.15	82.59
$Mg(s)$	0	0	32.68
$MgCl_2(s)$	-641.32	-591.83	89.62
$MgO(s)$	-601.70	-569.44	26.94
$Mg(OH)_2(s)$	-924.54	-835.58	63.18
$Mn(s,a)$	0	0	32.01
$MnO(s)$	-385.22	-362.92	59.71
$N_2(g)$	0	0	191.50
$NH_3(g)$	-46.11	-16.48	192.34
$NH_3(aq)$	-80.29	-26.57	111.3
$N_2H_4(l)$	50.63	149.24	121.21
$NH_4Cl(s)$	-314.43	-202.97	94.6
$NO(g)$	90.25	86.57	210.65
$NO_2(g)$	33.18	51.30	239.95

物　质	$\Delta_f H_m^\ominus / kJ \cdot mol^{-1}$	$\Delta_f G_m^\ominus / kJ \cdot mol^{-1}$	$S_m^\ominus / J \cdot (mol \cdot K)^{-1}$
Na(s)	0	0	51.21
NaCl(s)	−411.15	−384.15	72.13
Na$_2$O(s)	−414.22	−375.47	75.06
NaOH(s)	−425.609	−379.526	64.455
Ni(s)	0	0	29.87
NiO(s)	−239.7	−211.7	37.99
O$_2$(g)	0	0	205.03
O$_3$(g)	142.7	163.2	238.82
P(s,白)	0	0	41.09
Pb(s)	0	0	64.81
PbCl$_2$(s)	−359.40	−317.90	136.0
PbO(s,黄)	−215.33	−187.90	68.70
S(s,正交)	0	0	31.80
SO$_2$(g)	−296.83	−300.19	248.11
SO$_3$(g)	−395.72	−371.08	256.65
Si(s)	0	0	18.83
SiO$_2$(s,a,石英)	−910.94	−856.67	41.84
Sn(s,白)	0	0	51.55
SnO$_2$(s)	−580.7	−519.7	52.3
Ti(s)	0	0	30.63
TiO$_2$(s,金红石)	−944.7	−889.5	50.33
Zn(s)	0	0	41.63
ZnO(s)	−348.28	−318.32	43.64
CH$_4$(g)	−74.85	−50.6	186.27
C$_2$H$_2$(g)	226.73	209.20	200.83
C$_2$H$_4$(g)	52.30	68.24	219.20
C$_2$H$_6$(g)	−83.68	−31.80	229.12
C$_6$H$_6$(g)	82.93	129.66	269.20
C$_6$H$_6$(l)	48.99	124.35	173.26
CH$_3$OH(l)	−239.03	−166.82	127.24
C$_2$H$_5$OH(l)	−277.98	−174.18	161.04
C$_6$H$_5$COOH(s)	−385.05	−245.27	167.57
C$_{12}$H$_{22}$O$_{11}$(s)	−2225.5	−1544.6	360.2

附表2　一些水合离子的标准摩尔生成焓、标准摩尔生成吉布斯函数和标准摩尔熵的数据

水合离子	$\Delta_f H_m^{\ominus}/kJ \cdot mol^{-1}$	$\Delta_f G_m^{\ominus}/kJ \cdot mol^{-1}$	$S_m^{\ominus}/J \cdot (mol \cdot K)^{-1}$
H^+ (aq)	0.00	0.00	0.00
Na^+ (aq)	-240.12	-261.89	59.0
K^+ (aq)	-252.38	-283.26	102.5
Ag^+ (aq)	105.68	77.124	72.68
NH_4^+ (aq)	-132.51	-79.37	113.4
Ba^{2+} (aq)	-537.64	-560.74	9.6
Ca^{2+} (aq)	-542.83	-553.54	-53.1
Mg^{2+} (aq)	-466.85	-454.8	-138.1
Fe^{2+} (aq)	-89.1	-78.87	-137.7
Fe^{3+} (aq)	-48.5	-4.6	-315.9
Cu^{2+} (aq)	64.77	65.52	-99.6
Zn^{2+} (aq)	-153.89	-147.03	-112.1
Pb^{2+} (aq)	-1.7	-24.39	10.5
Mn^{2+} (aq)	-220.75	-228.0	-73.6
Al^{3+} (aq)	-531	-485	-321.7
OH^- (aq)	-229.99	-157.29	-10.57
F^- (aq)	-332.63	-278.82	-13.8
Cl^- (aq)	-167.16	-131.26	56.5
Br^- (aq)	-121.54	-103.97	82.4
I^- (aq)	-55.19	-51.59	111.3
HS^- (aq)	-17.6	12.05	62.8
HCO_3^- (aq)	-691.99	-586.85	91.2
NO_3^- (aq)	-207.36	-111.34	146.4
AlO_2^- (aq)	-918.8	-823.0	-21
S^{2-} (aq)	33.1	85.8	-14.6
SO_4^{2-} (aq)	-909.27	-744.63	20.1
CO_3^{2-} (aq)	-677.14	-527.90	-56.9

附表3　常见的酸碱和相关的平衡常数

酸	pK_a	共轭碱	pK_b
$HClO_4$	−7	ClO_4^-	21
HCl	约3	Cl^-	17
H_2SO_4	约3	HSO_4^-	17
HNO_3	0	NO_3^-	14
H_3O^+	0	H_2O	14
HIO_3	0.8	IO_3^-	13.2
HSO_4^-	2	SO_4^{2-}	12
H_3PO_4	2.1	$H_2PO_4^-$	11.9
$Fe(H_2O)_6^{3+}$	2.2	$Fe(H_2O)_5OH^{2+}$	11.8
HF	3.2	F^-	10.8
HNO_2	4.5	NO_2^-	9.5
CH_3COOH	4.7	CH_3COO^-	9.3
$Al(H_2O)_6^{3+}$	4.9	$Al(H_2O)_5OH^{2+}$	9.1
$H_2CO_3^+$	6.3	HCO_3^-	7.7
H_2S	7.1	HS^-	6.9
$H_2PO_4^-$	7.2	HPO_4^{2-}	6.8
$HOCl$	7.5	OCl^-	6.5
HCN	9.3	CN^-	4.7
H_3BO_3	9.3	$B(OH)_4^-$	4.7
NH_4^+	9.3	NH_3	4.7
H_4SiO_4	9.5	$H_3SiO_4^-$	4.5
C_6H_5OH	9.9	$C_6H_5O^-$	4.1
HCO_3^-	10.3	CO_3^{2-}	3.7
HPO_4^{2-}	12.3	PO_4^{3-}	1.7
$H_3SiO_4^-$	12.6	$H_2SiO_4^{2-}$	1.4
HS^-	14	S^{2-}	0
H_2O	14	OH^-	0
NH_3	约23	NH_2^-	−9
OH^-	约24	O^{2-}	−10

附表4　氧化还原电位 $E_H^\ominus$ 及 $pe^\ominus$ 值

半反应式	$E_H^\ominus/V$	$pe^\ominus = \frac{1}{n}\lg K$
$H^+ + e = \frac{1}{2}H_2(g)$	0	0
$Na^+ + e = Na(s)$	-2.72	-46.0
$Mg^{2+} + 2e = Mg(s)$	-2.37	-40.0
$Cr_2O_7^{2-} + 14H^+ + 6e = 2Cr^{3+} + 7H_2O$	1.33	22.5
$Cr^{3+} + e = Cr^{2+}$	-0.41	-6.9
$MnO_4^- + 2H_2O + 3e = MnO_2(s) + 4OH^-$	0.59	10.0
$MnO_4^- + 8H^+ + 5e = Mn^{2+} + 4H_2O$	1.51	25.5
$Mn^{4+} + e = Mn^{3+}$	1.65	27.9
$MnO_2(s) + 4H^+ + 2e = Mn^{2+} + 2H_2O$	1.23	20.8
$Fe^{3+} + e = Fe^{2+}$	0.77	13.0
$Fe^{2+} + 2e = Fe(s)$	-0.44	-7.4
$Fe(OH)_3(s) + 3H^+ + e = Fe^{2+} + 3H_2O$	1.06	17.9
$Cu^{2+} + e = Cu^+$	0.16	2.7
$Cu^{2+} + 2e = Cu(s)$	0.34	5.7
$Ag^{2+} + e = Ag^+$	2.0	33.8
$Ag^+ + e = Ag(s)$	0.8	13.5
$AgCl(s) + e = Ag(s) + Cl^-$	0.22	3.72
$Au^{2+} + 3e = Au(s)$	1.5	25.3
$Zn^{2+} + 2e = Zn(s)$	-0.76	-12.8
$Cd^{2+} + 2e = Cd(s)$	-0.40	-6.8
$Hg_2Cl_2(s) + 2e = Hg(l) + 2Cl^-$	0.27	4.56
$2Hg^{2+} + 2e = Hg_2^{2+}$	0.91	15.4
$Al^{3+} + 3e = Al(s)$	-1.68	-28.4
$Sn^{2+} + 2e = Sn(s)$	-0.14	-2.37
$PbO_2(s) + 4H^+ + SO_4^{2-} + 2e = PbSO_4(s) + 2H_2O$	1.68	28.4
$Pb^{2+} + 2e = Pb(s)$	-0.13	-2.2
$NO_3^- + 2H^+ + 2e = NO_2^- + H_2O$	0.84	14.2
$NO_3^- + 10H^+ + 8e = NH_4^+ + 3H_2O$	0.88	14.9
$N_2(g) + 8H^+ + 6e = 2NH_4^+$	0.28	4.68
$NO_2^- + 8H^+ + 6e = NH_4^+ + 2H_2O$	0.89	15.0
$2NO_3^- + 12H^+ + 10e = N_2(g) + 6H_2O$	1.24	21.0
$O_3(g) + 2H^+ + 2e = O_2(g) + H_2O$	2.07	35.0
$O_2(g) + 4H^+ + 4e = 2H_2O$	1.23	20.8

半 反 应 式	$E_H^\ominus/V$	$pe^\ominus = \frac{1}{n}\lg K$
$O_2\ (aq) + 4H^+ + 4e = 2H_2O$	1.27	21.5
$SO_4^{2-} + 2H^+ + 2e = SO_3^{2-} + H_2O$	-0.04	-0.68
$S_4O_6^{2-} + 2e = S_2O_3^{2-}$	0.18	3.0
$S\ (s) + 2H^+ + 2e = H_2S\ (g)$	0.17	2.9
$SO_4^{2-} + 8H^+ + 6e = S\ (s) + 4H_2O$	0.35	6.0
$SO_4^{2-} + 10H^+ + 8e = H_2S\ (g) + 4H_2O$	0.34	5.75
$SO_4^{2-} + 9H^+ + 8e = HS^- + 4H_2O$	0.24	4.13
$2HOCl + 2H^+ + 2e = Cl_2\ (aq) + 2H_2O$	1.60	27.0
$Cl_2\ (g) + 2e = 2Cl^-$	1.36	23.0
$Cl_2\ (aq) + 2e = 2Cl^-$	1.39	23.5
$2HOBr + 2H^+ + 2e = Br_2\ (l) + 2H_2O$	1.59	26.9
$Br_2 + 2e = 2Br^-$	1.09	18.4
$2HOI + 2H^+ + 2e = I_2\ (s) + 2H_2O$	1.45	24.5
$I_2\ (aq) + 2e = 2I^-$	0.62	10.48
$I_3^- + 2e = 3I^-$	0.54	9.12
$ClO_2 + e = ClO_2^-$	1.15	19.44
$CO_2\ (g) + 8H^+ + 8e = CH_4\ (g) + 2H_2O$	0.17	2.87
$6CO_2\ (g) + 24H^+ + 24e = C_6H_{12}O_6(葡萄糖) + 6H_2O$	-0.01	-0.2
$CO_2\ (g) + H^+ + 2e = HCOO^-\ (甲酸盐)$	-0.31	-5.25

参 考 文 献

[1] 王凯雄. 水化学 [M]. 2版. 北京：化学工业出版社，2010.

[2] 陈绍炎. 水化学 [M]. 北京：水利电力出版社，1989.

[3] 戴树桂. 环境化学 [M]. 北京：高等教育出版社，2006.

[4] 陈玲. 环境监测 [M]. 北京：化学工业出版社，2008.

[5] 高执棣. 化学热力学基础 [M]. 北京：北京大学出版社，2006.

[6] 韩德刚，高盘良. 化学动力学基础 [M]. 北京：北京大学出版社，1987.

[7] 傅鹰. 化学热力学导论 [M]. 北京：科学出版社，1964.

[8] 武汉大学. 分析化学：上册 [M]. 5版. 北京：高等教育出版社，2008.

[9] 王九思，陈学民，肖举强，等. 水处理化学 [M]. 北京：化学工业出版社，2002.

[10] 武汉大学主编. 分析化学 [M]. 2版. 北京：高等教育出版社，1978.

[11] 华东理工大学，四川大学分析化学教研组. 分析化学 [M]. 6版. 北京：高等教育出版社，2007.

[12] 天津大学物理化学教研室. 物理化学：上册 [M]. 5版. 北京：高等教育出版社，2009.

[13] 常青. 水处理絮凝学 [M]. 北京：化学工业出版社，2011.

[14] Marcel Mulder，著. 李琳，译. 膜技术基本原理 [M]. 2版. 北京：清华大学出版社，1999.

[15] 许振良. 膜法水处理技术 [M]. 北京：化学工业出版社，2001.

[16] 吴银彪，李汝琪，田岳林，等. 臭氧降解有机污染物的反应机理及影响因素 [J]. 中国环保产业，2010(3)：44~47.

[17] 邢乃军，王金刚，王晨，等. Fenton试剂在有机废水处理中的应用 [J]. 山东轻工业学院学报（自然科学版），2009(1)：6~9.

[18] 贾占伟. 火电厂给水除氧方法选择分析 [J]. 科技信息，2010(33)：347.

[19] 张克清. 软硬酸碱理论及其在中学化学中的应用 [J]. 考试周刊，2011(66)：176.

[20] 金相灿. 沉积物污染化学 [M]. 北京：中国环境科学出版社，1992.

冶金工业出版社部分图书推荐

书　名	作　者		
冶金过程废水处理与利用	钱小青	葛丽英	赵由才
水处理工程实验技术	张洪学	张　力	梁延鹏

"十二五"国家级重点规划图书——
《环境保护知识丛书》

日常生活中的环境保护——我们的防护小策略		孙晓杰	赵由才
认识环境影响评价——起跑线上的保障	杨淑芳	张健君	赵由才
温室效应——沮丧? 彷徨? 希望?	赵天涛	张丽杰	赵由才
可持续发展——低碳之路	崔亚伟	梁启斌	赵由才
环境污染物毒害及防护——保护自己、优待环境	李广科	云　洋	赵由才
能源利用与环境保护——能源结构的思考	刘　涛	顾莹莹	赵由才
走进工程环境监理——天蓝水清之路	马建立	李良玉	赵由才
饮用水安全与我们的生活——保护生命之源	张瑞娜	曾·彤	赵由才
噪声与电磁辐射——隐形的危害	王罗春	周　振	赵由才
大气与室内污染防治——共享一片蓝天	刘　清	招国栋	赵由才
废水是如何变清的——倾听地球的脉搏	顾莹莹	李鸿江	赵由才
土壤污染与退化——兼谈粮食安全	孙英杰	宋　菁	赵由才
海洋环境污染——大海母亲的予与求	孙英杰	黄　尧	赵由才
生活垃圾——前世今生	唐　平	潘新潮	赵由才